左から、ルーク、ラッシー、ピップ

犬と会話する方法

動物行動学が教える人と犬の幸せ

動物行動学者・ドッグトレーナー
パトリシア・B・マコーネル

村井理子 訳

Patricia B. McConnell, Ph.D.

The Other End of the Leash:

Why We Do What We Do Around Dogs

慶應義塾大学出版会

目次🐾犬と会話する方法

凡例

・本書は、Patricia B. McConnell, Ph.D., *The Other End of the Leash: Why We Do What We Do Around Dogs*, A Ballantine Book, 2002 の全訳である。

・References は適宜本文に挿入した。全文は以下から参照されたい。
https://www.keio-up.co.jp/kup/pdf/references.pdf

イントロダクション

たそがれ時のことだった。道路の上の二つの黒い固まりが何なのか、はっきりとは見えなかった。ステイションワゴンとセミトレーラーの間に挟まれ、高速道路を時速百十キロで車を走らせていた私は、牧畜犬競技会を終えて、家路につくところだった。しかしその黒い固まりが近づくにつれ、私の穏やかな心は一気に緊張した。二つの固まりは、犬だった。生きている犬だったのだ、少なくともその時点では。まるでディズニー映画から飛び出してきたような年寄りのゴールデン・レトリバーと、若い雑種の牧羊犬。そこが危険な場所とも気づかずに、高速道路を駆け回っていた。数年前、犬が車に真正面から衝突したのを目撃したことがあり、その場面を記憶から消し去るのに、長い時間が必要だった。また同じことが起きてしまうのは確実なことのように思えた。

　私は車を道路の端に寄せ、別のトラックの後ろに駐車した。私より前を運転していた、競技会に同行した友人も二匹を目撃していた。私たちは怯えた表情で視線を合わせ、車の流れの向こうにいる犬たちに向かって駆け寄った。犬はまるで溢れる川を渡るようにして、車線を横切っていた。二匹はとても友好的で、人慣れしているように見えた。タイヤではなく、足がついている私たちを見つけることができて、うれしそうにもしていた。四車線を走る車の流れは速かった。視界は最悪。

騒音は耳をつんざくように大きかった。私たちがどれだけ話しかけようとも、犬たちに声が届くわけがなかった。最悪のタイミングで、犬たちは道路を横切ってこちらに向かって歩き始めた。私たちはまるで交通整理をする警察官のように腕を振り回しながら、犬を止めようと前に出た。ミラー・ビールのトラックが二匹をもう少しで跳ね飛ばすその手前で、二匹はどうにか止まってくれた。その瞬間、私たちは身動きもできないまま立ちすくみ、恐怖に震えた。失敗は許されないという責任、二匹の死を確実にするのではなく、二匹の命を救うために、この状況を制御しなければならないという責任が重くのしかかっていた。

私たちは交通渋滞の合間を縫うようにして二匹に「声をかけ続け」、体をかがめて遊ぼうと誘いながら、二匹から体を徐々に離して、二匹が私たちを追いかけてくるよう促した。そして二匹のほうを振り返り、速度を上げて走る次の車線の車が丘のあたりに見えてくると、まるで交通整理をする警察官のように二匹を止めた。この車に轢かれたら、二匹は確実に死んだだろう。この静かな生と死のダンスは続き、私たちは、体を前へ、そして後ろへと動かした。それが、騒音のなかで私たちに与えられた唯一のコミュニケーション方法だった。まるですべてがあっという間の出来事のようだったけれど、犬は危険も知らずに、私たちに向かって進み、そして止まった。私たちは体を動かして車列を止め、そして二匹を車列の間を縫うようにして導いた。

それだけで十分だった。もちろん、私たちは幸運だった。両手を広げて前進するだけで犬を止めることができたし、後ずさりして、背を向けることで、二匹は私たちについてきてくれた。リードもなければ、首輪もなかった。彼らを制御できたのは、「おいで」「止まれ」という意味の、胴体の動きが生み出す効果だけだった。今でも、どうやって二匹が渡りきることができたのか、よくわからない。でも、二匹は助かった。正しい視覚シグナルに対する犬の反応に、私はこれからもずっと感謝し続けるだろう。

犬の多くは人間のわずかな体の動きを察知するのが得意であり、そのわずかな動きにもすべて意味があると考えています。よくよく思い返してみれば、私たち人間だってそうなのではないでしょうか。デートしているとき、相手がほんのすこしだけ振り向いた瞬間を覚えているでしょう？　優しい微笑みを満足げな微笑みに変えるとき、どれだけ唇を動かす必要があるか考えてみましょう。表情を変えるために、どれだけ眉毛を動かしたらいいでしょうか――二ミリぐらいですか？

犬とのやりとりに関するこのような常識を、私たちがすんなりと身につけられると考えるかもしれませんが、実際は違います。私たちは、自分が犬の周辺でどのような行動をしているのか、まったく理解していないことが多いのです。自分の体をどのように動かしているのか知らないことは、とても「人間らしい」と言えます。自分の手がどこにあるのかわからないとか、首をかしげたことに気づかないなんて場合もそうです。私たち人間は、まるで手旗信号のように様々な信号を忙しく出し続け、犬はそれを漫画に出てくる犬のように、目をくるくると回して、混乱しながら見つめているのです。

このような視覚シグナルは、私たちの行動がそうであるように、犬の行動に大きな影響をもたらします。犬の生態と行動は、人間の生態と行動によって定義される場合もあるのです。家庭犬は、その定義上、別の種と生活を共にします。それは、人間です。だからこそ、この本は愛犬家のための一冊ですが、犬以外のことについても書いてあります。これは、人間について書かれた本でもあるのです。私たち人間がどれほど犬と似ているか、そして私たちが犬とどれだけ異なる生き物なのかについて書いた本なのです。

私たちの種は犬と多くを共有しています。カブトムシから熊まで、非常に多くの動物の生態系を見渡してみれば、人間と犬には、違いよりも類似点の方が多いのです。犬のように、子どもたちのために人間はミルクを作り、群れのなかで子育てをします。人間の赤ちゃんは、その成長期に多くを学びます。私たちは協力しながら狩りをし、大人になってもたわいのない遊びをします。いびきをかき、体を引っ掻き、瞬きをして、太陽が燦々と降り注ぐ日の午後には大あくびをします。ニュージーランド生まれの詩人パム・ブラウンが『命の絆』で、犬と人間についてこのように綴っています。

人間が犬に惹かれるのは、私たちが犬とよく似ているからだ——お調子者で、愛情深く、混乱していて、すぐに落ち込み、楽しいことが大好きで、優しさと、ささやかな心遣いに感謝する生き物なのだ。(Jo Wills and Ian Robinson, *Bond for Life: Emotions Shared by People and Their Pets*. Minocqua, Wis.: Willow Creek Press, 2000)

このような類似性は、二種の生き物が密接に暮らし、食物を分け、一緒に遊び、子どもさえ共に育てることを可能にするのです[01]。多くの動物が互いにつながりながら生きていますが、人間と犬の繋がりは深いレベルです。人間の多くが犬と運動をし、犬と遊び、犬と同じ時間に食事をし（時には同じ食物を食べ）、犬と一緒に睡眠を取ります。人間のなかには犬に仕事を任せている人もいます。

ワイオミング州の羊牧場の牧場主やウィスコンシン州の酪農家は、機械やハイテク給餌システムと同じぐらい、あるいはそれ以上、犬を必要としています。犬が多くの人間の生活を豊かにし、安らぎと喜びを世界中の人々にもたらしていることは、よく知られています。犬の存在が二度目の心臓発作が発生する確率を下げるという研究結果があるほどなのです。犬の毛が抜けることも、彼らが吠えたり、うんちを拾うためのスコップを散歩のたびに人間が持ち歩くことにも、すべて私たちにとって意味があるのです。

そして、私たち人間の犬に対する行いを考えてみましょう。イヌ属イヌ（カニス・ルプス・ファミリアリス）である家庭犬は、地球上で最も発展を遂げた哺乳類と言え、人間に多くをもたらしています。世界中に約四億頭の犬がいるとされます。アメリカにいる多くの犬たちがオーガニック・フードを食べ、カイロプラクティックの施術を受け、保育園に通い、年間数百万ドルものおもちゃを噛んでいます。まさに、最強の種と言えるのではないでしょうか。

しかし、私たちと犬の間には違いもあります。人間は牛のおしっこに喜んで体を擦りつけたりしません。新生児の胎盤を食べることもありません（少なくとも、大部分の人は）。幸いにも、互いのお尻の匂いを嗅ぐことが挨拶ではありません。犬が匂いの世界に生きている一方で、私たち人間はそこまで化学的ではありません。こういった違いもあって、人間と犬は頻繁にコミュニケーションのやり方を間違えてしまい、それから導かれる結果は少し苛つくものから、生命を脅かすものまであります。こういった誤解の原因は、飼い主が犬の行動を理解していないこと、動物がどのように学ぶか知らないことからくるため、愛犬家には犬の訓練に関する良書をたくさん読んでほしいと私は願っているのです。犬の訓練は直感的にわかるものばかりではありませんが、学べば学ぶほど、箇単に、そして楽しくなるはずです。

このような誤解のなかには、犬の訓練を知らないから起きるだけではなく、二つの種の行動の根本的な違いから起きるものもあります。結局のところ、人間が関係する動物は犬だけではないのです。リードを持つ私たち人間も動物で、進化という列車に乗せて運んできた、生物学的荷物のような行動様式を持っています。人間は、犬ほど白紙状態で訓練を学ぶわけではありません。犬も愛犬家も、別々の進化過程を経て形作られてきており、関係を築くためにそれぞれもたらすものは、発達史の遺産に端を発しています。互いの類似性が優れた繋がりを生み出すとはいえ、私たちはそれぞれが固有の「言語」を持ち、互いを理解する過程で多くの誤解が生まれてしまいます。

犬はイヌ科の動物で、オオカミ、キツネ、そしてコヨーテと同じ分類に属しています。遺伝的に犬はオオカミで、それは純然たるもので、シンプルです。オオカミと犬は多くのDNAを共有しており、遺伝学的に双方を区別することは不可能です。オオカミと犬は自由に交配をし、その子孫は親と同じく繁殖能力があります。[02] オオカミの行動様式を学ぶことで、犬が耳を倒し、私たちの顔を舐めることの意味を理解できたのです。オオカミも犬も、同じような行動で、群れのメンバーに対して服従、信頼、あるいは威嚇を伝えます。オオカミ、または犬が真っ直ぐに立ち、低いうなり声を上げ、真っ直ぐに目を見つめてくるのなら、双方から送られているメッセージは同じだと正しく判断することができるでしょう。ですから、犬とは、ある意味オオカミで、オオカミとその群れについて学ぶことで犬を学ぶことができるというわけです。

しかし、もう別の意味で（とても重要な意味で）、犬はオオカミとは完全に異なる生き物です。家庭犬はオオカミほど内気ではなく、オオカミほど攻撃的ではなく、うろつき回ることもなく、訓練がしやすい生き物です。オオカミと犬のハイブリッドを使って羊の群れを操っている人を見かけることはありません。生物学者で牧羊農家でもある私の言葉を信じて頂きたいのですが、そんなことをしたら大変なことになります。実際のところ、犬は、オオカミの子どものような行動をします。決して成長しないオオカミのピーターパンのような存在です。第五章で、これについて記しています。残念なことに、過去数十年において、オオカミと犬にまつわる一般的な概念は、その類似点を単純に語りすぎていると私は思います。レイモンドとローナ・コッピンジャー夫妻が著作『ドッグズ』のなかで、犬とオオカミの違いについて強調して記したのはそれが理由ではないでしょうか。イントロダクションで二人はこう綴っています。「犬はオオカミに似ているでしょうが、それはオオカミのように行動するという意味ではありません。人間はチンパンジーに大変よく似ていますが、だからといって人間がチンパンジーの亜種とはならないし、人間がチンパンジーのように行動するという意味にもなりません」(R. Coppinger and L. Coppinger, *Dogs: A Startling New Understanding of Canine Origin, Behavior and Evolution*. New York: Scribner, 2001)。

コップに水が半分入っているか、半分しかないのかという理論を思い出します。どちらの見解も正しいでしょう。異なる視点を強調しているというだけです。私自身の考えは、どちらの視点も不可欠だということです。だから、オオカミと犬の間で何が共有され、何が異なっているのかの議論には価値があると思うのです。そしてこれは、私たち人間自身の行動においても同じです。人間は多くの場面でチンパンジーと同じような行動をするし、もちろん、そうしない部分もあります。

長きにわたって科学者らは、人間とその他の霊長類を「比較と対比」することに価値があると考えてきました。『裸のサル――動物学的人間像』(Desmon Morris, *The Naked Ape*. New York: McGraw-Hill Book Co.,

1967）や『第三のチンパンジー』（Jared Diamond, *The Third Chimpanzee: The Evolution and Future of the Human Animal*. New York: Harpers, 1992）といった有名な書籍から、『人間の進化における道具、言語、認知』（Kathleen R. Gibson and Tim Ingold, *Tools, Language and Cognition in Human Evolution*. New York: Cambridge University Press, 1993）といった学術書に至るまで、科学者らは人間を霊長類として見てきました。自然人類学、文化人類学、動物行動学、比較心理学の分野において、これは重要な問題と言えます。そして問題は学会のなかだけに留まりません。アイボリーコースト（コートジボワールの別称）のオウビ族は、人間とチンパンジーを、とある兄弟の子孫だと考えていて、つまり我々はいとこの関係にあると主張しています。九十八パーセントの遺伝子を共有しているので、生物学的類推として間違ってはいません。愉快なのは、オウビ族は「ハンサム」な子のほうを人類の父と考え、「賢い」子のほうをチンパンジーの父と考えていたということです。

私たちが自らを、敏感で、遊び好きで、騒ぎが大好きな霊長類だと考えると、得るものが多くあります。私たちは他の動物とは違い、驚くべき知能を持っているのかもしれませんが、しかし、それでも自然の法則の多くに、いまだに縛られているのです。私たちの種と、私たちに近いチンパンジー、ボノボ[03]、ゴリラ、そしてヒヒは特定の行動を取る傾向があります。チンパンジーとボノボはスタジアムを建設したり、ポストイットを使ったり、自分らに関する本を執筆したりはしません。しかし、多くの違いにもかかわらず、似ている部分の方が多いのです。例えば、チンパンジー、ボノボ、そして人間の姿勢や身振りは驚くほどよく似ています。それぞれ、キスや抱擁、そして手を繋ぐといった行動を取ります。

霊長類の遺産を思い起こすことで、人間の唯一無二な立場をないがしろにしようとしているわけではありません。人間は確かに唯一無二の存在で、だからこそ「人間と動物」について語ることが、「人間と他の動物」について語るよりも筋が通っていると言えるのです。それが神から与えられたものなのか、自然淘汰だったのか（それともその両方なのか）、どのように信じているとしても、私たち人間は他の動物とは大きく異なっていて、独自のカテゴリで区別されるべき存在です。しかし、人間がどれだけ他と違っていたとしても、重要な点で他の動物と繋がりを持ち続けています。生物学を学べば学ぶほど、私たち人間が他の種にどれだけ近いかがわかってきます。私たちはチンパンジー、ボノボ、そしてゴリラにとても近いため、分類学者の一部は、私たちをすべてヒト亜科に分類し直しました。もっとも近い類人猿であるチンパンジー、ボノボ、そして人間は、複雑な社会システムを持つ知的な動物で、長い時間をかけて学び、発達し、親の多くの投資を必要とし、特定の場面で、特定の行動を取り、そのなかには人間が気づいていないものも含まれています。例えば、三種は興奮すると繰り返し発声し、大きな音で他に印象を与えようとし、イライラすると手（あるいは前足）に握った物を振り回したりする傾向があります。こういった行動は、私たちと犬との交流に比較的大きな影響を与えています。犬は吠えたり、唸ったりする代わりに、多くの場合、視覚的なコミュニケーションを取る生き物です。前足は立つためのもので、それ以外の用途では使わないのです。

人間が生まれ持つこのような行動が、犬との関係にどのようなトラブルを引き起こすのかについては、多くの事例があります。例えば、人間はハグが大好きです。霊長類的表現では、これを「だっこ」（ventral-ventral contact）と表現しますが、チンパンジーも、ボノボもこれが大好きなのです。彼らも赤ちゃんをハグし、赤ちゃんも彼らをハグします。思春期のチンパンジーはお互いをハグし合

Photo courtesy of Frans de Waal

Photo by Jim Hofstetter

Photo by Karen B. London

チンパンジーと人はよくお互いに手を回して愛情を表現します。ですが、犬にとっては前足を相手の肩にかけることは通常、社会的地位を示す行為です。

い、争いが発生し、和解するときにハグするのは大人のチンパンジーです。ゴリラの母親とその赤ちゃんは、とにかくハグが上手。生物学者のエイミー・ヴェダーが、部屋の奥で恐怖のあまりうずくまっているゴリラの赤ちゃんがいるキャビンに入って行ったときの話をしてくれたことがあります。[04] 私はその話を一生忘れることはないと思います。何年にもわたりゴリラを観察してきたエイミーは、ゴリラの挨拶である「ゲップ」の音を完璧に再現できる人でした。怯え、病気の若いゴリラは、部屋を這って彼女の元までやってきて、胸元まで登ってくると、長い腕を彼女の体に回しました。まるで迷子になった子どもが母親に抱きつくように、ゴリラにとって、エイミーに抱きつき、そしてエイミーがゴリラを抱くことは、とても自然なことでした。愛している人、大切な人を抱きたいという思う気持ちは、とても強いものです。思春期の女子、あるいは四歳の子どもに、大好きな犬を抱きしめないように言ってみてはどうでしょう。幸運を祈ります。

しかし、犬はハグをしません。後ろ足で立つ二匹の犬が、前足を互いの体に回し、胸を合わせ、マズルをくっつけ合っている姿を想像してみてください。ドッグパークでそんな光景が繰り広げられているとは思えません。犬は私たちと同じように社交的で、多くの社会的交流がなければ生きられない、正真正銘の社交好きです。それでも、犬はハグしないのです。一緒に遊ぼうと前足でつついたりするかもしれないし、社会的地位を示そうと肉球で肩の辺りを叩いたりするかもしれませんが、ハグはしません。そして、ハグしてくる犬に対して冷たい態度を取る場合が多いでしょう。あなたの犬はハグを我慢できるかもしれないけれど、私はハグされると唸ったり噛んだりする犬を山ほど見たことがあります。

そんな唸る犬を多く見てきた理由は、私が動物行動学者で、深刻な行動の問題を抱えたコンパニオンアニマルのコンサルティングをしているからです。科学的訓練[05]と、私自身がこれまで培ってきた、人間と犬との経験が、本書で私が提案する視点の基礎となっています。博士課程の研究のため、私は様々な文化圏と言語的背景を持つ動物のハンドラーたちが、家畜とコミュニケーションを取る際に発する声を録音し、研究してきました。ある意味、私は自分自身の種を研究してきたと言えます。他の動物を研究するときと同じように、訓練士が発する音を録音し、あくまで客観的に分析したのです。科学者が鳥の鳴き声を研究する際に、録音し、分析することと同じです。このような視点と、行動を正確に観察し、記述する訓練を行うことで、私は犬の行動と同じように、私たち人間の行動にも注意を払うようになりました。ウィスコンシン大学マディソン校で「人間と動物の関係性における生物学と哲学」を教え、動物行動学とペットへのアドバイス番組「コーリング・オール・ペッツ」の共同司会者を務めることで、人間と動物の関係がいかに重要であるか、そして同時に、多くの問題を引き起こしているのは人間の霊長類としての行動傾向であると考えるようになりました。

これと同じく重要なのは、犬の訓練士[06]であり、牧羊犬として働くボーダー・コリーのブリーダー兼訓練士、牧畜犬競技会の競技者、犬のオーナーである私は、どこから見ても立派な愛犬家ですが、こういった経験も、人間は犬との意思の疎通が下手な生き物であることを、常に私に思い起こさせてくれるということです。

本書の中に描かれたストーリーは、私自身が飼っている四匹の犬と、彼らと暮らすウィスコンシン州にある小さな農場での日常です。犬との暮らしに問題を抱えた飼い主とのコンサルティングの内容についての記述もあります。犬の強い攻撃性という深刻な問題を抱えた飼い主が私たちの農場にやって来るようになったのは、私にとっては驚きではありませんでした。攻撃性が専門の動物行動学者である場合、飼い主たちの「頼みの綱」となる場合が多く、紆余曲折に満ちた話を聞き、深く傷ついた犬に遭遇することだってあります。唸り、吠え、飛びかかりながら歯を剥き出して私のオフィスに突進してきた犬は数え切れないほどいます。ほんの些細なミスが大けがに繋がるような環境で、何年も仕事をしてきました。これだけ経験を積んでも、この仕事に慣れたとは決して言えません（ときどき、「なんでこんな仕事をしているんだろう？」なんて思うこともあります）。しかし、それはわかっていたことでした。小型のナイフほどの威力のあるものを口のなかに備えた動物と、問題なく生きていくなんて不可能だからです。

歯の使い方で問題を抱えた犬と関わることになるとは予想していたものの、これほどまでに心が傷ついた犬に遭遇するとは思っていませんでした。ほぼ毎週、「安楽死させなければならないのか？」というほど深刻なケースを目撃してきました。私のオフィスで、親友とも言える犬の安楽死について、泣きながら私に打ち明ける、傷ついた飼い主に出会ってきました。飼い主に能力があり、正しい環境を整えることができれば、リハビリを行うことで救うことが可能な犬は多くいるでしょう。しかし、どれだけ努力を重ねようとも、あまりにも深刻なダメージをすでに受けており、受け入れることが不可能なまでのリスクを抱えた犬も存在します。自らの種を守りながらも、家族の一員だと考えている生き物を裏切ることはできないという倫理的な板挟みに直面しながら、困難な議論を始めることも私の仕事のひとつです。ケースによっては心を砕かれるかもしれません。私の心は、幾度も砕けたことがあります。

こういった多くのケースでは、犬の行動と同じく、人間の行動が関与しているというのが印象的です。犬へのケアと訓練に対する責任感の欠如だとか、十分な配慮がなかったと言いたいのではありません。もっと深いレベルの話です。霊長類としての私たちの無意識の（自然な）傾向が、犬にも同じような反応を引き起こすのです。どちらも、相手が何かを伝えようとしていると勘違いしています。この状況を考えたとき思い出すのは、自分たちの種との口論です。徐々に声は大きくなり、心拍数が上がり、ふと気づけば、自分と相手はまったく別の議論をしていて、実のところ意見の相違が存在しない場合があるということです。人間の犬に対する愛をハグで示そうとする傾向が、問題を引き起こす可能性があると私はすでに述べました。犬はハグを攻撃的な行為だと捉える場合が多いので、この不可解な行為からなんとかして逃げようと、唯一の手段である歯で身を守ろうとするのです。でも私たち人間は、犬に対して愛を伝えたかっただけなのです。

私はこのような間違ったコミュニケーションを毎日と言っていいほど目撃しています。それは犬同士の挨拶です。私たち霊長類は向かい合って挨拶をし、前足を伸ばし、直接、顔と顔を向き合わせて交流をします。このやり方は犬にとっては大変刺激が強く、緊張し、両足を踏みしめ、低い声で唸る場合さえあります。しかし通行人は、あっさり犬に手を伸ばしてきます。飼い主が「犬を触《さわ》らないで下さい！　知らない人だと緊張してしまうんです！」と言っている場合であってもそうです。世界中に頭を抱える飼い主がたくさんいます。見知らぬ人が自分の犬に自然に手を伸ばすのを、止めることができないからです。挨拶をするという、人間に染みついた行動の衝動はとても強く、やめてほしいという明らかなシグナルでさえ、無視されることがあるのです。

このような誤解の全てが深刻なトラブルに結びつくわけではありません。ほとんどのケースでは犬が困惑し、訓練を重ねた飼い主の努力を台無しにする程度のことしか起きません。犬が何をしているにせよ、私たちが繰り返し彼らに言葉をかけることで、犬は混乱します。不安になったり興奮したりすると、チンパンジーも人間も、同じことを繰り返してしまう傾向にあるからです。犬に長ったらしい文章で話しかける一方で（なぜなら、会話は私たちの種にとって大事なものだから）、自分が犬に与えている視覚シグナルには鈍感です。私たちは理由もなく大声を出し、リードを引っ張り回します。二足歩行の類人猿がやりがちなことですね。

リードの先にいる存在の行動に着目するのは、犬の訓練において新しいコンセプトではありません。プロの訓練士の多くが、実際には犬と長い時間を過ごすことはないのです。私たちが共有する時間の多くは、人間との時間です。人間は決して、訓練がすんなりと入る種ではありません。仕事終わりの訓練士たちに聞いてみて下さい。問題が常に犬の方にあるわけではないのです。多くの犬の訓練士曰く、実は犬よりも人間の方がよっぽどしつけが難しいということです。しかしそれは、人間が愚かだからではなく、やる気がないからでもありません。私たちは単純に、犬が物を噛んで吠えるように、自分たちにとって自然に思えることをやっているだけなのです。それが役に立たないことだとしても。

優秀な訓練士が優れているのは、彼らが犬を理解し、犬がどう学ぶのかを知っているからです。それだけではありません。彼らが優秀な理由は、自分の行動についても理解しているからです。私たちの種にとっては自然ですが、犬には誤って伝わってしまうことを、やるべきではないと自覚しているからです。自然にできることではないかもしれませんが、ある程度は簡単で、その多くは本書から学ぶことができます。犬に対する振る舞いに気づくには、多少のエネルギーが必要です。私たちが失敗しがちな行動について、現実を受け入れなければならないからです。しかし、注意できるようになれば、犬の行動ではなく、自分の行動に意識を集中させられるようになれば、自動的に、あなたは犬にとってより明瞭で、分別のある存在になることができます。

犬に背を向け、離れることで、呼べばこちらに来てくれる可能性は飛躍的に高くなるでしょう。簡単な動きを学べば、家のなかがどんな状態であったとしても、犬に「伏せ」と「ステイ」を教えることができるようになるでしょう。優秀な訓練士になるのが簡単だと言いたいわけではありません。博士号を持っていることと同じくらい、私は犬の訓練ができることを誇りに思っています。あなたがプロの犬の訓練士であれ、愛するペットの家族の一員であれ、自分の行動を見直すことで、犬との関係をより良いものにすることができるのです。

毎年、数名の生徒が私に会いにきて、どうしたら動物行動学者になれるのかと質問をします。動物が大好きだから興味を持ったという人、実は人間が大嫌いなのだと告白する人もいます。しかし、私たち人間は家庭犬にとって不可欠な存在で、自分の種のことを考慮せずに、家庭犬と完全な状態で関わることはできません。犬を愛すれば愛するほど、人間の行動を理解しなければならないのです。生物学者として言いますが、良いニュースもあります。私たちの種は他の種と同じく、魅力に溢れています。私はカニス・ルーパス・ファミリアリス（イヌ）と同じように、ホモ・サピエンスにも魅了されています。なぜなら、人間は愚かだとしても、興味深い存在だからです。ですから、犬に見せる忍耐と思いやりを、人間に対しても見せてほしいと願っています。それに、犬は人間を大好きなようですし、私自身は彼らの意見を最大限に尊重しているのです。

私たちと犬の共通点、そして私たちを惑わすその違いは、犬との関係性においては祝福でもあり、呪いでもあります。似ている部分と違いを理解していたことの祝福とは、あの晩、高速道路で起きたことが示しています。犬が無事に車線を横切ることができたとき、私たちは二匹の首輪をしっかりと握りしめ、アドレナリンに満たされた安堵のなかで、笑い、そして泣きました。私は車内にあった電話で、首輪に記載されていた動物病院の番号に連絡を入れたのです。獣医師が酪農場の危機を救い、偶然にも同じ高速道路を戻って来る途中でした。彼は十分もしないうちに車でやってきてくれました。一時間以内に獣医師は犬たちを、彼らの家に戻してくれたのです。若犬のヒーラーのミックス犬が年上のゴールデンを誘って旅に出たというのがことの顛末のようでした。翌日、飼い主に電話をかけました。私たちは万が一のことが起きたらどうなっていただろうと涙を流し、実際にはそうならなかったことを喜び合いました。

犬が命を失わなかったのは私たちが幸運だっただけだし、犬の女神が私たちを見守って下さっていたからだし、私たちが自分の行動が犬にどのように影響するのか知っていたからです。自分の行動に注意を払って下さい。あなたの犬はそうしていますから。

第一章　猿まね

人間と犬の視覚シグナルの重要性

動物行動学者で攻撃的な犬を扱っていることと、数百人の観客が見つめるステージのうえで犬を扱うというのは、まったく別のこと。個人的なコンサルティングでは、犬にだけ集中すればいいのだけれど、デモンストレーションをしているときは、集中が犬と聴衆に分散してしまう。重要なシグナルは〇・一秒の長さもないし、数ミリ程度のものなので、聴衆に応えつつ犬の機嫌を取ろうとしても問題が起きるだけなのだ。舞台上で攻撃的な犬と向き合うということは、一種の「イーベル・クニーベル」〔有名なアメリカ人スタントパフォーマー〕的状況と言える。自分にとって物事がうまく運ぶように、綿密に準備をするのが得策だ。前の晩はぐっすり眠り、健康的な食事を取り、犬の飼い主には事前にしっかりと話を聞いておく。信頼できる、頼りになる相棒と仕事をする。そして舞台へと駆け上がり、どうにかしてこの難局を乗り越えられるよう、願うだけだ。

とあるセミナーで私が向き合っていたマスチフは、体重が九十キロ程度あり、頭はオーブンほどの大きさだった。ここのところ数か月、見知らぬ人に勢いよく向かって行くようになり、飼い主や友人らを怖がらせていた。おやつを与えながら、私は徐々にマスチフに近づき、聴衆に向かって自分が今、何をしているのかを説明していた。視野の隅では、そのマスチフがリラックスしながら次のおやつを待ち、普通に呼吸している様子が見えていた。私は聴衆の質問に耳を傾けながら、おやつを与え続け、そして、一歩だけ彼に近づいた。一メートル程度の距離だったはずだ。

ドナの目が私に警告を与えていた。私はちらりとドナ・ドゥフォードを見た。彼女は賢く、経験豊かなプロの訓練士で、彼女の表情を見て自分がまずい立場にいることがわかった。マスチフは私の真横にいたが、ぞっとするほど、身動きひとつしていなかった。彼の方向に視線を向け、彼の目を見たのは一瞬だった。ほんの一瞬だったのにもかかわらず、それは間違いで、それも愚かな間違いだった。緊張している犬の目を直接見ることは、初心者がやりがちな間違いであり、それを防ぐ方法を学ぶか、仕事を辞めるかどちらかである。

マスチフはまるで歯が生えた筋肉質の貨物列車のように、私の顔めがけて突進してきた。うなり声は建物を揺らすようだった。私は高度な訓練を受けたプロであれば誰もがこの状況でそうするように、一気に後退した。

小さな動きが大きな影響を生む

もしマスチフとアイコンタクトをしていなかったら、もし私の視線が、わずかに左か右にずれていたら、彼が私に突進してくることはなかったでしょう。もし私があの視線の行く先を変えていたら、あの激怒した筋肉の塊は動かず、静かに私を眺めていたでしょう。九十キロのマスチフが静かに座った状態でいられるか、それとも私の顔に向かって突進してくる状態にしてしまうのか、ほんのわずかな行動の変化で、驚くほど明白な違いが生まれていたでしょう。

この話はすこしドラマチック過ぎるかもしれませんが、わずかな動作が与えるインパクトは、犬との交流のすべてに関係しています。犬は人間の体のわずかな変化に敏感で、その微妙な動きの意味を察知する能力に優れています。飼い主のわずかな動きが、犬の行動に大きな変化をもたらすのです。本書からは、その点を学んで頂きたいと考えています。例えを挙げればきりがありません。真っ直ぐ立って、肩を落とさず、胸を張るだけで、犬が座るかどうかが変わります。人間はほとんど気づきませんが、前傾姿勢になるか、後傾姿勢になるかは、犬にとってはネオンサインのように明らかなのです。人間の体の傾きは犬にとってはとても重要な情報で、ほんの一センチ前に、あるいは後ろに傾くだけで、怯える野良犬を引き寄せ、時には追い払います。深呼吸することで犬の喧嘩を防ぎ、ぐっと息を止めることで喧嘩をスタートさせることもあります。攻撃的な犬と、毎週、十三年間もつきあってきて、嫌になるほど目撃してきているのです。ほんのわずかな動きが危険を回避することもあれば、危険な状況を引き起こすこともあるのです。

獣医学生に聞いたことがあります。二週間、私と過ごすことで何を学んだの？　彼女は「私の行動の、詳細が大切なのだと理解しました……体重の移動という、ほんのわずかなことが動物の行動に大きな影響を与えるなんて、まったく気づいていませんでしたから」。この情報は、誰にとっても当たり前ではないようです。でも、不思議ですよね。だって、筋肉の動きは私たちの種でも、とても大切な情報だと思うのです。イントロダクションで書いたように、顔に浮かんだ表情を変えるために、眉毛をどれだけ上げる必要があるでしょうか？　鏡の前に今すぐ行って、確認してみて下さい。口角を上げると、どれだけ「見た目」が変わるでしょうか。家族の誰かの顔を見て、情報を伝えるための変化はわずかでいいことを思い出してみてください。顔、そして体のわずかな動きで得られる情報は、他者との関係性のうえでとても重要です。そしてこのわずかな動きの重要性とは、霊長類の遺産に深く根付いています。霊長類は実に多くの種類が存在しています。樹液をすする、体重わずか百グラムのピグミーマーモセットから、葉っぱをむさぼる体重二百三十キロのゴリラまで、多種多様です。しかしそのすべての霊長類が強烈な視覚を持ち、社会的交流おいてはすべてが視覚的なコミュニケーションに依存しています。ヒヒは軽く脅すために眉を上げます。一般的なチンパンジーは、不満を表すために口を尖らせます。アカゲザルは口を開け、睨み付けて威嚇します。チンパンジーもボノボも、小競り合いの和解の際には、互いに手を伸ばします。私たち霊長類は、視覚シグナルを社会的なコミュニケーションの基盤としており、それは犬も同じなのです。

犬はまるで精密機械のように私たちの体に連動します。人間が犬に対して使う言葉を考えている間に、犬たちは互いのコミュニケーションに使うわずかな視覚シグナルを、人間の動きのなかに観察しています。オオカミの本やオオカミに関する記事には、群れのメンバー内で行われる社会的相互作用の鍵となる視覚シグナルについての記述が多いはずです。オオカミの行動について世界的権威であるエリック・ツィーメンの『世界のオオカミ』には、社会的相互作用のためにオオカミが用いる四十五の動きが記されています（Fred H. Harrington and Paul C. Paquet eds., *Wolves of the World: Perspectives of Behavior, Ecology and Conservation*. Park Ridge, NJ: Noyes Publications, 1992）。それに比較して、音声による相互作用については三箇所の記載しかありません。それは、オオカミの社会的関係性のなかで、鳴き声やうなり声が重要でないという意味ではありません。もちろん、重要です。しかし、オオカミの視覚シグナルの深さや幅は、それに比べて膨大なもの。わずかな首の傾き、前傾姿勢、後傾姿勢、硬直、リラックスなど、多岐にわたるのです。私が経験した犬との交流を考えれば、彼らとのコミュニケーションにおいても、視覚シグナルは同様に不可欠なものだと理解できます。

人間と犬は、双方が高度に視覚的で社会的です。それがわずかであったとしても、社会的グループのなかで誰がどのように動くのか注意を払うという強い傾向を持つ、二種であると言えます。人間と犬に共通していないこともあります。犬は人間のわずかな動きに、人間よりも敏感だということです。考えてみれば納得がいくのではないでしょうか。人間も犬も同じ種の動きには自然に参加しますが、犬は違う種のシグナルを理解するために追加のエネルギーが必要になります。そのうえ、人間は犬に対して常に何かすることを求めるので、彼らには人間の動きや姿勢を理解しようと努める、やむにやまれぬ理由があるのです。しかし、犬の周辺でどのように動くか、あるいは犬が私たちの周辺でどのように動くか考えることは、人間にとっても利点があるのです。なぜなら、人間が意図していなくとも、私たちは常に体を使ってコミュニケーションを取っているからです。お互いが主張したいことを理解していれば、状況が改善されるのは明らかです。

あなたが犬との間の視覚シグナルを習得すれば、ほんのわずかな動きが持つインパクトは驚くほど明らかになります。自分が求めたときに、自分の体を正しい方法で動かす訓練をするスポーツとなんら変わりはありません。アスリートは体の動きをすべて把握しなければなりません。アスリートは自分の体を使って何をしているのか、理解しなければいけません。それは犬の訓練でも同じことです。プロの訓練士は、犬と関わるとき、自分の体をどのように動かせばいいか、完璧に把握しています。飼い主から次々と出される信号を理解しようと必死になっている犬の飼い主は、多くの場合がそうではありません。

犬は私たちのわずかな動きも決して見逃そうとはしないようです。私が犬にお座りを教えたのは、まったく無意識ではあったのですが、両手を合わせて、腰の辺りの高さで擦り合わせる動作でした。

犬を呼び、何か別の指示をする前に、無意識にこの動きをやっていたようなのです。まずは「お座り」を指示することが多いので、私の犬は、私が手を擦り合わせたときには、次に「お座り」のシグナルが来ることをあっという間に学びました。お互いの時間を節約するために、犬たちは言われるまえに座ることにしたようでした。あなたが犬の飼い主であれば、このようなことを毎日やっているはずです。ジャケットを手にすると、犬は玄関に走りますよね。犬と追いかけっこをしたことがあると思いますが、あなたが前傾姿勢になると、犬は一目散に逃げるようになっているはずです。犬に「お座り」を指示する際、無意識であっても、多くの人は手や指を使います。犬はそれを意識しているし、あなたの動きは、犬にとって最も重要な合図なのでしょう。

私が専門的に犬と人間を訓練し始めたとき、最初に衝撃を受けたのは、飼い主が自分が出した音に集中する一方で、犬は飼い主の動きを観察しているように見えたことでした。これを目撃したことで、私とジョン・ヘンサスキー、そしてスーザン・マレーという二人の学部生は、犬が簡単な動作を学ぶときに、音と視覚のどちらに集中するのか実験をすることになったのです。生徒たちは六週半の二十四匹の子犬に「お座り」を、「音」と「動き」の両方を同時に使って教えました。[01]子犬たちは、両方のシグナルを与えられ、四日間訓練されました。五日目、トレーナーは一度に一つのシグナルだけを子犬に与えました。子犬にはランダムに、トレーナーの手の動きを見せたり、ピーという「お座り」のシグナルを与えたりしました。音声なのか、視覚なのか、どちらのシグナルが正しい反応を得ることができるか、知りたかったのです。そして、答えが出ました。二十四匹中、二十三匹の犬が音よりも手の動きで正しい行動をしたのです。一匹の子犬だけが、どちらにもよく反応しました。ボーダー・コリーとオーストラリアン・シェパードは、当然のように視覚シグナルのスターで、四十回のうち、三十七回正解することができました（音声シグナルで成功したのは、四十回のうちわずか六回だった）。ダルメシアンは二十回の視覚シグナルで十六回お座りをしましたが、音声シグナルでは二十回のうち、四回しかお座りをしませんでした。キャバリア・キング・チャールズ・スパニエルは視覚と音声シグナルの間での差が最も小さく、視覚シグナルでは二十回中、十八回お座りをし、音声シグナルでは二十回中、十回お座りをしました。ビーグルかミニチュア・シュナウザーを飼っている人であれば驚きはないでしょうが、この二種の子犬は、「お座り」の視覚シグナルを四十回見たうちの、三十二回でお座りをし、音声シグナルを四十回聞いたときは、一度も座りませんでした。ということは、ビーグルが森でウサギを追いかけているときに、彼の名前を呼んでも意味がないということです。

この実験については、私は慎重な姿勢を保っています。理由は、この調査は手際よく終えるには難しいものだからです。動きと音が完全に自動化されていない限り、全く同じ継続時間でシグナルが与えられたとは保障できないからです。学生たちが、前回与えたのとは別の手からおやつを与えたことは、子犬を手のシグナルに集中するように導いたでしょうか？　同等な「量」、あるいは強さで、各シグナルを送ったと、どのようにして確認できるのでしょう？　もっと子犬の数が多かったほうがよかったかもしれない、なんてことを考えるのです。しかし、訓練を行った生徒らは実際に検証する仮説については知りませんでした（私はそれを遺伝と性別に関するものとは伝えていました）。訓練の様子はビデオに録画し、行動と音は数百分の一秒以内に終了することがわかりました。そして私たちはその環境下で調査を可能なかぎり公平なものにするよう心がけました。犬が視覚シグナルを容易に学習すること、哺乳類の脳が、選択的に特定の刺激に対して注意を向ける普遍的現象を考えると、この調査が導き出した結果には意味があるのではと思います。皮肉なことに、ハンドサインを理解する愛犬の「驚くべき」能力を、あたかもそれが突出して進歩した行動だと熱狂的に語る人がいます。実際のところは、あなたの声に犬が反応することのほうが奇跡だっていうのに！

ちょっと人間のみなさん！　言いたいことがあるんですけど！

霊長類が視覚で理解する生き物だとしても、私たち人間は犬が送るサインを見逃しがちです。例えば、こんな場合。私のセミナーでは、私にボールを渡してくれる、私のペットでボーダー・コリーのピップを褒めるデモンストレーションを行っています。ピップは昼寝が大好きなボーダー・コリーで、ラブラドールとの交配種のような風変わりな姿ですが、実際のところ、牧羊犬の血統を受け継いでいます。牧羊犬の血を引いているというのに彼女はボールがとにかく大好きなので、ボールを渡してくれる見返りとして、私は彼女に優しく語りかけ、頭をたっぷり撫でてやります。ピップを褒め称える私の姿を見る観客は、たいそう喜んでくれます。ボールを渡してくれたピップを大いに褒めるという努力をした私に対して、点数を付けてくれと頼めば、全員からA＋をもらえるでしょう。でも、私は自分自身にD評価を与えます。なぜなら、ピップはただボールを欲しかっただけだからです（観客は私のピップへの褒め言葉と、ピップを撫でた姿を見て楽しんでくれたでしょうけれど）。私はこのエクササイズを繰り返し、観客にはピップの表情だけに注目するよう頼みます。彼女のリアクションは、表情に注目すれば一目瞭然だからです。ピップは私の優しい言葉掛けなど一切無視し、目を細め、頭を撫でる私の手をかわすように動きます。私の手を前に押しのけ、ボールに対してレーザーのように鋭い視線を送っているのです。ピップは撫でられたり褒められたりすることが好きな犬たちと大きな差はありませんが、それが嫌いなタイプだっているのです。結局のところ、私たちがマッサージが大好きだったとしても、大事な会議の最中や、テニスの試合中にマッサージされたら困るわけでしょう？　撫でられることが大好きな犬だって、四六時中撫でられたいと思うでしょうか？　私たちがどれだけマッサージが好きだからって、二十四時間そうされたいわけではないですよね。

ピップの反応に注目するようになると、観客はすぐに理解します。ピップが私の手を拒絶し、ボールを取り返そうと焦る姿ははっきりとわかるからです。しかし、なぜか私たち人間は、犬が送るそのような視覚シグナルを見落とすことが多いのです。私のオフィスに助けを求めてやってきた飼い主たちの多くが、ペットの攻撃性は「青天の霹靂」だったと言います。でも私の目には、飼い主が私に話しかけているときでさえ、犬が「そんなふうにさわるの、やめてくれる？　やめないとガブッといくよ？」というサインを送っているのが、はっきりと見えるのです。

「無償の愛を与えてくれる存在だから」、人間は犬を愛するのだという言葉がありますね。犬の視覚シグナルを理解している人は、それがいかに天真爛漫な意見なのかを知っています。犬の訓練士たちを笑わせたかったら、「犬って無償の愛を与えてくれるんだって」と言ってみるといいでしょう。膝を打ちまくること間違いなしです。私のボーダー・コリーのクール・ハンド・ルークは（彼は賢く、忠実で、一度自らの命をかけて私を救おうとしたことがあります）、例の四文字でしか表現できないような性格をしています。その四文字はＬＯＶＥではありません。ルークは私のことを慕っており、それは間違いないことです。でも、だからといって彼が私のことを常に慕っているわけではないですし、それはあなたが自分のお気に入りの人間をいつ何時でも大好きではないのと同じことです。

犬が飼い主を、いつ何時でも心から愛していると勘違いしている人がいるようですが、それはシンプルに、私たち人間が犬の非言語コミュニケーションを理解できていないからです。しかし、ひとたび犬とともに暮らし始めると、愛とは犬が感じる様々な感情の一つに過ぎないことがはっきりとわかるようになります。時間をかけて観察すれば、様々なシグナルの大部分に簡単に気づくことができるようになるのです。

犬が送る多くの視覚シグナルは、同じ種に対してのみ送られるわけではありません。一八七二年にはすでに、チャールズ・ダーウィンが、嫌悪感、恐怖、脅迫といった、人間以外の動物に共通する感情表現が存在することを明らかにしています。犬の顔に現れるすべての表情が、人間のそれと完全に同じであると一般化し、推測するには慎重でいなければならないのです。犬の、「ニヤリ」と笑った顔は、恐怖を表している場合もあります（もちろん、人間の場合もそうかもしれないですね）。しかし、同じように重要なことは、犬の表情を注意深く観察する能力なのです。プロテニスプレイヤーが時速百五十キロで自分に向かってくるボールの縫い目を見ることができるように、優秀な犬の訓練士は、素早く、わずかだけれど、多くの情報をもたらす視覚シグナルを見ることができます。誰でもその方法を学ぶことができます。意識を集中させるだけでいいのです。

リビングで行うことができるフィールドワーク

私の専門は動物行動学で、それは動物の行動を、進化、遺伝的特徴、学習、そして環境を相互作用と捉え、理解する科学です。動物行動学の基礎は、質の高い、しっかりとした観察です。遺伝的特徴の評価、生理学、そして神経生物学を評価するために不可欠な、ハイテク機器や数学的分析を駆使する難解な分野です。それでも動物行動学は、だれでもやり方を学ぶことができる、基本的な観察からスタートします。動物を観察して、何をやっているかメモを取るのです。必要なのは自分、動物、ペン、そして紙なのだから、シンプルだと思えるかもしれませんね。長ったらしい名前のついた、高価な機器も必要ではありません。もし犬がいないようなら、動く動物だったらなんでもOKです（会社の同僚、友人、配偶者でもよし）。家の外にいる鳥、家の中にいる犬、あるいは同僚が何をしているか、ただ、書けばいいのです。具体的に、そして明確に書くことです。「犬が歩き回っています」は、具体的で明確とは言えません。「犬が、毎秒一歩の速度でゆっくりと歩いている。頭は肩甲骨と同じ高さに保たれ、耳はリラックスして四十度の角度で頭の横に垂れ下がってはいるが、頭に張りついているわけではない……」が、具体的で明確な記録です。紙にすべてを書き終えるころには、観察対象の動物は全く別の動きをしているでしょう。この単純なエクササイズはあっという間にイライラとした時間に変わりますが、やがて観察する動物の行動の複雑さにあなたは感動することになるでしょう。

セミナーで行うデモンストレーションで私のお気に入りは、観客に一秒数えてもらうことです。「ワン・ワン・サウザンド（one-one-thousand（英語で秒数を正確に測るときの言い方））」と観客が声を合わせているとき、私は飛び跳ね、体をひねり、腕をバタバタさせ、笑い、顔をしかめ、腹を抱えて笑ったりして、とにかくありとあらゆることをします。もし私のその行動をビデオに収め、動物行動学者がするように分析をしたら、何十もの動きが一秒の間に行われていることが記録できるはずです。動物行動学者にとって一秒は永遠なのです。なぜなら、十分の一秒で多くの行動が起こりうるからです。しっかりと観察することは困難です。なぜなら、私たちの脳にとって、一瞬のうちに起きる多くのことに気づくのは難しいことだからです。ましてやそれを紙に書き写すのは至難の業です。同時に多くの行動が起こる可能性があるから、動物行動学を学ぶ学生が最初に習うのは、特定の行動にのみ集中する、あるいは特定の範囲だけに集中し、残りは次の観察時間まで無視することなのです。観察力が養われてくれば、同時により詳細な状況を観察できるようになりますが、最初は選んで観察するのが大事なことです。観察技術を磨くことは、しっかりと行動できる犬を飼うことに直接繋がっています。なぜなら、人間の行いは、犬の行いに関係しているからです。犬の動きがわずかだからといって、それが重要でないという意味ではありません。

身体言語《ボディランゲージ》を正しく理解しなければ噛みつく可能性のある犬たちと長く付き合うことで、私は観察すべき体の部位の序列を理解するようになりました。はじめて犬に会うときは、私は犬の重心と呼吸を観察します。前傾姿勢を取っているか、それとも私から体を離そうとしているのか、四本の足をしっかりと地面について立っているのか、などを見ます。普通に呼吸をし、身動きせずに立っているのか、それとも荒く、浅い呼吸をしているでしょうか？　同時に、私は犬の口と目を観察します。そこには情報が詰まっていますが、両目を直接見ないように注意します。尻尾の状態も重要です。しかし、顔に浮かぶ表情ほど重要なものではありません。一瞬ですべてを把握することはできません。もし、様々なことが同時に発生しているのなら……例えば、犬が吠えている、私に向かって突進してきている、あるいは最悪のケースとして、体を固くして身じろぎもせず私を睨み付け、口角を前方に突き出しているような場合、彼の尻尾の状態がどうなっているかなんて、数秒後にしか確認はできません。

スポーツの練習って、しますよね？

犬の心を読むのが上手な飼い主はいます。そういうひとたちは「天賦の才」がある人たちで、まるで磁石のように動物を惹きつけます。森のなかで鹿から頬にキスをされ、小鳥が髪のなかで戯れる、そう、白雪姫のような人たちのことです。そして、白雪姫ではない普通の人たちが存在します。そこには私も含まれますが、こういった人たちは動物に関して従来の方法で学ぶ必要があります。そう、練習です。練習方法のひとつは、観察し、そしてメモを取ることです。芸術家や科学者はこれをよく理解しています。人間は、見たことを文字にして書き残したり、描いたりするまで、本当に「見る」ことができない生き物なのです。だから、あなた自身がジェーン・グドールになればいいのです。スケッチブックを手に、犬をドッグパークに連れて行き（普通の紙と固い下敷きがあれば十分）、注意深く観察して、その動きを描写して、具体的な動きをスケッチしてみます。どの方向に体を傾けるのか集中して見て、それを書き記し、絵を描いてみましょう。犬の口角が（接合部）が、前側に出ているか、それとも後ろ側にあるか、それぞれ書き記します。他の犬を見るあなたの犬の両目が「鋭い」か、「優しい」のか。他の犬を見たとき、犬の尾はどの位置にありますか？　その変化は犬が人間を見たときにも起きますか？　一度に、体の部位の一箇所だけに集中することです。そうしなければ、脳が混乱し、特定の動きに集中できなくなってしまいます。ノートとスケッチは日誌にまとめ、自分が書いたことを何度も読み返すようにしてみましょう。

別の方法もあります。犬たちが遊んでいる様子をビデオ撮影し、スローモーションで、何度も何度も再生して見てみるのです。ほんの一瞬の間に多くのことが起きるし、スローで再生すると動きの詳細を見ることができることに驚くかもしれません。練習を重ねれば、脳は行動の変化の観察に慣れてきます。そして、特定の動きに対する「探索像」を理解できるようになります。友人であれば気づきもしない、素早い動きのなかのわずかな変化を見ることができるようになります。そうなれば、犬に対してより早く応え、より適切な行動を取ることができるようになるのです。何もしなくても、あなたは犬にとって、より優れたトレーナーとなり、まるで魔法のように犬の行動は改善されるでしょう。

人間とはやたらとシグナルを発する生き物です

犬が送る視覚シグナルへの反応が少し遅いというのは仕方がないとしても、人間は自らが発するシグナルに関しては本当に鈍感な生き物です。それなのに、犬はシグナルのプロなのです。彼、あるいは彼女はあなたの行動のほとんどすべてに気づいています。さて、実験をしてみましょう。あなたが犬に与えるシグナル（意図的であれ、その逆であれ）に焦点を当ててみるのです。犬が観察する側で人間が役者なのだから、とても簡単な実験です。あなたの役割は、犬が反応することを学んだ視覚シグナルを特定すること。犬と一緒に静かな場所に行きましょう。家族や他の犬の喧しいあれこれから距離を置くのです。リラックスして立ち、しかし体を動かさずに、犬に「お座り」と言ってみてください。ただし、唇以外は絶対に動かさないで。私がこれをやるときにまず気づくのは、まったく体を動かさないことが難しいということです。犬が近づいてきたとき、わずかでも頭を下に動かした？　眉を一ミリ上げてしまった？　このような動きのすべては、犬にとっては簡単に見ることができるもので、それは合図として認識されることもあります。次に、床に座って、なるべく体を動かさないように注意しながら、犬に「お座り」と言ってみましょう。そして部屋を離れ、あなたのことを犬が見えない状態で「お座り」と言ってみましょう（犬がどのように動くか、覗き見たり友人に確認してもらう）。

次に、いつものように犬に「お座り」と声をかけてみましょう。あなたは自由に動いていいのです。いつも通りに体を動かしてください。あなたは確実に体のどこかを動かしているはずです。このゲームをしているときに、犬が座るかどうかは重要ではありません。なぜなら、私はあなた自身の行動に着目して欲しいからなのです。手や指を上げましたか？ 少し前に体を動かしましたか？ 頭を傾けましたか？ 自分自身の行動を観察したあとは、あなたのどの動きに連動して犬が座り、また座らなかったのか、そのパターンを見つけてください（何度もお座りと言い続けるあなたにワンコがうんざりしていたとしても！） 別の動きで実験をすれば、犬があなたの声と同じ程度に、あるいはそれ以上に、あなたの特定の動作を手がかりとしていることがわかるでしょう。

この実験にすべての犬が反応するというわけではありません。犬によっては、あなたの体の動きを無視して声に反応するよう学習している場合もあります。私が目撃する最も一般的なシナリオとしては、飼い主自身の動きに一貫性がないだけではなく、その家族が、同じメッセージに対してそれぞれ異なる動きをするというケースです。パパは手を前に差し出して「お座り」と言い、その動きはママの場合は「ステイ」です。悲しいことに、このような家族の一貫性のなさに苦しむのは、とても賢く、意欲のある犬なのです。人間から予測可能なパターンを読み取ろうと、耳からもくもく煙を出している犬が見えてきそうです。

犬に対して自分が送っているシグナルを発見する最善の方法は、友人にビデオ撮影をしてもらうことです。社会的な交流をする際、自分の体の動きを熟知している人などおらず、それが理由で自分が映るビデオを見て困惑する人が多いのです。話しているときに目を閉じたり、顎を触るくせがある姿を見て「これ、誰？」と愕然としますよね。でも、犬はあなたよりずっと正確に、あなたが、どんなときに体のどの部分を動かすのかを知っています。そして、あなたの声よりも、そんな体の動きに着目している場合が多いのです。家族全員の動きを録画して、犬にサインを送るときの様子を比較してみるといいでしょう。あなたが他の多くの飼い主たちと同じような状態であれば、人間に拘束着を着せずに、犬はどうやって長い間過ごしてきたのだろうと不思議に思うに違いありません。

自分の行動を意識するようになれば、犬に理解してもらうのに必要なことの半分ができたことになります。犬の周りでどのように行動すべきか意識しつづけることで、一定で、犬にとってわかりやすい視覚シグナルを決めることができるのです。飼い主のシグナルがあまりにもわかりにくいため、とても可愛らしいスパニエルに一体何をさせたいのか、私にも理解できなかったケースが記憶に残っています。この女性は犬を可愛がっていましたが、飼い主の混乱しためちゃくちゃなシグナルを理解することに犬は疲れ切っていたようでした。彼女が席を立って帰ろうとしたときも、犬は私の隣に座って動こうとはしませんでした。

これは私が特別な存在だからではありません。多くの犬の訓練士が同じようなケースを知っているでしょう。この可哀想な犬は、彼女にとって理解しやすいサインを送る人間をようやく見つけ、その明確さから与えられる安心感を手放したくなかったのです。この、悲しく気まずい時間は、後に喜びに溢れた熱意へと姿を変えました。クライアントが犬と「会話」するときの自分の体の動きを整理したのです。いま、一人と一匹は最高の友だちになっています。

自分が送るシグナルの意味を知っているとしても、犬にとっては別の意味かもしれない

昨日、私はウォルト・ディズニーの映画に出てきそうなほど愛らしいミッツィーというテリアのミックス犬に訓練をしていました。かわいい子とはいえ、彼女の態度は親しみやすいものではありませんでした。恐怖心に溢れ、急に近寄ってくる体の大きな男性と、歩くときに体を揺らすお年寄りに対して身構え、吠えるのです。このリアクションは攻撃性に繋がる可能性をはらんでいます。ミッツィーと飼い主と一緒に、家の周辺を散歩することにしました。三人の犬好きの男性に、通りすがりに彼女におやつを与えてくれるように頼みました。近づいてくる見知らぬ男性は安全というだけではなく、美味しいおやつまでくれる人であることを学んでもらうのがゴールでした。私たちが何をしてもらいたいのか、彼らに説明したにもかかわらず、男性は（全員）おやつを手に取ると、ミッツィーに向かって投げるのではなく、真っ直ぐ彼女に近づき、そして顔の方に前屈みになって、手を伸ばしておやつを与えようとしました。三人目の男性は彼女に向かって前屈みになっただけではなく、彼女のいる方向に倒れ込むように体を近づけました。私たちが立っていたのはバーの前だったということを、もう少し考慮したほうがよかったのかもしれません。

バーの酔っ払い客は例外として、お願いした男性たちの行動は、人間である私たちにとってお馴染みのものです。全員に対して、犬の三メートル手前で止まり、おやつを投げて下さいと頼み、彼らは納得して頷いてくれたにもかかわらず、実際には彼女の目の前まで歩いてきて、手を伸ばしたのです。私は実際に自分の体を使って、男性全員を遮りました。もし近づき過ぎれば、ミッツイー

は警戒態勢に入り、間違ったことを学んでしまうとわかっていたからです（「ほらね、男って危険な生き物でしょ」）。できるだけ丁寧に、しかし素早く、私は男性たちの前に立ちはだかり、マヌケに微笑みながら彼らを止めたのです。私の仕事では、慈愛に満ちた眼差しとともに、誰かを押しのける技を習得できます。確かに、まるで漫画に出てくるような千鳥足の酔っ払いが、麻袋みたいに覆い被さってくるのを上手にかわしつつ、「いい子ね〜、本当にいい子ね〜」とミッツィーを落ちつけながら、口の端っこで飼い主に「落ちついて、でも早足で立ち去って！」と言うなんてことは、少々複雑なケースかもしれません。

動物行動学者と犬の訓練士にとって頭が痛いのは、人間の行動を変えるのは本当に大変だということ。でも、それは当然のこととも言えるでしょう。なぜなら、私たちは人間であって犬ではなく、犬が私たちの行動をどのように読み取るのか、直感的に理解できないからです。体の動きに神経を集中させている時でさえ、私たちは霊長類のフィルターを通してものごとを見ているのに対して、犬は犬チャンネルにチューニングしているのです。

あいさつ　犬スタイル、霊長類スタイル

会いたかった誰かにばったり道で出会ったら、あなたは何をするでしょう？　私たちの多くが、相手の名前を呼んだり、手を振って注意を引いたり、その人物に向かって歩いて行くでしょう。相手に近づきながら顔をしっかりと見て、目を合わせながら直進し、笑顔を見せるのはとても素敵なことですよね。触れることができる距離まで近づいたら、手を伸ばして握手するとか、両手を相手の上半身に回して優しくハグ。もしかしたら、顔を相手の頬に近づけ、軽くキスするかもしれませ

Photo by author

一方、犬は見知らぬ犬に出会ったとき、真正面から目を見たり、アプローチはしません。互いを知るために、アイコンタクトではなく匂いを確認します。

Photo by Karen B. London

私たち人は真正面から近づき、手を伸ばし、相手の目を見て挨拶します。

ん。究極なまでに親しみを込めるとしたら、目をしっかりと見つめ、そして唇に直接キスをすることになるでしょう。ああ、なんて素敵でフレンドリーなんでしょう。犬の場合は、そうではありません。大変素敵で礼儀正しい霊長類のアプローチは、犬社会ではぞっとするほど無礼な行いなのです。頭にいきなりおしっこをかけるようなものです。

真正面からのアプローチは、犬にとっては脅威になる可能性があり、特に内気な犬が、見知らぬ人間や犬に会うときはその傾向があります。社交的だが見知らぬ犬たちが互いに挨拶する様子をドッグパークで観察してみましょう。礼儀正しい犬は横から接近する場合が多いでしょう。九十度の角度で近づく子さえいます。直接目を合わせることはしません。その一方で、ドッグパークで、互いの目を睨み付けるようにしている二匹がいます。事件です。大事件です。これは、犬対犬の攻撃的なケースでよく目撃する状態です。顔を突き合わせて挨拶をする場合もあるでしょうが、それは礼儀正しいとは言えず、緊張感に繋がり、最終的には互

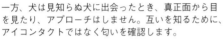

いへの攻撃となる場合もあります。[02] 犬に対して霊長類的な、顔を合わせる挨拶をすると、犬は大抵の場合、威嚇されていると認識し、反応します。犬から顔を背けるように横向きに立ち、犬の方から近づけさせるように挨拶をすると、安心する犬を千頭以上目撃していますが、真っ直ぐ犬に近づき、目を直接覗き込み、頭の上に手を伸ばせば、突進してきて激しく吠える犬もいます。噛む可能性もあるでしょう。礼儀正しい犬は直接的なアプローチを避けるだけではなく、知らない犬の頭に前足を叩きつけたりして挨拶をすることもしないのです。

　ミッツィーの話をすると、文字通り、何百人ものクライアントが、見知らぬ人に出会うと不安を感じる犬と散歩したときに起きた事件を涙ながらに語ります。見知らぬ人が犬に近づき、犬に向かって一直線に歩いて来たのです。クライアントはその人物を止め、はっきりと「この犬は見知らぬ人が苦手」だと説明し、お願いですから触らないでと頼みます。見知らぬ人は「なんでダメなの？」とか、「でも、私、犬が大好きだから」などと言いつつ、犬の前に屈んで顔を突き合わせ、犬の頭の上に手を伸ばすのです。犬は恐怖のあまり後ずさり、やっぱり人間は社会的な愚か者だと学ぶか、あるいは吠え、冷静さを失い、噛みつくのです。

　内気で人見知りの犬が見知らぬ人に出会うときに安心できるように、何年にもわたって助言し続けたことで、私は挨拶という行動がいかに人間に染みついたものであるのかを知りました。人見知りの犬の治療の初期段階では、犬が不安を感じるずっと手前で、人間が犬に近づくことをやめるのが重要です。しかし、どうしても犬と顔を突き合わせ、手を伸ばして触りたいという人間の欲求は強く、人によっては文字通り圧倒的です。とにかく、自分を止めることができないのです。この、どうしても前足〔手〕を伸ばしてしまうという切実な行動は、降ってわいたものではありません。

相手の頭の後ろまで手を伸ばして、ポンポンと触る行為は、多くの霊長類の愛情表現として一般的です。霊長類には、人間もチンパンジーも含まれます。「手を伸ばして誰かに触れる」ことは、無意識の行為以上の意味があります。「手を伸ばし」、「触れる」ことが、私たちの社会的行動にいかに深く根付いているのかを示しているのです。

私はこれまでミッツィーのようなケースを何百件も経験してきましたし、私が何を言おうとも、そして私が話している人物が何を言おうとも、犬に前から近づき、手を伸ばして挨拶することは、人間の行動にあまりにも根付いています。だから、そうできないように、実際に止めなければならないことがよくあります。解決策は二人の協力です。一人は、犬と一緒にいる人、もう一人は、見知らぬ人の隣にいる人です。その人に、どうしても犬の前に行って手を伸ばさないと気が済まない見知らぬ人と、犬の間に入ってもらうのです。私は礼儀正しく人を「ボディ・ブロック」する方法を学び、彼らが犬に近づき過ぎないように、そして見知らぬ人が伸ばした手を遮るように、彼らにおやつやボールを投げて、受け止めてもらうようにしています。[03] 霊長類が手を伸ばして挨拶せずにはいられないように、私たち人間は、こちらに向かって投げられるものを受け止めずにはいられません。「このおやつを犬に投げてくれますか?」と言いながら、歩道を歩きつつ近づいてくる心優しき男性に、おやつやボールをすばやく投げるのです。大抵の人は投げられたものを受け取るのに夢中になって、犬に手を伸ばすことを忘れてしまいます。正直なところ、人間だって訓練できるのです。犬よりも難しいというだけで。

ハグ

犬に手を伸ばすことと、犬をハグするのは別のことです。イントロダクションでは、人間のハグをしたいという強い傾向と、霊長類として受け継いできたものの関係について書きました。多くの動物行動学者たちの努力のおかげで、ほとんどの霊長類が「だっこ」で愛情を表現し、互いをハグし、頭の後ろを叩くとか、肩を叩くことが判明しています。ジェーン・グドールはベストセラー『森の隣人——チンパンジーと私』(Jane van Lawick Goodall, *In the Shadow of Man*. Boston: Houghton Mifflin Company, 1971) のなかで、仲良しになったチンパンジーとの挨拶の種類は、お辞儀、地面に向かってしゃがみ込む、手を繋ぐ、キスをする、触る、抱擁する、そしてポンポンと軽く叩くことだと書いています。人間を除けば、チンパンジーとボノボは動物界ではハグ好きで、興奮するとお互いをハグし、幸せだとハグし、不安だとハグし、怖いとハグします。フランス・ドゥ・ヴァール〔オランダ生まれの心理学者、動物行動学者〕は『仲直り戦術——霊長類は平和な暮らしをどのように実現しているか』(Frans de Waal, *Peacemaking Among Primates*. Cambridge, Mass.: Harvard University Press, 1989) のなかで、チンパンジーが厳しく長い冬を狭い屋内で過ごしたあと、屋外に放たれた際のあふれんばかりの喜びの表現を、キス、抱擁、互いの背中を撫でることだったと記しています。しかしチンパンジーは、不安になっているときでも抱きしめ合います。神経をすり減らし、群れ全体を動揺させるほどの喧嘩をした後に、互いを慰めるために抱き合うのもチンパンジーです。チンパンジーもボノボもキスが大好きで、興奮するとキスをし、社会的緊張の高まりや喧嘩の後には、仲直りのためにキスをし、長らく会っていなかった相手を出迎えるためにキスをします。さて、犬にキスしなくては気が済まない人間はどれだけいるでしょうか？　霊長類のなかでもヒヒとゴリラは人間やチンパンジーやボノボほど抱きしめ合うことはありませんが、仲のよいヒヒは互いの体に腕を絡めるようにして愛情を表現するし、ゴリラは身体的接触に多くの時間を費やします。すべての類人猿において、母親と子どもは長い時間抱き合って過ごし、子どもたちは、互いにだっこをして、顔を見合わせて成長していきます。

Photo by Karen B. London

Photo courtesy of Frans de Waal

キスをして愛情表現する種は人間だけではありません。チンパンジーとボノボもトップレベルのキス魔です。

　私の経験では、柔らかい生き物をハグしたり撫でるのが好きなのは、思春期の女の子と三歳から五歳程度の子どもたちです。犬を抱きしめてしまい、唸られ、腹を立てられ、顔を噛まれてしまった（多くの場合で軽症ですが）、優しくて幼い女の子のいる家庭と何十回も訓練をしたことがあります。若い雌の霊長類のように、だっこをしたくて、さわりたくてたまらなかったのです。しかし、彼女たちが温かく、愛にあふれた想いを抱いている一方で、犬たちはそのハグを、礼儀知らずで支配的な脅迫だと見なします。冷静さを失う犬や噛む犬の擁護をしているわけではありません。それは違います。私の犬たちは、霊長類のそのような行いなんて、これっぽっちも気にしません。最近のことですが、とある女性が私たちの農場にやってきて、ルークの首を強く抱きしめたことがありました。私が彼女を止めた時、彼の両目はまさに飛び出さん

Photo by Cathy Acherman, courtesy of the Coulee Region Humane Society

犬の多くはよく知っている人たちの顔を舐めるのが好きです。その時ですら、直接のアイコンタクトを避け、横側からアプローチする子が多いのです。彼らのほとんどが特に見知らぬ人から同じような配慮を求めているのです。

ばかり。「いい子だね、いい子だね」と私は彼を褒め、素早く彼女の羽交い締めからルークを救い出したのです。ルークは顔を背け、情けない表情をしていましたが、それでも逃げようとはしませんでした。しかし、すべての犬が彼ほど寛大というわけではありません。人間と同じように、犬にだっていろいろな性格があって、様々な学びの機会を経験しているのです。すべての人間に対して礼儀正しくいて欲しいと願うように（多くの場合、人間はそうではないけれど）、犬に対して常に寛大でいることを期待することはできません。

犬同士が互いに「ハグ」するのは、雄が雌を性交中に抱擁するとき、犬（雄または雌）が別の犬にどちらが優位か示すためにマウントするとき、

Photo by Cathy Acherman, courtesy of the Coulee Region Humane Society

Photo by author

Photo by author

Photo by Cathy Acherman, courtesy of the Coulee Region Humane Society

私たちがどれだけ犬をハグするのが大好きか、この表情を見ればわかりますね。
類人猿としての遺産のゆえに、私たちは愛情を表現し、絆を感じるための方法として、「だっこ」――胸を押し付けること――を求めます。

しかし、犬たちの顔を見てください。
人間と同じくらい嬉しそうに見えますか？

あるいは仲のよい犬と遊ぶときだけです。初めての挨拶のとき、犬が前足を別の犬の首に伸ばしたとすると、その犬は、犬社会的に受け入れられるマナーの限界を超えているのです。「前足を伸ばす」ことは、犬の行動学においては「見下ろす」ことの前兆であり、社会的ヒエラルキーを確立するときに行われるものです。挨拶の最初の数秒でそうする犬を、確かに見ることはありますが、それが常に礼儀正しいものであるとは限りません。イヌ属イヌ科の社会では、人間が誰かを押しのけて先にドアから出る程度に失礼な行為なのではないかと私は疑っています。もちろん、仲のよい犬同士は常に遊んでいますが、それは彼らが友だちになって、視覚シグナルを交換して、それからのことなのです。それは、サッカー選手たちが互いにフィールド内でやることを、フィールド外ではやらないのと同じことです。

自分の行動が犬によってどのように解釈されているか意識していない人間の多さには驚かされます。大好きな深夜番組の司会者デビッド・レターマンが番組内で犬に噛まれました。最近のことです〔実際にこれが起きたのは二〇〇〇年六月十六日放送の番組内でのこと〕。彼は前屈みになって、犬の目をじっと見つめながら両手で犬の顔を挟み、犬の目を数センチの距離で睨み付けたのです。完全な事故だったのですが、彼はその次に犬の尻尾を踏んでしまいました。しかし、犬の尻尾を踏んだことがトリガーになったわけではなく、トリガーとなったのはレターマンの解釈でした。噛みつかれる前だというのに、私は彼の目がどんどん犬の目に近づくのを見て、恐怖に震えていました。避けがたいことが起きると心配になりました。彼が噛まれると思い、ベッドの上で文字通り跳ね回りながら、テレビに向かって愚かにも叫んでいました。彼には声が届かないというのに。訓練されていない人間にとって、あるいはただの人間にとって、犬の目を真っ直ぐ見つめることは、優しくてフレンドリーな行為です。レターマンがジュリア・ロバーツを迎えるときも同じで、大好きな人を出迎えるとき、私たちはそうしてしまうのです。犬の社会では、それはSFのホラー映画です。これほど犬にとって失礼なことはありません。レターマンのこの経験で注目すべきなのは、犬がすぐに彼を噛まなかったことです。忘れないで。レターマンは、いかにも人間らしい行動をしただけです。人間じゃなかったとしたら、彼はなんだというの？

もし犬に挨拶したいと思うチャンスが来たら、数メートル離れ、正面というよりは、犬の横に立ち、犬の目を直接見つめないことです。犬がこちらに近づくのを待つのです。もし犬が来なかったら、あなたに触られたくはないという意味です。その場合は、触らないことです。そんなに難しいことではないですよね。道ですれ違う人間全員から体を触られたりしたくないですよね？　体に力が入った状態ではなく、リラックスした状態で近づいてきたら、手を低くすることです。犬の頭の上に手を伸ばしてはいけません。はじめて会った犬に触るときは、必ず、胸のあたりか顎のあたりを触りましょう。頭の上に手を伸ばして、撫でることはやめましょう。キングコングサイズの見知らぬ動物が軽やかに歩いてきて、巨大な前足であなたの頭を触ったらどう思いますか？

そのうえ、ハグですって？　ああ、ハグですよね。私だって人間だから、本当のことを言うと、ときどきその欲求に抗えなくなって、クール・ハンド・ルークやポニーぐらいの大きさのあるグレート・ピレニーズのチューリップの体を抱きしめて、自分を甘やかしてしまうことがあります。私の犬はそれを受け入れてくれています。だって、知らない仲ではないですし、いろいろと馬鹿なことをして私の注意を引こうとする犬ですし、彼らが怒っているときには、もちろんそんなことをしませんし、マッサージのような気持ちの良いことと結びつけるように彼らは訓練されていますし、人間に対して比較的従順ですし、受け入れる以外の選択肢はないと考えているからでしょう。それに、冷蔵庫の中の肉を取り出すことができるのは誰なのか知っていますから。

ステージ上のマスチフは、噛もうと思えば私を噛むことができたでしょう。犬は人間よりも反応速度が速く、私が後退できたとしても、私の脳が体に動けと指令を出す前に、飛びかかることだってできたでしょう。でも、幸運なことに、彼は私を自分のスペースから追い出したいだけで、私は、事故の発生をかろうじて防ぎ、セミナーの重要な学びに結びつけることができたのです。観客と私は、視覚シグナルの重要性について、素晴らしい議論を展開することができました。私はマスチフとはつかず離れずの場所に留まり（人間に突進することで追い払うことができると学んでほしくなかったし、私が近くに留まりすぎても有益なことを学べるとは思わなかったからです）、最終的には、私が真横にいてもマスチフはご機嫌なまま過ごせるようになりました。マスチフの飼い主は、知らない人たちにとって危険な巨大な犬をどのようにして扱い、しつけたらいいのか、多くを学ぶことができました。私はその日の夜、自分の愚かなミスが、自分のことを愚かだと思う以上に大きな問題に発展しなくてよかったと胸をなで下ろしながら眠りにつきました。犬の存在意義とは、人間を謙虚にしてくれること。どんな犬の訓練士に聞いても、犬はその役割を見事に果たしていると答えるでしょう。

第二章　霊長類の言葉を犬語に翻訳する

あなたの体がどのようにして犬に「語りかけ」、そしてそれが本当に伝えたいことだと確認する方法

初雪が降った日、私のクライアントのメアリーは、新しいダウンジャケットを着て寒さをしのぎながら家路についた。十一月の終わりにしては暖かく、爽やかな天気があっという間に冬の吹雪となり、風を避けるために彼女はパーカーのフードをしっかりと頭にかぶっていた。肩から背中にかけて体を揺らしながら、必ずドアまで迎えにやってくる、愛犬のセント・バーナードの熱烈な歓迎を楽しみにしていた。バロンはドアの向こうにいて、メアリーが鍵を使ってドアを開けようとすると、興奮して吠えていた。しかし彼女がドアを開けて家に入るやいなや、バロンの顔に衝撃が広がった。彼は呆然として彼女を見上げ、そしてパンケーキのように両目を丸くして、二度うなり声を上げると、バスルームへと急ぎ、バスタブに飛び込んで姿を隠した。

明らかに様子がおかしかったので、メアリーは彼の後を走ってついていき、繰り返し彼の名前を呼んだ。バスタブの中にバロンの姿を見つけると、彼女は手を伸ばして彼を助けようとしたが、バロンは怯えてバスタブから飛び出し、その途中で彼女を蹴り倒し、そしてクロゼットの中に身を隠してしまった。メアリーは愛犬の奇妙な行動が心配になり、彼をクロゼットから引っ張り出そうと十分ほど奮闘した。しかし、九十キロのバロンはクロゼットに入り込んで、おやつで誘惑しても、どうしてもクロゼットから出なかった。とうとう彼女は諦めて、ベッドに座り、落胆した。暑かったので、パーカーのフードを頭から外して脱いで、ベッドの上に放り投げた。部屋から出て水を取りに行くと、バロンがクロゼットから小走りで出てきて、彼女のあとをついてきた。バロンが後ろにいることに驚いた彼女は振り返り、彼の名前を静かに呼んだ。優しく、甘えん坊になったバロンは、大きくてピンク色の舌で彼女の顔を舐めた。

後日、この話をオフィスでしていたときのことだ。メアリーは、バロンが彼女のところにやってきたのは夏の初めのことで、子犬の頃に出会った人たちはみな、ライトジャケット以上のものを着ていなかったことに気づいた。バロンはそれまで一度も、パーカーのフードをかぶった人間を見たことがなかった。帽子をかぶった人すら見たことがなかったのだ。バロンはいたって普通の友好的な犬だったが、見知らぬ人に対しては少し控え目な犬だった。初めて吠えたのは、大きな荷物を持った宅配便業者の男性だった。フード付きのパーカーを着るために私が部屋を出たとき、メアリーはすべてが理解できたようだ。私がフードをかぶったまま部屋に戻ると、バロンは私がジャケットを脱ぐまで、身を固くしていた。安堵のため息が聞こえてきそうだった。

シルエット

私は犬が「取り外し可能なパーツ」というコンセプトを、人間のように理解しているとは思いません。知人が新しい帽子をかぶって家にやって来たとしても、私たちであればその人がエイリアンだとは思わないでしょう。しかし、犬はそう考えるのです。少なくとも、大半の犬は。大好きな飼い主が大きな帽子をかぶって戻って来たら、吠えまくる犬もいるし、バックパックを背負った人に驚いて目を見開く犬もいます（郵便配達人が大きな袋を持って現れたときも）。そもそも、人間のシルエットがランダムに変化することを、犬が理解する必要があるのでしょうか？　犬が形に多くの注意を払っていることは、すでにわかっています。私のオフィスにやってくる犬の多くは、壁に貼ってある黒猫のシルエットに吠えまくります。私が初めて飼ったグレート・ピレニーズのボー・ビープの等身大の絵に、我を失う犬はもっと多いです。黒い二つの丸（ボー・ビープの目）と、犬の形をした白い楕円は、死者を蘇らせるほどの犬吠え祭りをスタートさせます。犬は思いがけないタイミングで吠えるものです。犬は、理由はわからないですが、周囲がリラックスしているときに、突然顔を上げて、地震でも起きたかのようにワンワン吠えまくります。壁を揺らし、ティーカップがカタカタ音を立てるほどです。私たちにとってはただのイメージですが、犬たちにとって、犬の形をした白い楕円は「犬」を意味するイメージなのです。

犬は、人間が大きなもの、丸いもの、威嚇する目（サングラス）、頭に乗せた気味の悪い危険な突起物（帽子）、手や背中に連結された恐ろしく危険な伸縮する物体（杖、荷物など）をくっつけてやってきたら、どう思うのでしょうか？　何が近づいてきたのかを識別するために、とても重要な視覚シグナルを常に使っている犬たちが、いくら知能が高いとはいえ、人間のシルエットが固定されたものではなく、変更可能であることを理解すべき理由はありません。人見知りの犬は帽子、大きなコート、荷物を見ると嫌がりますので、人間がやってきたときに持っている見知らぬ形のものを警戒する犬がいるのでしたら、しばらくの間、帽子をかぶって帰宅してみるのもいいでしょう。バックパックや、犬が嫌がるものを背負って家に戻ることに、慣れさせてあげるのです。ほとんどの犬が、昆虫のように姿を変化させる私たちの能力を徐々に無視することを学びますが、中にはわずかな手助けが必要な犬もいます。私自身も、自分に吠えたくなるような服を着ることがあります。

犬を呼ぶ

数年前、私のボーダー・コリーのルークと私はウィスコンシン州の新緑の丘の上で、羊の小集団を二分割するチームとして働くための訓練をしていました。これは羊飼いのトリプルルッツと呼ばれる「シェッド」で、ほんの一瞬のタイミングと、一定レベルの管理と知恵が、犬にもハンドラーにも要求されます。オリンピックのフィギュアスケートのペア演技のようなものですね。

人間と犬の間に羊の群れがいる状況で、羊を分けるためにハンドラーが犬を呼び、次は、一つの集団に集中して、別の集団と離すように犬に指示を出します。私と同じく新米のルークは、私がはっきりとした腕のシグナルを送っているにもかかわらず、間違った羊の群れを選び続けました。そこでとある賢いハンドラーが、たった一度の観察で解決策を導き出してくれました。「犬に選んでほしい群れに、必ず自分の足と顔を向けること」そうか、なるほどね。問題解決です。

方向を示しがちな霊長類である私で申し訳ないのですが、私はルークに先導してほしい羊を手で指し示していました。たぶん、首をひねってルークを見ながら、どうにかして彼に次の行動に移って欲しいと動いていたのでしょう。一方ルークは、私の足と顔が示している方向を見ていました。そしてそれは、常に違う羊の集団のほうに向いていたのです。自分の足と顔に注意を向けるなんてことは考えもせず、私はルークに追いかけてもらいたい羊を手で指し示すことに一生懸命だったのです。しかしルークは霊長類ではありませんから、私が指し示している方向ではなく、私の顔が向いている方向に動く傾向を持っているのです（足を上げて、肉球でどこかを指し示す犬を見たことがあるで

Photo by Cathy Acherman, courtesy of the Coulee Region Humane Society

心ある飼い主が、ほとんどの人が犬に来て欲しい時にするように、リードを引っ張って、犬に向かい合い、顔を直接覗き込んでいます。これらの行動はとても効果的です——犬を直立不動にさせるには。

しょうか?」)。

この動物行動学的観察が、犬を呼び寄せる際の実践的なヒントにつながっています。犬を呼び寄せる最善の方法は、犬に背を向け、反対方向に進むことです(これは、犬の立場からすれば、「あなたの方に向かって動く」サインなのです)。これは人間である私たちにとってはまったく自然ではない行動で、時折、クライアントが犬のいる方向に進んで行かないように、袖を摑んで犬から引き離さなくてはならないときもあります。犬はあなたの進む方向に行きたいし、犬にとって、その方向はあなたの顔と足が指し示している方向なのです。私たち霊長類は、犬に向き合い、そして会話したいと考えます。私たちが他の霊長類との距離を縮めるためにどう動くか考えてみましょう。私たちは、真っ直ぐ相手に向かって歩いて行くでしょう。しかしそれは、犬にとっては抑止のシグナルです。あなたの犬にとって、真っ直ぐ歩いてくるあなたは交通整理をしている警察官のようなものです。だから、あなたが前に向かって歩きながら「おいで」と言えば、音としては「おいで」と発してはいますが、体は「そこに留まりなさい」と言っているというわけです。そのうえ、人間が犬に向かって歩いているとき、犬は動きを止め、あなたが動き終わるのを賢く待つべきですよね? 「近づく」というほんの些細なアプローチは、犬に大きな影響を与えます。体重を少し前側に倒すだけで、敏感な犬は足を止めるのです。

犬を視覚的に「呼ぶ」最善の方法は、犬同士のお辞儀のようにしゃがみ込んで、犬に背を向け、そして手を叩くことです。あなたのお辞儀は、犬語の「おいで」というシグナルに最も近いのです。それに、犬たちには「今すぐこちらにおいで」というシグナルはありません。家庭犬やオオカミを観察しても、文字通り、「今すぐこちらにおいで」という意味の行動はないのです。私はよく、サーカスの芸のようなものだと考えればいいと言います。素晴らしい犬だからって、自動的にできるものではないということです。素晴らしい犬は、あなたが「おいで」と口で言い、体で「止まれ」と示しているのに、駆け寄ってはきません。それに、人間だって「おいで」というシグナルを持っているわけではないのです。配偶者があなたの名前を呼んだとき、雑誌を投げ捨て、走って行きますか? 誰かがあなたの注意を引こうとしたときに「ちょっと待って」と言ったことはありませんか? 当然、犬だって私たちにそれを毎度、伝えているのです。「ちょっと待って、リスの匂いがする!」、「ちょっと待って、ごはんの匂いがする。すぐに行くからね」なんてことを言っているのです。当然のように、犬があなたよりも従順でなければならない理由って、あるんでしょうか?

呼ぶたびに必ず犬が来ると保障するような方法を、この短い章でお伝えすることはありません。

私は自分の犬がほかの物事に気を取られていないときに、「呼ばれたら」来る方法を教えました（良い教師とは常に、適切な難易度で学ぶことから始めさせます）。「チューリップ、おいで！」というような、はっきりとした、一貫したシグナルを、手を叩きながら与え、少しだけ前屈みになりながら、体を横向きにし、その場を離れます。私のグレート・ピレニーズのチューリップが私の向かった方向に動き出した直後に、私は「いい子よ！　本当にいい子ね！」と優しく語りかけ、走り始めます。この行動が彼女を私の向かう方向に引き寄せ、同時に彼女の大好きな遊びの追いかけっこでご褒美を与えたのです。犬はおやつや撫でられることも大好きですが、走ることだって大好きで、名前を呼ばれ、それに応えたときに与えるご褒美としては最高のものです（もし犬が興奮しすぎてしまい、近づくにつれて噛みつくような姿勢を見せたら、追いつかれる前に走るのをやめ、犬に体を向け、前屈みになり、おやつをあげましょう）。

追いかけっこが大好きなチューリップは、私が名前を呼んだときには動作を止め、私の方に向かって動けば、自分が大好きなゲームができると学びました。彼女が私のところにやって来たら、ボールやおやつを体の後ろに隠し、追いかけっこの楽しいゲームを追加してあげます。何年にもわたってこの楽しいゲームを楽しんだおかげで、納屋から飛び出して来たアカギツネを必死に追いかけていたときに、成果が出たのです。私が「ノー！」と叫ぶと、チューリップは即座に追いかけるのをやめ、「おいで！」と言うと、急いで私に向かって走ってきました。私は今でも誇りと感謝で胸が一杯なのです。小型の羊ほどの体格をし、鹿のように走ることができるチューリップは、全速力で走りながら、アカギツネからわずか一メートルほどの距離まで迫っていました。二匹は木々の間を縫うようにして、丘に駆け上がっていました。コヨーテやキツネといった、招かれざる生き物を農場から追い払うのが彼女の仕事で、私は彼女に農場から離れてもらいたくなかったのです。ボーダー・コリーに追いかけっこをやめさせるのは、また別の話です。仕事中のピレニーズの動きを止めるのも、これまた別の話です。チューリップのようなグレート・ピレニーズは確実に服従するわけではありません。彼らは生涯を羊と過ごし、捕食者から羊を守るよう繁殖されてきました。その独立性はよく知られたことです。彼らは、ある意味、ボーダー・コリーとは全く正反対の犬なのです。ボーダー・コリーは人間のハンドラーと調和しながら働くように育てられ、シンプルな「お座り」というシグナルを、完璧なまでに正確に行います（お座り？　もちろん、できますよ。こんな感じで座ったらいいですかね？　もう少し前？　それとも一センチ後ろ？　尻尾でバランスもとれますが、それはどうさせてもらいましょう？）　一方で、グレート・ピレニーズは、あなたからの要求を考慮はしますが、彼らにとってそれは常に「要求」なのです。

チューリップが若犬《わかいぬ》のとき、一日に少なくとも五回は「おいで」の練習をしました。明るく、しかし、はっきりとした声で「おいで」と言い、背を向けて彼女から離れることで、私の行動が彼女を促すようにします。彼女がやってきたら、ご褒美として追いかけっこをし、そしてボールやおやつを投げました。

チューリップとの暮らしでは、複数の犬と暮らす利点を生かすことが大切でした。週に何度か、私はすべての犬を呼び寄せて、最初にやって来た三頭におやつを与えました。チューリップはいつも、最も遠い場所にいる、最も反応が遅い犬でした。いつだって四番目にやって来たのです。「ごめんね、チューリップ」と、私は彼女に言いました。「もうおやつがなくなっちゃった！　次はもう少し早く来てね」　彼女は、程なくしてそうするようになりました。私が言ったことを理解したからではなく、早く反応すれば報われると彼女が学んだからです。

リスを追いかけている犬を呼ぶとき、犬に顔を向けるよりも、背を向けたほうがいいのでしょうか？　絶対にそうなるとは保障できませんが、犬に背を向け呼び寄せ、おいかけっこ、ボール、おやつをあなたが忘れなければ、以前に比べれば、こちらに来るようになるでしょう（この状況では、「ノー！」というあなたの声に対して、止まることを教えたほうが効果的だとは思いますが）。

最近のことですが、地元のドッグパークで愛犬のボーダー・コリーたちの散歩をしているとき、このことを考えていたのです。私たちは一時間ほど歩いていました。犬たちは三メートルから十二メートルほど先を、頭を下げて軽快に、イヌ科イヌ属らしい小走りをしていました。ドッグパークのエチケットを守るため、人や他の犬がこちらの方向に近づいてきたら、犬たちに声をかけ、私の側に来るように言いました。その日はドッグパークが混んでいて、三十回は犬たちに声をかけたと思います。犬たちは私の声を聞き、そのたびに指示に従ってくれましたが、私が繰り返し声をかけることについて、そしてすでに歩いてきた場所に戻ることについて、どう考えていたのだろうと疑問に思ったのです。かわいそうな犬たち。きっと、人間っておかしな生き物だなと思ったでしょうね。

スペースを取る

犬の周辺のスペースを制御するだけで、犬の行動を人間が管理できると、羊と牧羊犬は私に教えてくれました。ボーダー・コリーは、同じことを常にやっています。対象がどんな種であれ、ボーダー・コリーは自らの動きで周辺のスペースを支配することによって、他の動物を管理します。牧畜犬は羊や牛に首輪やリードを付けることができませんから、別の方法で管理しなければなりません。ボーダー・コリーは行って欲しくない方向をブロックすること、そして行って欲しい方向へのアクセスを容易にすることで動物を管理します。それはサッカーのゴールキーパーに似ています。あなたの仕事は特定のスペースを守ることで、ボールの動きを管理することではありません。あなたがこれを再現することができ、そして犬の周囲のスペースを管理できるようになれば、犬に希望通りに動いてもらうために、首輪とリードに頼る必要がなくなるでしょう。同じように重要なのは、犬の首輪を摑むために、犬に突進する必要がなくなるということです。飼い主が首輪に手を伸ばしたため、激怒して、噛みつく犬を多く見てきました。それは多くの場合、犬が首輪を摑まれることで、人間に引っ張り回され、首を絞められ、あるいは興味深い何かから引き離されることを連想するからなのです。犬といるときはいつも、スペースの管理には視覚シグナルを利用することにしています。例えば、チューリップを「待て」の状態で待たせているとします。しかしチューリップは立ち上がって、私がキッチンの床にこぼしてしまったコーンブレッドのくずの調査を始めたとします。もし彼女が私の方向に移動し、私の左側にやってきたら、私自身が前に出て、彼女が入り込もうとしたスペースに向かって、左に一歩移動します。私はこれを「ボディ・ブロック」と呼んでいます。このようにして動くだけで、チューリップには十分です。彼女は元々いた場所に戻ります。私も元にいた場所に戻ってチューリップへのプレッシャーを取り除きますが、もし彼女が再び右や左に動き始めたら、その時のための準備はしておきます。もちろん、行動は速いほうが効果的です。上手になってくると、犬が「待て」の状態から、体重移動をし始めた瞬間に、わずか数センチ前傾姿勢を取るだけでいいのです。動物行動学と基本的な学習理論を組み合わせることで、最高の結果を得ることができます。更に、関連する視覚シグナルを使いながら「待て」の状態にいる犬たちにおやつを与えます。右手におやつを持ち、左手を交通整理の警察官のように伸ばして近づくことで、犬たちは「待て」の姿勢を保ちます。犬の近くまで行ったら、犬の口元までおやつを持った右手を下手投げの状態で伸ばし、そして再び後ずさりします。左手は「待て」のシグナルを出したままです。犬たちは「「待て」ができたらとてもいいことが起きる」と学び、なかなか動かすことができないほど確実な「待て」ができるようになります。

私の膝の上に飛び乗ってくる犬、胸元に飛びかかってくる犬、頭の上で踊りまくる犬、特にフレンドリーな体重四十キロ超えのドーベルマンにはボディ・ブロックを使います。なぜなら、犬は前足を使って他の犬を押しのけることはないからです。犬とオオカミがどのように自らのスペースを確保するか観察したのです。オオカミの行動研究学者はボディ・ブロックのことをよく理解していて、オオカミ独特の行動として分類しています。「ショルダー・スラム（肩をぶつける）」、そして「ヒップ・スラム（腰をぶつける）」はオオカミの群れではよく見る光景で、胴体、肩、あるいは腰を使って、別の個体からスペースを確保するのです。繁殖の権利を得るためリーダーの地位を維持しようとする妊娠前の雌は、速度を上げるアイスホッケー選手のように腰を振り、別の雌に追突して、「所定の位置に留まらせる」ことで知られています。あなたが犬に「追突」しろと言っているのではありません。しかし、あなたの周辺と、犬の周辺のスペースについて、そしてそこに入ってこようとしている存在について気にするようになれば、犬との訓練は簡単になるのです。

こういったボディ・ブロックは簡単に習得することができますが、自然に身につくものではないようです。私たち人間を含む霊長類にとって自然なこととは、手を使って他者を押しのけることです（あるいは前足を使う）。しかし犬にとって、前足を上げるということは、服従や遊びの要求、あるいは支配に関係しているマウントではありますが、決して「向こうへ行け」という意味にはならないのです。だから私は前足を使って犬を押しのけることをやめました。その代わりに、私は両手を

Photos by author

羊の世話をするルーク。別の方向へ行かないよう羊の動きをブロックすることで、私の方へ羊を動かしています。

ラッシーが初めて大きな羊の群れと出会ったときの一枚。彼女は30頭以下の群れには慣れていましたが、この群れは150頭を優に超えていました。後四半部は前傾しているにもかかわらず、肩、そして前足がそうでないことから、彼女が少しおびえていることがわかります。羊は犬の姿勢のわずかな変化を読むことができ、同じように犬はあなたのわずかな変化を容易に読み取ることができます。

お腹にぴたりとくっつけて、肩や腰を使って犬を押しのけるようにしました。それは彼らが理解できる身体言語なのです。ソファでくつろいでいるときに、明るすぎる犬が膝に飛び乗ろうとしたら、やってみて下さい。犬が膝に乗ってくるずっと前の段階で、両手をお腹にくっつけて、前傾姿勢になり、肩や肘で押しのけ、犬が後退したら、すっと元の位置に戻るのです。ほとんどの犬がすぐには諦めません。数回はチャレンジしてきます。結局のところ、犬はそれまで長い間、膝に座ることでご褒美をもらってきているはずなのです（ただ注目されたかった場合であっても）。顔を背けるのも効果的です（「視線を逸らす」ことの重要性については後の章で説明します）。重要なことは、彼らが占領する前に、あなたが自分のスペースを占領することです。羊がゲートを通り過ぎてしまわないように、ボーダー・コリーが左側に回り込むのと同じです！

スペースの確保は、左右に動いてブロックすることだけではありません。前後にどれだけ動いて、他の動物を管理するかなのです。言い換えれば、どれだけ犬に「プレッシャー」を与えられるか、なのです。

プレッシャーを感じるということ

農園で私が飼っている三頭のバルバドス羊は、普通の羊とは見た目が違う。黒、茶色、そして白というおしゃれな色をした彼らは、まるでアフリカのアンテロープのように美しく、アイリッシュ・グリーンの芝生が広がる小さな果樹園によく映える。バルバドスはその行動も他の羊とは違う。とても素早くて気まぐれで、何かあればすぐに動きだすのだ。突っ走る。飛ぶ。目を見開きながらフェンスに激突。人間や犬がプレッシャーを与えすぎれば頭突きしてくる。ワイルドで、反応が良く、そして時に危険な生き物で、そんな彼らが私は大好き。アドレナリンジャンキー（攻撃的な犬を訓練する訓練士なんて、全員そうでしょ？）だったら、彼らを愛してやまないはず。だって彼らはとても素早くて、あなたも犬も同じように素早く行動しなければ、待っているのは絶望のみだから。羊毛をかぶった普通の羊ではなく、バルバドス種を使ったとある牧畜犬競技会では、五頭のバルバドスがトウモロコシ畑に逃げ出して、戻って来なかった。数か月後、アパートの裏庭にいた一頭が発見された。もう一頭は、もっと後になって郡内の公園で見つかり、動物園の飼育係も野生動物のスペシャリストも、アフリカのアンテロープのような見た目の動物がミルウォーキー州郊外にどのようにして辿りついたのだろうと首をひねった。

バルバドス羊が牧畜犬競技会を脱走した理由は、白い、普通の羊たちより彼らがプレッシャーに対して敏感だからだ。そしてハンドラーも犬も、それに慣れていなかったのだ。バルバドス羊の群れにプレッシャーを与えすぎれば、二度とその姿を拝めなくなるかもしれない。私が知る限り、プレッシャーという非常に重要なコンセプトを、これほどまでに理解させてくれる動物は他にはいない。犬は、ずっと頑張っていたはずだ。

プレッシャーとはスペースという意味でもあり、その行動を変えるためにあなたがどれだけ動物に近づく必要があるか正確に知ることでもあります。優秀な牧畜犬は羊を動かすために、どれだけプレッシャーをかければいいか正確に理解しています。右側、そして左側への移動をブロックすることに加え、犬は羊の移動距離の端を寸分違わず見つけなければなりません。なぜなら、羊が移動しすぎてしまえば、強制的に羊の方向を変えたり、羊と戦ったり、新しいフェンスに向けて移動させなければならないからです。犬の仕事は常に難易度の高いものとなります。なぜなら、「プレッシャーを与えるポイント」は変化し、その日、羊、そして天候に左右されるからです。

プレッシャーについて持って生まれた理解があり、賢く、落ちついた犬は貴重です。なぜなら、喧嘩や暴走させることなく、スムーズに羊や牛の群れを動かし、連れて行きたい場所まで動かすことができるからです。優秀な犬ほど簡単にやってのけているように見えるので、実際にそれがどういったことなのかはわかりにくいですが、手腕のない犬が群れを早く動かし過ぎたり、パニックに陥れるのを見れば一目瞭然でしょう。羊を扱う場合と同じように、犬を扱うときもプレッシャーはとても重要なのです。優秀な犬の訓練士はプレッシャーについて熟知していますし、そうでないトレーナーは誤った方法でそれを使い、避けられたはずの問題を引き起こします。

あなたも、同じ種と接するときにプレッシャーを意識しているはずです。人間という霊長類の多くは、他の人間を不快にさせないパーソナル・スペースへのプレッシャーのかけかたを知っています。私たちの誰もが、逆の立場になったときの気持ちを理解しているからです。もし誰かが限界を超えて近づいてきたら、普通は後ずさりします。彼、あるいは彼女が私たちに触れなくても、存在を感じ、離れます。快適なソーシャルディスタンスと不快なそれは、ほんの些細な差であり、数センチ（あるいはそれ以下）かもしれないのです。

牧羊犬と羊の群れの間がそうであるように、あなたと犬の間でも同じです。もちろん、プレッシャーを与えるポイントは、群れによって、人によって、性格や文化的背景によって異なり、それは犬と犬の間でも異なっています。

優秀なハンドラーはどの程度の前傾姿勢を取れば、それぞれの犬にプレッシャーを与えることができるのか理解しています。「待て」の例を思い出してみましょう。「待て」の状態にあるチューリップが、立ち上がって前進し、私の左側に進んできたとします。私は左側に動き、彼女の行く方向を塞ぎますが、同時に前傾姿勢を取って彼女の前進する動きもブロックします。しかし、彼女が動きを止めた瞬間、体を元の位置に戻して「プレッシャーを解除」します。「待て」の姿勢から動き出したチューリップがブロックされる必要があるのと同じで、戻ることにした彼女に対して、プレッシャーを解除するというご褒美を与える必要があるのです。あなたと犬の間のこのやりとりは、体重を前後に動かすというこのダンスは、習得するには少しの時間がかかります。それはスポーツやダンスステップを学ぶのと一緒です。私のオフィスでは、プレッシャーの与え方を簡単に習得できる人が多いですが、最初はとにかくプレッシャーを与えすぎるうえに、身を引くタイミングが遅すぎます。練習は人や犬と一緒にできますが、犬に意識的にプレッシャーを与え始める前に、その犬のことをよく知っておいて下さい。どの犬も遺伝的特徴と学習の唯一無二のコンビネーションを持っていますが、人間と同じように、多くが一般的なカテゴリに当てはまるのです。

おっちょこちょいで社交的な犬は、いくらあなたが正確なタイミングで前傾姿勢を取ったとしても、あなたに向かって突進してきます。敏感で従順な犬は、あなたが数メートル先で体を前に傾けるだけで後退します。短気で、地位を求めるタイプで攻撃性も兼ね備える犬の場合はやらないでおきましょう。気分を害して、向かってくることもあります。

犬の体が前傾姿勢なのか、後傾姿勢なのかは、動物行動学者にとっては重要な情報です。ロビーで会った犬がうなり声を上げていたとしても、体がほんのわずかでも後傾していたら、私を攻撃するというよりは防御の姿勢を取っていることがわかるからです。どれだけ犬が唸り、歯を剝き出しにしたとしても、プレッシャーを与える必要はありません。私が最も注意するのが、静かに直立し、私の目を睨み付けながらほんの少しだけ前傾姿勢を取っている犬です。突進と後退を繰り返す犬は、攻撃と逃走の間で心を決めかねています。犬の体がどちらに傾いているか読み取ることで、多くのことがわかります。脳のなかに「テンプレート」を持つことができれば、それは至る所に見えてくるのです。うっかり頭の上に手を伸ばしたとき、小型のシェルティーが肩を落として、ほんの少しだけ後ろに動きます。ドッグパークで二頭の犬が挨拶をするときに、こんな場面に遭遇します。一頭が前傾姿勢になり、もう一頭は後ろに下がる。これはネオンサインのように明らかです。なぜ今まで気づけなかったのか、そう不思議に思うでしょう。

犬は、もちろん、私たちが犬の行動を読むのに忙しいように、人間の行動を読むために大忙しです。それまで知らなかった犬と挨拶するときに、少しだけ体を後ろに反らせば、犬はあなたが威嚇していると
は受け止めません。踵に体重を乗せ、横にかすかに動けば（動物行動学者はこれを「意図運動」と呼ぶ）、前へ進むという動きを止めたことになり、犬はそれを、看板を読むように読み取ることができるのです。大げさにやらなくてもいいのです。注意しなければわからない程度のことです。もちろん、あなたが言うことを完全に無視して、舐めたり、暴れ回ったりしている犬にはもう少しはっきりと見せる必要があるでしょう。そのときは、「お座り」と言う前に、意図して前に動き、スペースを取りながら、体を使って、私が主導権を握るというシグナルをはっきり出しましょう。

唇を読む

サンディはコッカー・スパニエル。まるでビューティー・クイーンのような金色の巻き毛で、ぬいぐるみのように柔らかくて愛らしかった。しかし彼は私のオフィスで騎兵隊の将校のようにすっくと立ち、身じろぎもせず、まるで戦いに向かうかのように前傾姿勢をとっていた。飼い主を睨み付けるその目は火打ち石のようだった。飼い主が私のオフィスにやってきたのはサンディが彼女を噛んだから。それは一度ではなく、何度も。噛むといっても、甘噛みではない。噛み跡は、とても深いものだった。それは「多発性攻撃行動」と呼ばれるもので、犬が繰り返し噛みつくことで深刻なダメージを与えるという意味になる。最近の、そして最悪だったケースでは、サンディは飼い主の上腕部に強く噛みつき、何度も噛みつきながら飼い主の耳まで辿りつき、噛み、そして離さなかった。彼女は一人暮らしのため、サンディを引き離すのに時間がかかったそうだ。彼女は腕に酷い怪我を負ったが、それよりも、心が深く傷ついてしまった。彼女はサンディを心から愛していたし、サンディも彼女を愛しているのは明らかだった。ある一瞬を除いては。

彼が飼い主を睨み付けていたのは、立ち上がって、おもちゃのカゴからおもちゃを出して来るよう飼い主を仕向けるためだと私は考えた。サンディはセッションの最初の段階でおもちゃのカゴまで歩いていき、飼い主を見て、そして再びご褒美であるおもちゃを見ていた。飼い主が立ち上がって、おもちゃを取ってあげようとした。おもちゃのカゴは低い位置にあり、ふたは空いていて、簡単に手が届くようになっていた。自分でおもちゃを取ることができる状態だというのに、サンディは明らかに飼い主にそれを取らせようとしていたのだ。飼い主は、サンディに頼まれればそうしていたと言った。私はおもちゃのカゴの横に立ち、ゆっくりと尻尾を振っているサンディを振り返って見た。飼い主をじっと睨んでいる。飼い主は首を振り、恐る恐る、「だめよ、サンディ。自分で取りなさい」と言った。彼女がそう言うと、サンディの口角が前側にほんの二センチほど動いた（わずかな動きのように思われただろうか？　定規を出してきて、二センチのところに指を置いて見てほしい。それがどれだけわかりやすい動きだったのか想像できると思う）。

小さな動きは、まるで点滅するネオンサインのようなものだ。私に警告を与えてくれた、彼のなかの小さな悪魔に感謝したい気持ちだ。ちょうどいいタイミングでサンディの目の前にビーンバッグを投げ、飼い主に突進しないよう彼の注意を逸らすことができた。ビーンバッグが目の前に着地するまでに、彼は両目を見開き、口吻を前に突き出し歯を見せ、噛みつく準備はできていた。彼の口角が前方に動くのを目撃したから、次の行動が予測でき、飼い主に飛びかかる前に止めることができた。それから数か月で、サンディは辛抱することについて多くを学び、飼い主は慈悲深いリーダーになることを学んだ。彼女はサンディの口角の動きについて、まるで鷹のように観察する術を習得したのだ。

サンディの飼い主のように、切実な理由で犬のシグナルを読まなければならない状態ではないことを祈っていますが、犬の口角は、その毛だらけの頭のなかで起きていることを雄弁に物語ります。それは犬に限ったことではありません。私たち人間だって口角を引き上げて笑いますし、一般的な意味において、この表情の背後にある潜在的感情を犬と共有しているのです。犬が口角を引き上げるのは、服従や恐れを意味します。時によっては、この表情が人間でも同じような意味を持つときがあります。研究者の一部は、人間の笑顔は多くの霊長類に見られる服従的な顔の歪みから発達したものだと考えています。明るい笑顔はよく目にしますが、ある程度緊張したときの笑顔も見たことがあるでしょう。もしかしたら、あなたも私と同じように、テストの結果を不安な気持ちで待っていた時だとか、権威のある人に気に入られようと、笑わなければよかったと思う瞬間に笑ってしまったことがあるのではないでしょうか。霊長類にも同じような、緊張や服従の「笑顔」に似た、「口を開けて歯を見せるディスプレイ」と呼ばれる表情があり、それはリラックスした、フレンドリーな社会的接触に関係しています。

このフレンドリーな表情が、厳格な序列よりも、リラックスした社会的関係性を持つ種のなかで頻繁に見られることは驚きではありません。程度の差こそあれ、私は笑顔が両方のシグナルを送ると考えています。社会的服従と友好的でない攻撃性は滅多に結びつかないので、それ故、笑顔は知らない相手に対して危害を加えるつもりはないというシグナルにもなるということです。

霊長類も（人間、チンパンジー、そしてアカゲザルを含む）口角を前に出して他者に対して明確な威嚇をすることができますが、私たちは口元を前に出すことで喜びに満ちた驚きを表現することもできます（赤ちゃんや犬と「話す」ときのことを想像してください。眉毛を上げて、目を大きく見開いて、口を丸くして、口角を前に出して「Ohhhhhh（んまあああ）」って言いませんか）。でも、これは犬にとっては不快を示すサインで「好戦的に顔をしかめる（agonistic pucker）」と呼ばれています。口を尖らせて私に対して吠える犬には注意します。これは犬が防衛しているのではありません。これは犬が威嚇の準備をしているという意味です。怯えながらではなく、むしろ自信たっぷりに。

犬の気質を評価するための一つの方法は、食べ物が詰まったおもちゃを与え、それを取り上げるときの口角の状態を見ることです（私はニセモノの腕を使ってこの評価を行います。優秀な犬の訓練士でシェルターのコンサルタントで、セミナーのスピーカーであるスー・スタンバーグ、教えてくれて本当にありがとう。十年にわたって反射神経と犬の心を読む能力で自分を守ってきましたが、自分の腕を引退させて、スタントを採用することに致しました。それでも基本的に危険なことです。なぜなら、私のニセモノの腕を伝って、顔や本物の手に向かってくる犬は時々いるからなのです。ですから、広告でよく書かれているように、「このシーンに登場するのはプロのスタントマンです。ご家庭では決して真似をしないで下さい」）。

犬の口を見るとき、私は犬が顎を引き締めたり、歯を見せる姿のみを見ているわけではありません。口角を前側に突き出しているのか、後ろ側に引いているのかを見ているのです。口角を前に出している犬は地位を求めている犬で、五歳以下のお子さんのいる家庭には向かない犬だと言えます。口角が後ろ側に引かれている、防御的な笑みを浮かべている犬、そのうえうなり声を上げたり、吠えている犬は、防御態勢にあって、食べ物を失うこと、あるいは今から起きるかもしれないことに対して怯えているのです。どちらの犬も噛む可能性がありますが、今後の予想や治療計画を出す前に、その犬の心の状態を可能な限り知っておくことが重要です。このように威嚇してくる犬を飼っているのなら、経験豊富で思いやりを持った犬の訓練士、あるいは動物行動学者に連絡を取り、あなたの犬のケースに合った治療計画を立ててもらうのが賢明です。

戦うのか、それとも？

人間と犬の間の視覚的なコミュニケーションの失敗例で一般的なのは、飼い主同士がリードを付けた状態の犬を初対面させる時です。人間は犬が仲良くなれるかどうかが心配で、犬というよりは飼い主を見ています。相手は息を止めて目を丸くして、口を「警戒状態」で閉じていますね。犬の世界ではこれは攻撃を意味する表現ですから、人間が知らず知らずのうちに緊張感の強いシグナルを犬に送ってしまっているはずです。リードを引っ張ることでこの状況を大げさにしてしまうと

（こういうことをする飼い主は大変多いですが）、犬同士が攻撃しあう状況を作ってしまいます。どうぞ考えてみて下さい。犬たちは緊張感溢れる出会いの場にいて、互いの群れのサポートを得ているにも関わらず、一方で人間は緊張し、凝視し、息も吸えないサークルを自分たちの周辺に形成しているのです。飼い主の固まった表情に何度も目配せし、前にいる別の犬にうなり声を上げ始める犬を何頭見たことか。顔の筋肉をリラックスさせ、穏やかな笑顔で、ゆっくりと息を吸い、前のめりになってより緊張感を高めるのではなく、他の犬に背を向けることで、多くの犬同士の喧嘩を防ぐことができるのです。

目をそらす

人間も犬も、いろいろな理由で顔を背けますが、その理由は多くの種で共通しています。人間、チンパンジー、そしてゴリラのような霊長類は、社会的な衝突を避けるために顔を背けます。霊長類学者のフランス・ドゥ・ヴァールは、人間とチンパンジーにおける、緊張感のある社会的出会いの際に視線を合わせないこと、そして和解の際に視線を合わせることとの重要性を強調しています。人類学者のシャーリー・ストラムは衝突を避けるアヌビスヒヒは顔を背けると書いています。霊長類のコミュニケーションにおける重要な約束とは、「互いに見ることができなければ、何も始まらない」ということのようです。これは犬にも同じように思えます。

私の愛犬のボーダー・コリーは、私が犬対犬の攻撃的なケースを扱う際には、熟練のアシスタントになってくれます。私が別の犬に集中している間でも、リードなしで彼らを連れ出し、動きを止め、座らせ、横にさせ、待たせ、前進させ、後退させることができます。でも、犬が吠え、突進してきたときに、顔を背けることは一度も教えたことがありません。しかし、彼らはそうします。本当に素晴らしい。なぜなら、それは緊張を分散させる効果的な方法だからです。

つい先日のことですが、三十五キロほどの犬が、他の犬に対する失礼な行動を減らす訓練を受けるため、農園にやってきました。アビーは会う犬すべてに吠え、突進します。私たちは彼女に、より丁寧な反応の仕方を教えていたのです。私に言われた通り、ルークは家の側に静かに座っていました。アビーがルークに向かって飛びかかっていくと（アビーは遠い距離にいて、丈夫なリードで固定された状態でした）、ルークはゆっくりとアビーから顔を背けました。まるで彼女の神経質なエネルギーを逸らすかのように。ノルウェー人の訓練士トゥーリッド・ルーガスは、犬が顔を逸らすことを「カーミング・シグナル（calming signal：落ちつかせるシグナル）」と呼びますが、それを見た犬が確かに落ちつくことから、ぴったりなネーミングだと思います（ただ、別の犬を落ちつかせるために、犬が意識的に顔を逸らす必要はないとは思いますが）。

オオカミの研究者らが言う「顔を背ける（Look Aways）」は、初めての犬に会うとき、あるいは緊張感が高まっていると感じられるとき、意識的に頭を横に向けるだけで人間でも行うことができます。頭を傾けることもできますが、警戒態勢にある緊張した犬は決してやらないことです。多くの哺乳類が、周囲の情報をより多く集めるために頭を斜めに傾けますし、好奇心を抱いたり、比較的にリラックスしているときも、そうします。もしあなたが頭を傾けるのなら、犬にリラックスしているサインを送っており、それは最終的に犬もリラックスさせることに繋がります。

顔を背けることは緊張感を解放するだけではありません。笑顔でそうすれば、多くの意味を持つのです。私の巨大なグレート・ピレニーズのチューリップは、服従的なピップが注意を引きたいがために体を低くすると、必ず顔を背けます。毎晩のことです。ピップは彼女の横に寝て、尻尾を振って音を出し、頭を低くして服従的な笑顔を浮かべながら、第一位の雌犬チューリップから注意を引こうと必死です。チューリップは雌のトップですので、めったにピップが求める注目を与えることはありません。チューリップは巨大な四角い頭をちょっとだけ上げて、鼻を空中に突き出し、そっぽを向いてしまいます。服従的な犬は注目を集めたがりますが、地位の高い犬は拝謁を許すか否か、自分で決めることができるのです。ときどき、チューリップは振り向いてピップの顔のにおいをかぎます（ピップは喜びのあまり溶けそうになっています）。ほとんどの場合、チューリップはピップが諦めてどこかへ行ってしまうまで、彼女を無視し続けるのです。

ということは、犬があなたのところにやってくるたびに、あなたがすべてを即座にやめて、要求に応じて撫でていたら犬はどう思うでしょうか？　リビングルームの主導権は誰にあるのでしょう？　愛犬があなたに命令するようになるのは簡単です。犬があなたに求める（あるいは命令する）たびに、無意識に応じていればいいのです。犬がそれから何を学ぶか、考えてみてください。きっと犬は、あなたの用事よりも自分のほうが常に大事だと考えるようになるでしょう。反対に、犬が決して学ばないことが、最大の問題になることもあります。まるで二歳児のようにイライラしている犬を見ることが多いのです。彼らは求めるものをすべて与えられてきています。しかし、二歳児と同じで、最終的には苛立ちに対処しなければならないというのに、どのようにそれを管理していいか、経験がないから理解できないのです。苛立ちは、犬が、あるいは哺乳類の多くが、攻撃的になる理由です。家族の一員として礼儀正しい家庭犬を望むのなら、他の子どもと同じように育て、欲しいものを欲しい瞬間に、常に手に入れることはできないと学ばせる必要があります。

別の用事があるというのに撫でてほしいと犬が求めるのであれば、視覚シグナルを停止します。体を使ってボディ・ブロックです（手を使わないことを忘れないで下さい）。あるいは慈悲深く、上品に顔を背けるのもいいでしょう（顎を上げて）。視覚シグナルを遮断することで、犬があっさりと諦めることに驚くかもしれません。犬に何かを求めるときに、犬から顔を背けることがいかに人間にとって難しいことか。これは同じく注目に値します。群れのなかにいる別の霊長類と直接的なコミュニケーションを取るときにそうするように、私たちは本能的に犬を見てしまいます。しかし、私たちが無意識にやっている、すこしだけ鼻持ちならない、フンと顔を背けるあの行為は、犬たちにも大変効果的です。人間にも効果があるように、犬にも効果があるのです。私を信じて下さい。あなたの周囲の人間がそうであるように、犬もあなたの行いを当然だと受け取ります。そして、私たちは自分の行いが当然だと思われるのが大嫌いです。周囲の人間からそう思われたとしても、犬にそう思われて我慢する必要はありません。

第三章　会　話

犬と人間の音の使い方の違いと、犬とのコミュニケーションを良くするためにできること

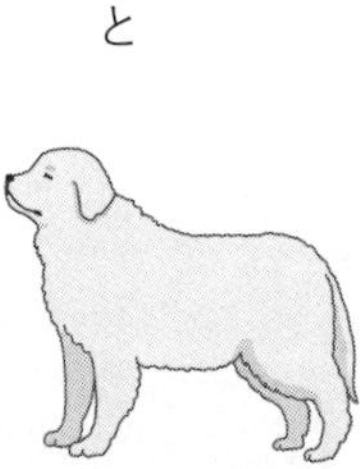

それは春の日のできごとだった。私のグレート・ピレニーズのチューチップは、うっとりとしていた。死んだリスの上で、巨体を小刻みに震わせ、地球環境のために大切な活動から立ち上ってくる匂いを胸一杯に吸い込んで、恍惚としていたのだ。その素晴らしい匂いに酔いしれていたチューリップだが、私が彼女を呼ぶ声を耳にしたのだろう。なぜなら、彼女は一瞬だけ、私のいる方に顔を向けたから。しかしあっという間に彼女の最も大切なもの、つまり、長く、白い被毛に擦りつけられたかぐわしい匂いに再び戻ってしまった。チューリップは死んだ動物の上でごろごろ転がることを何よりの喜びとしている。私がラベンダーの香りのバブルバスに入るのと一緒だ。仰向けに寝そべって、気怠く、恍惚としながら笑顔を浮かべ、死んだリスやら牛のフン、死んだ魚やキツネのフンを丹念に毛皮に刷り込むのを何度も見たことがある。

「チューリップ」と、私はもう一度叫び、一歩彼女に近づいた。今回は、彼女は耳をぴくりとも動かさなかった。私の存在をこれっぽっちも認めない構えだった。呼び声を前回よりも大きくした理由は、私は怒っていたし、大雨のなか立ちっぱなしで苛立っていたし、巨大でびしょ濡れのグレート・ピレニーズに無視されていたからだ。三十分後には、入念に準備をしたディナーパーティーの

客たちがやってくる。夕食が、何かの死体の匂いのする巨大で濡れた犬とともに提供されるのは避けたかった。しかし、チューリップが実際に潰れた死体の上で転がることはなかった。なぜなら私が正気に戻り、飼い主であることを一旦やめて、アニマル・トレーナーになったからだ。「ダメ（No）」と私は静かに、できる限り低い声で言った。チューリップは匂いを嗅ぐのをやめて、巨大で四角い頭をひねって私を真っ直ぐに見つめた。「チューリップ、おいで！」その「おいで！」は、隣人をコーヒーに誘うときの明るい声かけのようだった。体の下のお宝をさっと見ると、チューリップはダンサーのように快活になって、私の元に走ってきた。私たちは家のなかに走って入り、もうすでにボロボロの床をもう一度泥だらけにしながら、チューリップの大好きなおやつの入った冷蔵庫に急いだ。

チューリップは、最初から私が頼んだ通りのことをしてくれていた。「チューリップ！」私はまずそう言った。それは「おいで（Come）」という意味で言ったが、シンプルに彼女の名前を呼び、私が彼女にやって欲しいことが何なのか、彼女に読み取って欲しいと考えた。彼女は礼儀正しく私の存在を認知して、犬バージョンの「ねえ、見て！　ウジ虫がわいてる死んだリスを見つけたんだよ！」を私に伝え、私が彼女を遮ったときにやっていた作業に戻っていった。二度目に彼女を呼んだときには、最初に呼んだときほどの情報は含まれていなかった。でも、私が求めていることをはっきりと彼女に伝えると、彼女はその通りやってくれた。チューリップは「ダメ（No）」は「それはやってはいけません」と理解し、「チューリップ、おいで（Tulip, come）」を「それをやめて、いますぐここに来て下さい」だと学習しているのだ。私が行動を起こして、何をして欲しいのか伝えると、彼女はすぐに応じた。私は動物行動学者で、プロの犬の訓練士で、博士課程では訓練士と動物との間の音波通信について研究していたから、こんなことができたと思われるかもしれない。しかし、問題もある。私は人間なのだ。

もしかして、私に話しかけていました？

人間という種を定義するものがあるとすれば、それは発語能力でしょう。科学者は長年にわたって、人間と、チンパンジーやボノボといった類人猿との違いを問い続けてきています。一八〇〇年代には、道具の使用、利他主義、社会・政治システム、そして言語などの長いリストがそのスタート地点でした。私たち人間に近い存在を研究すればするほど、そのリストは短くなりました。作家のジョン・C・ミタニが一九九六年に執筆した『大型類人猿の社会』(J. C. Mitani, *Great Ape Societies*, New York: Cambridge University Press) にはこうあります。

飼育された状態と、野外での継続的研究により、アフリカの類人猿と人間を区別するために用いられるそれぞれの特徴の長いリストは、だんだん短くなってきている。そしてこの研究により、人間の独自性は、我々が会話と言語を持つという、たった一つの特徴に依存している可能性が明確になってきた。

だってね、私たちって、会話しちゃいますよね。生きて、呼吸する言葉のマシンガンみたいに、私たちはひっきりなしに動物に話しかけています。犬に話しかけるというのは抑えきれない欲望なので、私も、私が知っているプロの訓練士も、聞こえないとわかっているのに、耳の聞こえない犬に話しかけたりします。話さないようにするというのは気が散ることで、集中することができなくなるため、とりあえず、なにか言葉を口にしてしまうのです。この言語の使用は、視聴覚障害者が独自の文法と構文で視覚的手話を確立したように、人間にとっては本質的に不可欠なものです。大人の指導なしで育った子どもは、彼ら独自の原始言語を作り上げます。全ての人間は、その文化的背景や身体的能力に関わらず、言語によるコミュニケーションを求めるようです。実際に、会話は私たちにとって非常に重要で、そのため、身体言語の力を忘れがちなほどです。

チンパンジーやボノボでさえ、人間の複雑な音の使い方に到達するレベルの口話を持っていないのです。くじら、カラス、そして蜜蜂まで、動物の種の多くが洗練されたコミュニケーションシステムを有していますが、人間ほど複雑な音を使用する種は存在しません。私たちは数十年に及ぶ調査で、比較的複雑な情報を伝えるために、類人猿に対して視覚的シンボルの使用を教えることができるとわかっています。そしてアレックスという名のヨウムは、物の大きさ、その違い、色といった抽象的な概念を含む、何十もの言葉を話し、応えることができました。

人間以外の動物の持つ言語能力や知性の証拠はこれから先もコミュニケーション研究によって明らかにされていくでしょうが、人間の洗練された音の使い方は独特です。それだけに、私たちが言語を使って犬とコミュニケーションを取るのが苦手だという事実は、もっと驚かれてもいいのかもしれません。先ほど語ったストーリーの中の私を思い出して下さい。無意識に「チューリップ！」と言い、リスの死骸の匂いを嗅ぐのをやめ、家に入りなさいと指示したのです。「チューリップ」って、どういうこと？　もし誰かが、何かに夢中になっているあなたの名前を呼んだら、きっとあなたは「なに？」とか「はい？」とか、「ちょっと待って」と返しますよね。あなたの名前を呼んだ人が、あなたに何をして欲しいのかを理解する必要はありません。それなのに、私たちは犬を常にその立場に立たせているのです。名前を呼んで、私の心を読めと期待しているわけです。

犬はあなたの言語を話しませんし、あなたの心を読むわけでもありません。犬があなたのコマンドを聞かないのは、ただ混乱している場合がほとんどなのです。もちろん、犬は多くの言葉の意味を習得することができますし、私たちと同じで犬は優れた聴覚を持っていますし、音で周囲の世界の情報を得ることができます。性格が明るくて訓練が行き届いた犬は、人間の発する音から多くの情報を聞き取ることができます。犬は、私たちが理解して欲しくない言葉の意味だって理解してしまいます。「お風呂」と言うと、テーブルの下に走り込んで隠れたり、二足歩行のお友達を「ディナー」に行かない？と誘ったりすると、犬は食器棚まで走って行き、吠えたりするわけです。しかし私たちの行動を詳細に分析してみれば、犬が私たち人間を理解できることが奇跡のように思えてくるのです。

私たちの言語の優れた部分が、私たちを最悪のトレーナーにする

新しくやってきた子犬に夢中になってしまったジョンとリンダは、犬の訓練のクラスで楽しい時間を過ごしていた。喜んですべてのクラスに出席して、私のジョークに笑い（彼らに幸運が訪れますように）、宿題を済ませ、彼らの元にやってきたゴールデン・レトリバーに溢れんばかりの愛情を注いでいた。呼び戻しの練習中に、ジョンは「ジンジャー、おいで！」と言った。ジンジャーは横にあったテーブルの上にレバーのおやつがあるのにちょうど気づいたところで、耳を動かすこともなかった。「こっちだよ、ジンジャー」とジョンは繰り返した。そしてこう付け加えた。「おいで。いい

子だね。こっちにおいで。こっちだよ」ジョンの精力的な声かけは息切れといらだちだけをもたらし、ジンジャーをテーブルの上のレバーのおやつから引き離すことはなかった。しかし、彼女は可哀想な飼い主が発している多くの興味深いノイズを無視する方法を学ぶことはできた。このノイズの特徴は、種類がとっても多いところだ。言葉が理解できないと考えたとき、「こっちにおいで（Come here）」は到底、「ジンジャー、おいで！（Ginger, come!）」には聞こえないけれど、それでも人間は頑なに、一つの命令に対してできるだけ多くの言葉を使おうとするのだ。

考えてみれば、わかります。私たち人間の使う言語の最も素晴らしい要素は、その柔軟性です。同じ内容を数多くのパターンで言い換えることができます。「おいで」、「こっちだよ」、「さあ、おいで」、「こっちだってば」、「来い」、「おい、ジンジャー！」、それから、それから……。こういった豊富な言葉の数々は、人間にとっては恵みと言えますが、犬にとっては呪いです。外国語の習得は、学んでいる言葉が刻一刻と変化していくことを抜きにしても、とても難しいものです。学ぼうと考えている言語の形がランダムに変化したとしたらどう思いますか？　あなたもきっと、多くの犬がやるように、耳を傾けることを諦めるのではないでしょうか。

犬の訓練に関する本の大半は、シンプルなコマンドを選び、それをコンスタントに使い続けるようアドバイスしています。そして世界中の犬の飼い主のほとんど全員がそのルールを繰り返し破っています。世界で最も賢い種が、こんなシンプルなルールを守ることができないとは、どういうことでしょうか？　そこには、少なくとも二つの理由があると私は考えています。まずひとつ目。人間は常に同義語を使うので、同じ言葉を継続的にコマンドとして使用するのは性に合わないということ。言葉を入れ換えることには、大きな利点があると考えられています。ニュアンスを豊かにし、繊細にするからです。しかし、外国文化に似た環境で生活し、飼い主が同じ物事に対して別の言葉を使ってくる気の毒な犬にとっては、どれだけ大変な暮らしでしょう。犬たちが丘に向かって逃げ出していかないのが、不思議でたまりません。

人間が単一のコマンドを選び、それを使い続けるのが苦手な二つ目の理由は、ほとんどの動物は、単細胞のアメーバから複雑な哺乳類まで、「習慣化」と呼ばれる行動をするからです。習慣化は、とある生物（ひとつの細胞であっても）に対して、何度も繰り返される、関連性のない動きを無視する際に起きます。これは、事実上、すべての動物が示す、単純な学習の形だと考えられています。数か月の間、線路の側で暮らしたら電車の音が聞こえなくなるのと同じです。窮地に立った配偶者が、小言を無視できるのと一緒です。あなたが何度も「おいで」と言い過ぎたとき、犬が顔さえ上げない理由はこれかもしれません。そしてあなたは犬に無視され、力なく立ち去るしかないのです。犬は「おいで」という言葉を、木々を揺らす風の音とでも考えています。車道を走ってくる車の音や、キーの音に注意を向けることのほうが犬にとっては必要なのです。

動物はそのような習慣化を避けるために、無意識に行動することがあります。これは、鳥が鳴き声を変化させる理由の説明もできるでしょう。そしてこれは霊長類であるヒトが簡単に、ある言葉から別の言葉に切り替える理由の説明にもなるかもしれません。もしかしたら、私たちは無意識に一つの音を諦め（特に、その効果がなかったとき）、別の音を使うようにしているのかもしれません。習慣化を避けるため、あるいは別の音の効果を期待して。これは素晴らしい理論ではありますが、結果的に言葉を使い果たしてしまい、犬は最終的に人間を無視するようになります。私たちの犬に対する曖昧な言葉の使い方にもかかわらず、犬に理解してもらうためにできることはたくさんあります。その多くは難しくないですし、時間もかかりません。

まずは、犬の周辺で使う言葉に注意深くなることです。シグナルとなる言葉を書き出してもいいかもしれません。使う言葉を具体的に、正確に書き出してください。「寝て（Lie down）」というのか、「伏せ（Down）」と言うのか、その両方でしょうか？「complete（完結する）」と「pleat（プリーツ）」は同じ音を含みますが、私たちにとっては別の意味です。「寝て」と「伏せ」が同じ意味だと、犬はどうしてわかるのでしょうか？　あなたはスワヒリ語の聞き慣れない二つのフレーズの意味がわかります？

どのようにして犬に言葉をかけるか、考えてみましょう（自分の名前が甘く囁かれるのと、イライラした声で叫ばれることの違いが明白なように、同じ言葉でも、言い方を変えれば別の意味になります）。それぞれの単語を口に出したときに、どのように聞こえるか、わかりやすく書き出してみましょう。「伏せ」と言うときに、語尾は上がりますか（質問するように）、それとも下がるでしょうか（事実を述べているように）。

自分自身の声を聞き、家族や友人に、あなたが実際に犬に対してどのように言葉をかけているか、確認してもらいましょう。一日程度やってみたら、穴があったら入りたい気持ちになっているでしょう（クレートが大好きな犬が多いのも納得ですね！）私たちの多くが、犬に対してまるで類語辞典になったかのように話しかけ、同じコマンドに対してあれこれと言葉を入れ換えます。自分のことが嫌いになる前に、あなたは人間で、それは人間がやることだから仕方ないと覚えておきましょう。もし、自分がはっきりと、一貫性を持って犬に話しかけることができているとわかったら、さあ、もっとできるはずです。新鮮な骨を一本かじって、がんばりましょう。

その気になってきたら、自分自身を撮影してみましょう。録画されていると知らない状況で、自分の姿を録画してもらうのです。重要なのは、あなたが実際にどんな言葉を犬にかけているか、はっきりと知り、どれだけ自分が一貫性を持つことができているか、家族全体としてどれだけ一貫性を持って犬に声かけを行っているか、明確に知ることです。

あなたの脳が自分の言葉に細心の注意を払うようになれば、少しの努力で一貫性を保つことができるようになります。行動修正の、標準的で実績のある方法は、ダイエットをしている人や禁煙している人に対して、それぞれ、何を食べたか、いつ吸ったのかを記録してもらうことです。さして努力することなく、彼らは食事の量や喫煙量を減らします。なぜなら、無意識に何かをするのではなく、その行動に対して意識を集中させるからです。集中さえすれば、自動的に一貫性を持つことができるというわけです。

あのノイズ、結局どういう意味なんですか?

犬と意思の疎通をするときに使う言葉を考えることができたら、次はその言葉の実際の意味を正確に書き出してみることです。言い換えれば、あなたが犬に言葉をかけたあとに、犬に何をしてもらいたいのか? ということです。とてもシンプルなことのように聞こえますが、実際にコマンドを書き出すと、プロのトレーナーでも驚きます。私たちの多くが、犬にやって欲しいことについて、自分の心のなかで整理ができていないのです。全く驚きではありませんが、それは犬も同じです。

例えば、私たちはよく「Down(伏せ)」と犬に言って床に寝かせておきながら、十分後にはポリー叔母さんに飛びかかっている犬に対して、同じように「Down（飛びかからないで）」と言っているのです。どちらの意味でしょうか？　例えば「Lie down（寝て）」と言うときには、何をして欲しいのでしょうか？　お腹を床につけて寝て欲しいの？　ポリー叔母さんに飛びかかるのをやめて、足を地面につけて立っていて欲しいのですか？　それともソファから飛び降りる？　もちろん、一つの言葉が、文脈によっていくつかの意味を持つことはわかっています。ただ、私たちは今、犬にとって状況をシンプルにしたいわけです。一日中、彼らにＩＱテストをやらせているわけではないのです。あなたが犬に求める行動に、それぞれ異なるコマンドを使うことを学習すれば、犬の生活の質は飛躍的に向上するはずです。

私たちの話し方が、どれだけ犬を混乱させてしまうか、もう一つ例を出しましょう。最近、犬に「お座り（Sit）」と言ってお座りをさせ、お座りをしたら「Good sit（良いお座り）」と飼い主に褒めさせる指導が犬の訓練士の間で流行になっています。しかし、この言葉を犬目線で分析してみましょう。「sit（お座り）」が、「地面にお尻をつけて座る」という意味で、あなたがそう言うたびに犬にそのようにして欲しいと考えている場合、最初に「sit（お座り）」と言われ、すでにきちんと座っているというのに、再び「(Good) sit（お座り）」を聞かされる犬はどうしたらいいのでしょうか。あなたの犬が賢いのは知っていますが、「sit（お座り）」という言葉が「何かしなさい」という意味であると同時に、「これ以上何もしなくていいです。だって私はあなたがすでにやったことについて、ただ繰り返し言っているだけなので」なのか、あなたの心を読むことを期待するなんて、いくらあなたの犬が天才だからって、ちょっとやり過ぎなんじゃないでしょうか。言葉の順番を入れ換えるのは文法を変えることでもあるし、犬に人間の文法を理解しろだなんて、無理な相談というものです。

群れとしてドアの側で待ち、その後、外に出るという訓練を数週間にわたって愛犬のボーダー・コリーたちに教えたことがあります。彼らは完全に混乱していました。犬たちは、自分の名前が呼ばれ、名前の後に「ＯＫ」と声かけがあれば、外に出ることができると教えられました。わかっていたことですが、私が「ＯＫ」と言うやいなや、すべての犬が立ち上がり、前進しました（どの犬の名前が呼ばれていたとしても）。「ＯＫ」というかけ声を「どこにでも行って、自由にしてよろしい」と学習していた彼らにとって、難しいことだとはわかっていました。でも、もし私が明確な指示を出し、辛抱強く対応すれば、彼らも、それぞれの名前を呼ばれたあとに、「ＯＫ」を聞いて、初めて動き出すという動作を学習できると考えたのです。数週間後、私はストレスを溜め、犬は完全に混乱しました。ピップは苦悩し、ストレスでキュンキュンと鳴き始めました。ピップは音とアクションの関係性を、私が今まで飼ったどの犬よりも素早く理解するのですが、「ＯＫ」という言葉が、自分の名前を呼ばれた後に発せられたときのみ関連づけられることを理解できなかったのです。ピップはドアのところで座って待ちますが、私が「ルーク、ＯＫ」と言うと、彼女は前進し、そして後退し、どうしたらいいのか明らかに困惑し、私の顔を見てヒントを探します。そして私がドアの方に進んで行くと、ストレスいっぱいの表情をするのでした。彼女は前足で耳を塞ぐようにしていました。今となっては、はっきりわかります。本当に最悪。心が痛みます。「ＯＫ」という意味が、「立ち上がっていいよ」だったとしたら、ピップはそれを聞いて理解したでしょう。あなたの犬が文章の途中で「お座り（Sit）」という言葉を聞き取ることができるとしたら、もうすでに座ったというのに、「良いお座り（Good sit）」と言われたら、どうするでしょうか？　私はピップに対して、まるで人間に話しかけるかのように話すことに必死になり、多くの飼い主が同じような間違いをしていると思うのです。01

言語の複雑さを使って犬を混乱させてしまう、人間の驚くべき能力ついて、次の例を挙げたいと思います。多くの人が「吠えないで（No bark）」と犬に言い、吠えるのを止めようとします。なぜなら、「吠えないで（No bark）」は短い言葉（たった二語）だからです。でも、犬目線で考えてください。まず、「吠える（bark）」の意味を犬に教えているでしょうか？ということは、あなたの言葉はただのノイズで、そのノイズは犬が意味を理解するまでノイズのままです。愛犬が唯一理解する本質的な意味合いとしては、あなたが犬のコーラスに参加しているということ。犬の遠吠えは伝染するので、あなたの声は犬を静かにさせるというよりは、励ましているのかもしれません。

次に、語順に注目してみます。もしあなたが「No」を最初に言い、次に「bark（吠える）」を言ったとします。もし犬が「bark（吠える）」の意味を知っていたとしたら、むしろ吠えませんか？ここで、「良いお座り（Good sit）」問題の再燃です。「吠えないで！（No bark!）」は、私たちが犬に、先に来る単語（No）が後に来る単語（bark）の意味を変化させると犬に理解することを期待しているもう一つの例なのではないでしょうか。飼い主が「吠えないで（No bark）」と叫ぶと静かになる犬がいるのは知っていますが、「ダメ（No）」でも結果は同じだと思います。

犬に明確なシグナルを与えたうえで一貫性があったとしても、あなたが定義するように、犬もその言葉を定義しているかどうかの確認はしてください。例えば、ほとんどの犬と飼い主では、シンプルな「お座り（Sit）」の定義が違うのではと私は考えています。あなたが一般的な飼い主の場合、まずは犬にこちらに来るよう呼び、すわるように声をかけ、彼女がそうしたらその行動を強化します。私たちにとって、「お座り」とは姿勢です。私たちは「お座り」を、後ろ足を曲げ、お尻を地面につけ、前足を伸ばして、肉球を地面につけた姿勢だと定義しています。「お座り」。シンプルです。そして犬もそのように定義していると見えるのです。なぜなら、犬にお座りと言うとき、ほとんどの場合、犬は座ってくれます。でも、犬が寝転がっているときに、「お座り」と言ったらどうなるでしょうか？　体を起こして座ることを具体的に教えていなければ、犬は寝転んだままに違いありません。すでに座っていた場合はどうでしょうか？　あなたが「お座り」と繰り返せば、多くの座っている犬が横になるでしょう。五メートル程度離れた場所にいる犬にお座りと言ったらどうなりますか？　その犬が多くの犬と同じようなら、うれしそうに近寄ってきて、あなたの方を向いたままお座りするでしょう。初めてお座りを教えられたときと同じように。大部分の犬がお座りを、飼い主の足元にいき、目の前に立ち、地面に向かって体を預けることだと思っています。

もちろん、あなたのところに来ることなくお座りを教えることができますし、座るのではなく、立たせることもできます。しかし重要なのは、教えなければならないということ。普通の飼い主がやっていることを超えない限り、あなたの犬は「お座り」をあなたの定義とは違うように定義します。犬が自分と異なった定義を持っている言葉を探してみましょう。……「こんにちは！　僕の名前は、ノー、ノー、バッド・ドッグです。君の名は？」という私のお気に入りのアニメを思い出してしまいました。

リードの向こうの犬の気持ちになってみてください。大好きだけど意味のよくわからない動物、つまり飼い主を理解しようと常に彼らはがんばっているのです。ウィスコンシン大学マディソン校心理学科のチャールズ・スノードン教授のもとで、小さな南米の動物ワタボウシタマリンの出すシグナルを翻訳しようと、二年間にわたって学んだとき、私は犬になるとはどういうことなのか、理解できたような気がしています。非常に社交的なリスサイズのこの霊長類は、植物が生い茂る場所で暮らしていて、印象的な発声方法のレパートリーを発展させています。あなたの犬と同じように、科学者は他の種が発する音の本当の意味を、その音の前に何が起きたのか、その音のあとにどんな音を出したのかを手がかりとして、推測するしかありません。しかし、世界で最も知能の高い種のメンバーであっても、このような音を翻訳することは、驚くほど困難な仕事なのです。例えば、ワタボウシタマリンの家族は、近い場所にいる集団の声を聞くと、「長い鳴き声（Long call）」を出します。これは、別の集団へのメッセージなのか、それとも自分たち家族へのメッセージなのでしょうか？　それとも両方？　その意味は？　どうやってそれがわかるの？

別の種の発するノイズの意味を探るのは容易ではありません。犬はあなたのノイズの意味を探ろうと努力をしているはずです。私の言葉を信じてください。「伏せ、伏せ、伏せ、ふ・せ!!」は、普通の「伏せ」と同じ意味だと思えるでしょうか？「おいで」は、「こっちにおいで」と同じ意味でしょうか？　犬に対して使う言葉について考えることで、犬に対して使う語彙を自然に整理することができます。

コマンドを繰り返さない、コマンドを繰り返さない、だからコマンドをくりかえさ……

犬の訓練に関する本を読んだことがある飼い主でも、「コマンド（指示）は繰り返さない」というアドバイスを守ることがほとんどできません。私の経験上、人間は犬と話すときコマンドを繰り返してしまいます。世界中で起きています。犬がコマンドに従った後でさえ、人間はコマンドを繰り返します。「お座り、お座り、お座り」とボブは言い、三回目のお座りについては、マックスがすでに座ったあとの発言です。飼い主に「コマンドは一回だけ」と教えることに苦労している訓練士は、頭を振りながら訓練センターを後にするのです。

私自身の最低な繰り返し事例は、羊の群れを操る牧羊犬の訓練を始めたばかりの頃に起きました。それはもう、緊張しますよね。広大な草原にいる、時速三十キロで走ることが可能な有蹄動物の周りに自分の犬を放すのです。あなたの仕事は、犬がフェンスの向こう側、内側、さらに言えばどこか別の場所に羊を追いやらないようにすることです。時には、羊が犬を追いかけ始めることがあります。何が起きようと、新米のハンドラーと新米の犬からはアドレナリンがとめどなく出ています。状況が熱を帯び始めたときです。新米のハンドラーにありがちなことではありますが、私は「伏せ」というコマンドを使い過ぎてしまったのです。それはまるで、何をしたらいいか考えるあいだに物事を止める、魔法の杖を使うようなものでした（家畜の群れを動かすことは、チェスに喩えられることがあります。駒は生き物です。次の一手を打つ前には、ほんのわずかな時間しか与えられません）。「伏せ！」と私は叫び、直後に「伏せ！　ふ！　せ！」と繰り返しました。私は初めて飼ったボーダー・コリーのドリフトには、すぐさま伏せるよう訓練していました。それなのに、「伏せ。伏せ。伏せぇ！！」と言ったのです。おそらく、シグナルの基本単位を知らなかった彼は、反応する前に、すべてのシグナルが発せられるのを待ったでしょう。

博士課程の研究のために英語を話さないハンドラーの録画を分析することは、私にシグナルの基本単位の見極めがいかに困難かを教えてくれました。バスク地方の羊飼いが、意味不明の短い三つの音を発声し、少し間を置き、同じ子音を口にしたときは、その「シグナル」が何なのか判断するのはとても難しいことでした。短い音は三つだった？　それとも、四つ？　その音が「グルフ

(grph)」のように聞こえたとしたら、「グルフ、グルフ、グルフ」が、「グルフ」と同じ意味で、単に三回言っただけなのかどうかも、私にはわかりませんでした。私は苦しみ、髪をかき乱し、唸り、もがきながら、ハンドラーの命令の意味を理解しようとしました。ちなみに私は、世界で最も知的と言われる種のメンバーです。

犬の飼い主がシグナルを繰り返すという傾向は、抗えないものです。犬の訓練のクラスに行ってみてください。飼い主が「おいで」とか「お座り」を何度も何度も繰り返しているのを観察できます。『お座り』は一回だけ言うようにして下さいね」と指示を出しながら、訓練士は歯を食いしばって笑顔を作っているでしょう。「お願い、お願い、お願い」(繰り返して言ってしまいますよね)、「三回も四回も繰り返して言わないようにしてください！」

なぜ私たち人間は、クリスマスツリーにぶら下げられたポップコーンみたいに、言葉を繋げて、繰り返してしまうのでしょうか？　ディキンソンとかシェイクスピアのような言葉の魔術師のいる種のメンバーであれば、無駄口など叩くはずもないのに。しかし、私たちはそうしてしまいます。私たちが愚かだからという理由だけではないと思います。……たとえ犬の周りにいる私たちが、時折愚かに見えたとしても。これほど強固で、普遍的な行動の傾向は、単なる頑固さ以上の何かを示唆しているはずです。自分たちを霊長類として見ることで、理解が進むかもしれません。チンパンジーのビデオを見てみましょう。私たちに最も近い動物である彼らは、音を繰り返します。彼らは「ウー(ooo)」と言います。次は「ウー、ウー、ウー(ooo, ooo, ooo)」です。チンパンジーだけではありません。霊長類の多くが似たような声を出し、それを何度も繰り返すのです。興奮しているリスザルは多種多様なつぶやき、キーキー、キャッキャという声で周囲を満たします。ナキガオオマキザルは、「ヘー」とか「フー」と、素早く鳴きます。私がチャールズ・スノードン教授と研究したワタボウシタマリンは、チャイロコメノゴミムシダマシといった美味しそうなおやつを見ると「イー」という声を出しますが、興奮するとそれが「イー、イー、イー、イー、イー」と繰り返されるのです。

うまくいかないときは、大きな声を出せばいい！

犬と一緒にいる私たちは、言葉を繰り返すだけではありません。徐々に声を大きくしていくのです。「お座り、お座り、お座り」ではなく、「お座り、お座り！　お・す・わ・り！」となるのです。そしてこれは、犬と会話するときだけの話ではありません。言語学者曰く、意味を理解しない相手に対して、私たちは最初の発言を繰り返すだけではなく、より大きな声で言う傾向があるそうです。ウィスコンシン大学マディソン校の学部生と私は、人間が犬に対しても全く同じようにすることを突き止めました。学部生のスーザン・マレーは卒業論文執筆のために、犬の訓練にやってくる飼い主たちに、子犬にお座りを指示してくれるよう頼みました。人間とのコミュニケーションと同じく、一回目にお座りをしなかった時、飼い主はシグナルを繰り返しましたが、二度目、三度目のケースでは、声を大きくしてシグナルを出したのです。

人間は、音量そのものが犬を刺激するエネルギーを生み出し、反応させるかのように振る舞います。この、声が大きくなるという傾向は、霊長類の遺産（名残）に欠くことのできないもののようです。耳をつんざくような音を出させたら、興奮した霊長類の右に出る動物は多くありません（オウムは確かに大声を出しますが）。小柄なワタボウシタマリンは、群れが危険に晒されていると感知すると、集団で壁を震わせるような大声を出します。その騒音はあまりにも大きくて、同じ部屋にいるかどうかもわからなくなるぐらいでした。私たちにそっくりなチンパンジーとボノボは、感情的に興奮すると徐々に大声になることで知られています。しかし、チンパンジーにとって大声の理由は、興奮だけではありません。チンパンジーの群れでは、どの雄が群れを支配するか、しないのかが常に意識されており、大騒ぎできる能力があれば、ＢＭＷを買わなくても社会的地位を上げることができるのです。

ジェーン・グドールは、金属製の灯油缶を叩きながら優位性をひけらかし、大声で鳴くことを学習したチンパンジーのマイクの地位が華々しく上がった様子を描写しています。どんちゃん騒ぎをすることで他の雄を圧倒しましたが、優位にある雄以外は、すぐにその忠誠心を矛先を変え、服従の姿勢でマイクに近寄りました。マイクは実際に最も地位の高い雄になりましたし、ロックバンドのような大音量で音を出すという能力は、権力を勝ち取るうえで重要な役割を果たしたようでした。

私たち人間も、期待している答えが返ってこないとき、自然に、そして徐々に、声を大きくしていきます。まるで、声に乗せるエネルギーで何かを引き起こそうとするかのように、そうするのです（電話で会話をしているあなたの横に立ち、「ママ」と、徐々に大声で叫び出す子どもをしつける苦労を思い出してください）。でも、犬は霊長類のように反応しません。大声は間違いなく彼らを怯えさせますし、彼らの注意を引きはしますが、彼らの尊敬を得られるとは限りません。

吠える犬とは多くの場合、怯えている犬です。そして彼らが喧しくなればなるほど、それはパニックの証です。成長したオオカミたちにとって吠えるという行為が、比較的稀だということを心に留めてください。[02] 経験が豊かで、自信に満ちた、成長したオオカミは滅多に吠えることがありません。吠え声は主に幼いオオカミが発するものであり、通常は警戒が必要な状況に反応しているだけです。実際のところ、成犬の家庭犬が吠えるという普遍的傾向は、犬が成長したオオカミの弱体化した存在であることを示す多くの行動指標のひとつなのです。吠えるという行為は、二つの受信側に対して向けられています。ひとつは、もちろん、侵入者に対してですが（「見ているぞ。近寄ってくるなよ。気をつけろ！」）、実は群れの残りのメンバーに対しても発せられているのです（「助けて！西側で緊急事態発生！」）。群れは大抵の場合、駆けつけ、群れのメンバーの危険信号に対応します。

私が真っ青になるタイプの犬は、身を固くして、決して動かず、聞こえるか聞こえないか程度のうなり声を出しながら、私を睨み付ける犬です。吠えるという行為が、幼弱化の証拠であり、服従の姿勢であるというのなら、犬が私たちの大声を支配的だとか、圧倒的だと考えているかどうかは疑わしいのではないでしょうか。むしろ、大声のことを恐れのサイン、あるいは私たちが状況を管理できていないサインだと受け取っているのかもしれません。犬がうっとりするタイプの人間は、簡潔で、優しく話をする人です。「吠えない」ことは、リーダーシップの象徴であり、犬はその自信に惹かれるのです。

「静かに！」と、叫ぶ人

「うるさい！（Shut up!）」と、犬に向かって、たった一度であっても叫んだことがない人はいるでしょうか？　このまったく効果のない反応の皮肉は、その場はなんとか切り抜けられるところです。でも、考えてみてください。犬の自然の反応は、吠え声に参加することなので、彼らは人間が「静かに！」、「黙れ！」と叫んでいる場合、私たちが単に一緒になって吠えていると考えるかもしれないのです。犬の飼い主に聞いてみればわかります。人間が大声を出したとき、犬は静かになりません。私の家では、チューリップが一声吠えると、ルークが飛び起きます。彼は木製の床にすっくと立ち、目が覚めやらぬうちに吠えながら玄関に突進します。本当に滑稽な姿なので、私は彼にそう伝えるのです。「ルーク、君は何に対して吠えているのかもわかっていないのね」彼は私を、まるで「わかってないのは君の方だよ」という顔で見つめます。そして、実際にそうなのかもしれません。吠えるというのは、集団行動です。そして彼が何に対して吠えているか知っているかどうかは、彼にとってはどうでもいいことなのでしょう。彼にとって重要なのは、チューリップが吠えたこと。だから、ルークも吠えるのです。もし犬が「静かに」という意味を完全に教えられていなかったとしたら、彼はそのまま吠え続けるでしょう。そして、その意味を教えられていたとしても、もしあなたが大声で叫べば、言葉自体の音響特性を変えてしまい、犬は理解できないでしょう。イライラして、「静かに！」と、あたかも群れの一員のように大声で叫べば叫ぶほど、それは人間には自然なことですが、効果的だとは言えません[03]。

スピーカーの音量を上げないよう人間に教えることの難しさと、別の方法で犬を静かにさせることを学ばせることの難しさに、訓練士は頭を抱え、フラストレーションでため息をついています。大切なのは、興奮した霊長類（愛犬に静かにしてほしいと切実に願っている飼い主について書いています、もちろん）に対して、犬が静かになり、そもそも飼い主がフラストレーションを溜めて叫ばなくなるような、仕事を与えることなのです。よく吠える犬を飼っているのであれば、自分が犬より喧しくなって騒音を止めようとしてはいけません。その代わり、美味しいおやつを持って、立ち上がって犬のところまで行くのです。この最初のステップは、実際よりも簡単そうに感じるでしょう。適切なタイミングで人間を犬のところまで歩かせることは、訓練士にとっては難しい仕事です。ですから、この行動には細心の注意を払わなければならないことを知っておいてほしいのです。なぜなら、取るに足らないと思えることでも、訓練士の言うことを聞いて、頷いて、「やります」と言っても、人間はやらない傾向にあるからです。

手に届く場所に美味しいおやつを置いておくことです（ケチらないで下さいね。鶏肉、牛肉、犬が大好きな食べ物を選びましょう。小さく刻んでおくことをお忘れなく）。犬が吠え始めるやいなや、「おしまい（Enough）」と言って、犬のところまで歩いて行き、おやつを鼻の前、二センチぐらいの場所に持っていき、クリック音か、キュッという音を出して彼の注意を引きます。おやつが美味しい匂いを漂わせ、犬の鼻の真横にある場合、犬は吠えていた対象から目をそらせ、おやつの匂いを嗅ぎ始めるでしょう。そこで焦ってはいけません。まだおやつはあげてはいけません。「いい子ね（Good boy）」と数回言いながら、そのおやつを手のひらに乗せ、吠えていた対象から犬を遠ざけます。そこではじめて、おやつを与えます。犬は吠えていて、あなたはそれを「辞める」というシグナルを送り、そして彼が吠えるのを辞める状況を無意識に作り出したのです。吠えるのを辞めたあと、犬はその行動に対しておやつというご褒美を与えられました。まず、おやつは犬が吠えないようにおびき寄せる働きをし、そして静かになったときにはご褒美の役割を果たしました。あまりにも興奮して、集中できないときにはやらないようにしましょう。このセッションは、玄関前に大家族と犬が二匹いるような、犬が大興奮している状況では行わないようにしましょう。犬にとって（そしてあなたにとって）正しく行うことが困難になりすぎないように、そしてあなたが状況を管理できるように、早い段階でこのセッションは行いましょう。友人に、ドアを一回、または二回ノックしてもらい、そこで止まってもらいます。その間、あなたはおやつを使って犬をドアから遠ざけるのです。犬が吠えている対象から注意をそらすために、犬の鼻先までおやつを持っていく必要があるかもしれませんが、それはＯＫです。大切なのは、何度も繰り返し、犬が吠えるというシチュエーションを作りだし、犬が吠えている対象を取り除きつつ、「おしまい（Enough）」と伝え、おやつでおびき寄せることです。犬がドアから放れ、数秒でも静かになったら（最初は待ちすぎないことです）、おやつを与えます。訓練を重ねたら、「おしまい」の後の静寂を、少しずつ長くしていきます。これは「お座り（Sit）」のように簡単な訓練ではありません。なぜなら、犬にとってはより難しいことだからです。吠えるということは、感情と生理学的覚醒と強い繋がりを持っています（人間が若いときに、笑い、叫び、大声を出すことに似ています）。犬にとって吠えるのを辞めるのは、本当に難しいことですので、どうぞ辛抱強くつき合ってあげてください。週に五回から十回の短時間の訓練で、数か月はかかるかもしれませんし、聞くことができないほど犬が興奮していないときを選ばなければなりませんが、それをする価値はあります。「おしまい」という声を聞き、ドアや窓から視線を逸らし、あなたの所に戻り、おやつを探してくれるようになるなんて、本当に素晴らしいことではないですか。一日学習すれば、常におやつを与えるのではなく、断続的に与えることでも効果を得られます。

犬にしてほしいことを、声でイメージしましょう

テキサスの州境にある競馬場で博士号取得のための調査をしていたときのことだ。どの言語を使っても、声に反応して動物がスピードを上げたり、下げたりするかどうか、確認しようとしていた。

英語を話す犬や馬の訓練士の音声は山ほど集めることができていた。この旅行は、英語以外の言語を話すプロの犬と馬の訓練士・調教師の声を録音する初めての試みだった。大変残念なことに、私が調査を行ったテキサス州境の競馬場は、パリ・ミュチュエル方式ではなかった。賭けがないということはお金が発生せず、テレビで見たことがあるような白塗りの厩舎やレンガで内張された通路もないという意味だった。車で入っていった競馬場と厩舎は、驚くほどボロボロで汚れていて、ぎょっとするほど人がいなかった。その前の月に二件の殺人事件が発生し、レースが中止になっていたことを私は知らなかったのだ。私が選んだ競馬場は、人間用違法薬物と、パフォーマンスを上げるための競走馬用違法薬物の取引を行う、蜂の巣のような場所だった。

私は高価なテープレコーダー、マイク、そしてカメラを片手に無邪気に厩舎に入っていき、暗い厩舎を見回して、連絡を入れた調教師を探した。記憶にあるのは、何かに驚いたシルエットが浮かび上がり、何かを摑み、ドアから素早く立ち去り身を隠したことだった。この日は一日かけて、空中を飛び交う注射器や錠剤、「薬」の入った小瓶を見分けることに上手になりながら、干し草の向こうへと進んだ。どんなスポーツでも、それが十分な資金のあるものでも、低予算のものでも、そこにはルールを曲げる調教師がいる。この競技場ではルールが悪い方向に曲げられており、テープレコーダーとカメラを担いだ見知らぬ人物は注目を浴びた。

私は動物の調教師たちの交差言語的影響サンプルを探しており、どのようにしてスペイン語を話すジョッキーが馬のスピードを上げ、そして下げるのか見せてもらいたいと思っていた。後に、英語、バスク語、中国語、ケチュア語、その他十二の言語を話す犬と馬のハンドラーで比較を行った。しかしこの日はスペイン語の話者で、一度も英語を学んだことがない人が必要だったのだが、古くてボロボロの競馬場をうろついているジョッキーの多くが、英語だけしか話せない、あるいは英語もスペイン語も話す人たちだった。

「ホセが来るまで待って」と言われた。彼はいつ来るかわからないけれど、英語を一切話すことができない調教師やジョッキーを大勢知っているらしい。彼が紹介してくれるよ。確かにそうだった。ホセは誰でも知っていて、誰もがホセを知っていた。ホセは厩舎にいる残りの人間全員が、私が何の目的でそこにいるのかまったく理解していないのと同じく、私がそこにいる理由について困惑していたが、スペイン語しか話せない調教師とジョッキーを紹介してくれると約束してくれた。私はようやく彼らが馬と接する際の様子を録音できるのだ。テキサス州南部のヒルカントリーへ向かう途中の、町の外れでホセは車を停め、コンビニエンスストアに入っていった。そしてビールの六本パックを買って戻って来た（朝の八時）。バドワイザーを開け、葉巻サイズのジョイント（マリファナ）に火をつけると、「ようし、トリシャ、動物と会話する男たちがわんさかいる場所に連れて行くぜ。準備はいいかい？　……ちょっと吸うか？」と言った。私は丁寧に辞退すると、持っていたスイス製アーミーナイフのありかを確かめた。

ホセは約束を守ってくれた。英語を話さない調教師とジョッキー五人分の録音を手に入れた。ホセがいろいろな人を知っている理由はすぐにわかったし、彼が車で連れ回してくれたことには感謝している。新しい場所に行くたびに、ホセから訓練士たちにこそこそと手渡される大きくて長方形のプラスチックのバッグをわざと見ないようにした。ホセが主な目的を果たし、なぜ私がついてきているのか説明する間、私は自分の機器をいじっていた。ホセが彼らになんと説明したのかは、神のみぞ知るところだ。私のたどたどしいスペイン語では彼らの会話についていくことはできなかった。

全員が明らかに、私のことを何かがおかしい人間のように考えたようだったが、それでも愛すべき害のないエイリアンのように私を迎え入れてくれたのだった。

ある意味、私はエイリアンでした。他の種を研究するように、他の人が動物に対して発する音声に耳を傾けていたのです。まるでジェーン・グドールになれた気分でした。私の周辺にいる霊長類が発する興味深い音に、慈愛に満ちた好奇心を抱いていたのですから。その霊長類がたまたま人間だったというだけです。その興味深いノイズから私が学んだことは、私の犬との関わりに大きな影響を与えたのです。動物とのコミュニケーションに音を使う方法を知っているプロの動物の調教師は、一貫した方法を使うことで、普通の飼い主とは一線を画していると言えます。彼らは自分の感情を、声から切り離すことができます。自分の内面を表す音を出すのではなく、彼らが欲しい反応を動物から引き出す音を出すのです。

それは、想像するより簡単なことではありません。人間の感情は、私たちが選ぶ言葉だけではなく、特定の言葉をどのように言うのかという点においても、私たちの話し方に大きく影響します。それはスピーチの「韻律的」特徴と呼ばれています。「何を言うかではなく、いかに言うのかだ」というフレーズを聞いたことがあると思います。いかに言うかは、その言葉の持つ情報と同等か、それ以上のものを伝える可能性があるのです。犬の名前を異なる方法で呼んでみてください。抱きしめているとき、鼻を顔に押しつけてくる犬に向かって、まるでベルベットのような優しさを込めて呼ぶ「マギー」。道路に向かって走る彼女に向かって、恐怖に満たされた大声で呼ぶ「マギー!」私たちがどのようにして犬を呼ぶか、または言葉を言うか、フレーズを言うかは、私たちの内面によって左右されます。自分の意志に反して、言葉に恐れや苛立ちが忍び込んでくる瞬間のことを思い出して下さい。

さて、霊長類は興奮レベルが上がると同じ言葉を繰り返す傾向にあることは、先に述べました。チンパンジーは見つけた食べ物の量によって、鳴き声が早くなります。ワタボウシタマリンは食べ物に対して興奮すると、耳をつんざくような声で、繰り返し発声します。[04] この傾向が「段階的な」発声を促すことは、動物の世界ではとても一般的であることから、数十年前の科学者たちは、動物が発する鳴き声は彼らの内面のみを反映するものに違いないと考えたのです。今現在、それは真実ではないことを我々は知っています。よく研究された数種では、自分たちの内面以上のものを示すために、音を象徴的に使うことがわかっているからです（例えば、異なるタイプの捕食者を表すため）。しかし、私たちの内面の感情と音が繋がる傾向はとても強く、それを超えるには膨大なエネルギーが必要となるのです。

私たち動物が興奮したときに出す音は、感情的な高まりのレベルを示すだけではなく、より多くの意味を持ちます。私たちが出す音を聞いた相手にも大きな影響を与え、それはつまり、人間以外の動物にも影響を与える可能性があるのです。仲のよい友だちのトッドが、訓練をしていない、興奮しやすい馬に乗せられたときのことです。馬がパニックに近いギャロップを始めると、トッドは必死な様子で「ワオ！　ワオ！　ワオ！」と繰り返し、馬が速く走れば走るほど、トッドの口から出る「ワオ」も速くなりました。しかし、彼が「ワオ」を高速で繰り返せば繰り返すほど、馬の速度も上がってしまったのです。一人と一匹は、入るのは簡単だが抜けるのは至難の業の、高速スパイラルに陥ってしまいました。興奮した人間が発する音は、その内面が反映されています。動物に求めることを促す代わりに（あるいは、やっていることを止める代わりに）、その音を聞く動物を興奮させるのです。

私は軽々しく述べているわけではありません。私はこのトピックについて、大学院で五年をかけて研究をしたのです。調教師の使う音のパターンは、驚くほど一貫していました。百四人の調教師と十六の言語を分析した結果、短く、速く繰り返される言葉が動物の速度を上げ、単一の連続音を使うことで、動物を減速、あるいは止めていることが共通点でした。音の種類は、手を叩く、口笛を吹く、その言語での言葉など、実に多くのバリエーションがありました。しかし、音のパターンは常に同じでした。すべての言語で調教師は、動物のスピードを上げるために短く、繰り返す手拍子や、クリック音、キュッという音、言葉、あるいは口笛を使いました。英語、スペイン語、そして中国語を話す調教師、ロデオ乗り、荷馬車を引く馬の調教師、そして馬術の調教師は全員、繰り返すクリック音とキュッと言う短い音で馬の速度を上げました。バスクとペルーのケチュア族の牧羊犬の訓練士は、短く、繰り返す口笛と言葉で犬を動かしました。英語の話者である犬ぞりの競技者たちは、大声で、短い音を繰り返しました。例えば、「ゴー！　ゴー！　ゴー！」や、「ハイク！　ハイク！　ハイク！」、それから「ハイヤ！　ハイヤ！」といった言葉を発し、犬の速度を上げるのです。

対照的に、動物を止めたり、速度を緩めたりしたいときには、単一の連続音を発しました。調査対象の調教師のなかで、クリック音、拍手、何かを叩く音、キュッという音、あるいは繰り返す短い言葉を使って、馬、犬、水牛、ラクダといった家畜を抑制した人はいませんでした。犬や馬に対して「速度を下げる（slow down）」ための一般的なシグナルは、「ステイ（Stay）」、「どうどう（whoa）」、そして「止まれ（Easy）」です。私がインタビューを行った北アフリカの調教師は、ラクダは「フーシュ（huush）」や「クーシュ（kuush）」といった言葉で伏せるように調教されていると教えてくれました。ペルーのケチュア族の馬乗りは、「シュー（schuu）」（まったく異なる言語のバスク語を話す調教師も、ロバを止めるのに同じ音を使います）や「イシューータ（ishhhta）」という長音を使って馬を止めます。中国人のジョッキーは馬の速度を緩めるときには「イウウウウ（euuuuu）」という、長く伸ばした低い音を出していました。牧羊犬の調教師の口笛は、一つの音で、単一の、長く、伸びた音で犬の速度を緩め、鋭く、上下する音で素早く動いている犬の動きを止めました。二つのバージョンの「速度を下げる」のシグナルのパターンは、研究を通じて再現されました。一つの、長く、連続した音は動物の速度を緩め、落ちつかせ、一つの鋭い音が、速く動いている動物を一瞬にして止めました。「抑制」のシグナルが二つのカテゴリに分類されるのは、理にかなっていると言えるでしょう。なぜなら、動物の速度を落としたり、落ちつかせることと、全力疾走に陥っている動物にブレーキをかけるためのエネルギーを蓄えることとは、明らかに異なる反応だからです。

恐らく、調教師らが似通った音を使った理由は、彼らが人間らしく振る舞っていたからだけで、動物たちはそれに適切に反応する方法を学んだのでしょう。しかし、本物の動物の訓練士の多くが、動物を興奮させ、速度を上げるためには、特定の音が他の音よりも効果が高いことを知っています。私が話を聞いた競走馬の調教師たちは、短く、繰り返す「シュ、シュ、シュ（sch sch sch）」という音が馬を刺激すると強く信じていました。スタートゲートに馬を入れるときにシュ、シュという音を使うことを禁じられていると彼らは教えてくれました。なぜなら、すでにゲートに入っている馬を過度に興奮させてしまうからです。牧羊犬の訓練士たちは、威嚇する雄羊に対してためらっている犬を発奮させるために、完全に同じ音を使います。バレルレーサー（速度と正確さが求められるロデオ競技）は、連続して繋がる音を馬に対して使います。二回から四回の舌によるクリック音で馬を歩かせ、繰り返す「チュッチュッ」という音で駆け足やギャロップをさせ、連続する「シュ、シュ、シュ」で可能な限り速度を上げさせるのです。現地調査の記録には、ハンドラーが「シュ」という音の繰り返しを拒否した記述が十七件ありました。馬が興奮しすぎてしまい、それゆえに録画中に馬を扱うことが困難になってしまうと彼らが考えたからです。

短く、繰り返す音、そして長く継続する音を使い分けるのは霊長類だけではありません。ほんの数種を挙げるだけでも馬、羊、そして犬は、短く、繰り返す音を使って子どもを呼び寄せるのです。子どもたちは、短く、高い鳴き声を繰り返し、母親に不安のシグナルを送り、母親の世話を要求します。雌に求愛する雄のネズミは、音を繰り返す間隔が短いほど、雌から刺激された反応を引き出す成功率が高くなります。元気な雄鶏は、素早く、また頻繁に声を出します。音を速く繰り返すほど、雌鶏は近寄ってきます。セグロカモメやイエスズメのような鳥の研究では、短く、繰り返す鳴き声が他の群れを呼び寄せることがわかっています。セグロカモメは、分配するために十分な餌がある場合のみ、鳴き声を出します。この事実は、鳴き声が他の鳥を引き寄せるために機能していることを示唆しているのです。

私は博士号取得のためにこれとは別の研究を行い、異なるタイプの鳴き声が異なる影響を子犬に与えるという仮説の検証をしました。結果は明らかでした。前足の歩数を基準として、私たちは子犬の活動レベルが四回の短い口笛の後には上昇しますが、長い、継続した音の後では上昇しないことを突き止めたのです。愛犬家にとって最も重要な情報は、四回の短い笛の音（音節と比較可能）は、五ヶ月の子犬に「おいで（Come）」を訓練する際、長い、継続した笛の音よりも、効果的だということです。「来ること」は通常、活動を増やすことを意味するのだから、それは理にかなっています。

様々な背景を持つ動物の訓練士が一貫して音を使うことは、発語に関する別の普遍的な側面を思い出させてくれます。研究者らは、人間が犬と赤ちゃんに対して同じような話し方をし、世界中の人々が赤ちゃんに対して同じような話し方をすることを突き止めました。[05]「マザリーズ（母親語）」と呼ばれるその話し方は、通常よりも高い声で、大人に話すときよりも、その音が上下します。「マザリーズ」に対して赤ちゃんは順応しているだけではなく、母国語の種類に関わらず、両親はこの世界共通の「言語」を赤ちゃんに対して話すのです。「マザリーズ」の特徴のいくつかは、犬と話すときにも便利ですし（サブセクションの「ピッチ変調」で説明しています）、私たちすべての哺乳類が普遍的に、そして進化の過程において繋がりがあることを示唆しているのです。しかし、このスピーチの形は、私たちにとってまったく役に立たないこともあります。リスを追いかけようとしている興奮した犬に対して、ベビートークをする効果はほとんどありません。あなたが話し方を変化させることについてより柔軟になることで、犬はあなたの言うことを聞くようになります。これから先のページでは、犬に対して可能な限り有効に音を使うことで、あなたが望むように犬を導くための、具体的な例を挙げていこうと思います。

音の数

一般的なルールは、短くて、繰り返す音を使って行動を促し、一つの音を使って、その行動を抑制します。犬を呼び寄せて、あなたのところまで移動してほしいと仮定します。このエクササイズを「服従」（翻訳＝私たちの権威を示すテスト）の訓練と考える飼い主が大多数のため、まるで鬼軍曹のような声で「おいで」と言う人が多いのです。その声を録音して分析したとすると、間違いなく、動物の行動を止めるために世界中で発せられる音とそっくりになるはずです。文字のコンビネーションの組み替えをしたとしても、私が十六の異なる言語グループから、動物の動きを止めるときに聞いた、「ウォ！（Whoa!）」や「ホー！（Ho）」を再現した、短くて鋭い音になるはずです。飼い主が低く大きな声で、犬に対して「おいで（Come）」と指示を出すのを聞くと、楽しい気分になってしまいます。頭を下げ、尻尾を巻いてしまう犬もいますが、確かに一部の犬は飼い主のところにやってきます。なぜなら、訓練を十二分に重ねることで、最終的には生物学を覆すことができるからです。でも、なぜそこまで訓練するのでしょう？ 犬を本質的に落胆させるのではなく、励ます音を使えば、犬の訓練はより効果的になり、そしてこれは大切なことなのですが、より楽しくなるのです。

あなたの犬の名前が短いのなら、名前を二回呼んで手を叩くとか、スコットランドの羊飼いたちが使う、「呼び戻し（recall）」のシグナルである「よし！（That'll do!）」を試してみるのもいいかもしれません。呼び戻しのシグナルを教えているときは、子犬たちに「パップ、パップ、パップ（pup pup pup）」と繰り返し、手を叩きながら、彼らから逃げてみましょう。賢い犬の飼い主は、手を叩きます。短く、繰り返して口笛や笛を吹きます。足を叩いて音を出します。そして絶対に、鋭い一つの音を使うことを避け、犬の動きを止めないようにします。犬はこちらにやってきてはいますが、遅いですか？ あなたのところに犬が急いでやってきたら、「いい子ね（Good dog）」と優しく声かけをし、犬から逃げながら、手を叩いてください。

Photo by Karen B. London

エリカは犬がこちらにくるよう促すための最適な方法を示してくれています。チューリップに来て欲しい方向に動きながら、楽しいゲームをするように、笑顔で手を叩いています。

読者のみなさんは、私が繰り返しを推奨する一方で、繰り返しを避けるように示唆する理由を知りたいと思われるかもしれません。その違いはシグナルの機能にあります。犬の活動のレベルを上げたいのならば、短く、繰り返す音を使うのです。しかし、犬の活動を本質的に抑制するような、「お座り（Sit）」や「伏せ（Down）」といった行動をさせるためには、私がインタビューをした調教師たちのように、一度だけ言うようにしてみてください。使う言葉は動詞（〜しなさい！）で、言い方は副詞だと思って下さい。

犬が鹿を追って雑木林を疾走している場合はどうでしょう？　最近のことですが、チューリップが両目を見開いて、空気の匂いを数日にわたって嗅ぎ回っている時期がありました。家から出すと、彼女は私をほとんど突き倒す勢いで、お花畑で昼寝をしていた鹿を追いかけ、一目散に丘を登り始めたのです。私がいかにも楽しそうに、「チューリップ、チューリップ！　おいで！」と言いながら手を叩いていつもの呼び戻しのサインを送っていたら、彼女はそのまま鹿を追い続けていたでしょう。繰り返しの音は、動物の活動を促してしまうと私は書いただけで、その活動の矛先がどこに向けられるのかは書いていません。その時点でチューリップが必要だったのは、彼女を興奮させるようデザインされた音でした。彼女はとても興奮して戻って来て、十分ほど過呼吸になっていました。私は彼女を刺激するのではなく、彼女の行動を抑制したかったので、バスクの羊飼いやペルーのケチュア族の馬の訓練士が素早く動く動物を止めるときに行ったことを自分もやりました。「ダメ！（No!）」という短い音を、大声で叫びました。彼女が止まったときにはじめて、そのエネルギーを私のほうに向けるように、手を叩き、言葉を繰り返したのです。

動物病院のロビーで愛犬に話しかけるときの声を思い出してみてください。自分の診察で長く待たされることはありますが、動物病院のロビーで待つことは、犬にとっても飼い主にとってもリラックスした状況ではありません。向こうにいる推定体重七十キロのセント・バーナードはフレンドリーなのか、それとも聞こえてきたのはうなり声だったのか？　あの軍曹はいま入って来た猫を追いかけるのか？　ここでチャンスです。例の長い、連続した音を使って犬を落ちつかせるのです。まるで世界中の調教師たちがやるように、やってみるのです。「Goooooood boy（いい子よ～）、goooooooood boy（いい子ね～）、What a goooooooood boy you are（なんてあなたはいい子なのかしら～）」。よく見かけることですが、役に立たないことがあります。少し不安になった飼い主が、短い、途切れ途切れの「いい子いい子いい子」を、リードの向こうにいる目を見開いたレトリバーに、必死に言い聞かせているときです。この短い言葉は多くの場合、せわしなく撫でながら発せられます。それは犬をよりいっそう興奮させるのです。ここに、飼い主自身の感情と、犬に求める感情との切り分けを学ぶ必要性があるのです。あなたが愛犬を落ちつかせ、その動きを緩めたいときには、不安な馬を落ちつかせるために馬術の訓練士が使った「Eeeeeeeeesy（イーーージーーー）」という言葉を真似してみるのはいかがでしょうか。「Whooooooaaaaaa son（おちついて）」という、レース前のジョッキーが競走馬にかける言葉を真似するのもいいでしょう。「Steeeeeeeaaady（ゆっくり）」という、犬ぞりの調教師が難しいコーナーに入る前に犬たちにかける声も覚えておいて下さい。これはまさに、世界中の親たちが赤ちゃんをなだめるときに使う方法ですが、自分自身が興奮状態にあれば、このような言葉かけは難しいのです。

自分の感情を表すことなく、犬にして欲しいことを反映する音を出すのには、意識的な努力が必要です。しかし、それができればボーナスもあります。長く、一定したトーンで話すことで、あなた自身が落ちつくことができるのです。そして、どうぞ呼吸することを忘れないでください。長く、深い呼吸は、あなた自身の話のパターンから、犬の反応まで、すべてをゆっくりにさせます。

ピッチ

直感的に、話をするときのピッチは重要だと私たちは知っています。海軍の鬼軍曹は高い、キーキーとした声で命令を下したりはしません。低く、荒々しい声は兵士の注意を引くでしょうが、怯えている子どもを落ちつかせることはありません。犬にとってもピッチは重要だと考える理由はたくさんあります。犬と人間は音が高いか、それとも低いかによる解釈が共通しています（他の多くの哺乳類でもそうです）。オオカミ、そして霊長類では、低いピッチは権威、あるいは自信を意味します。シグナルを前よりも低い声で言うだけで、犬があなたを無視するか、あるいはあなたに従うかの違いを意味します。クール・ハンド・ルーク以上の例はいないでしょう。彼はなによりも、羊の群れを追うのが好きでした。羊の世話が終わると、私は彼の名前を二度呼びます。「ルーク、ルーク」そう呼んで、羊の群れから彼を呼び寄せ、納屋を出るときに私についてくるように伝えるのです。彼の反応は、あまりにも予想通りで、農場を駆けることもできます。私がいつも通りに、高いピッチで彼の名前を呼べば、彼は完全に私を無視します。首をひねることもしません。耳を動かすこともありません。まるで、何もなかったかのようです。私がまったく同じ二語を、大きな声ではなく、低い声で言えば、彼は後ろ足で方向転換し、私の側まで走ってきます。これは、頼むか、それとも言い聞かせるのかの違いです。

牧羊犬競技会に参加していたときのことです。緊張すると声のピッチが高くなる傾向があることに気づいた私は、低いピッチで「伏せ（Lie down）」と言う練習を何ヶ月にもわたって行いました。犬の速度が速くなると、私は緊張してしまい、声は大きく、そして高くなりました。そしてもちろん、声が大きく、そして高くなれば、犬の速度は上がりました。一般的に、女性の声は男性よりも高いので、女性のクライアントと同じように、静かで、低い声を使って犬を抑制する練習をする必要があったのです。特に女性は、大きな声を出そうとすると声が高くなる傾向があり、一方で男性は低い声をキープし、力強く話をすることが得意です。権威を示さねばならないときに限って、声が高くなってしまう傾向にある女性は私だけではないと思います。一方で、男性のなかには、高い声を出して犬を褒める、あるいは勇気づける練習が必要な人もいるのです。訓練のクラスでは、

「いい子だ（Good dog）」と叫んで、すべての犬の動きを止め、半分の人間の動きまで止める男性が、少なくとも一人はいます。

実際のところ、ルールはいたってシンプルですし、哺乳類の間では世界共通と言ってもいいでしょう。高い音は興奮、未熟さ、あるいは恐怖を、低い音は権威、脅迫、あるいは攻撃性を連想させます。[06] クライアントと協議するとき、あるいはクラスで飼い主と学ぶとき、人々が決まってやってしまう間違いは、必要なときに声のピッチを変えないこと。特に、犬に行動の抑制を求めるときに、声を低くすることができないのです。ですから、「ダメ！」とか「ステイ」を、大きな声ではなく、低い声で言う練習をし、「おいで」を言う時や犬をほめる時には声を高くしてみましょう。もし犬があなたの優しい「おいで」というシグナルを無視するのであれば、低く、うなるような「ダメ」を言い、そしてもう一度優しく「おいで」と言ってみてください。

ピッチ変調

相対的に高い、あるいは低いだけではなく、音は上がったり下がったりします。これはピッチ変調と呼ばれており、これも犬に対して大きな影響を与えます。私が録画した調教師たちは、私自身が録画以来、自分のレパートリーとして組み込んだシンプルなルールを手本にしていました。彼ら全員が、平坦で、揺らぐことのないピッチを使って、動物をなだめ、あるいはスピードを緩め、その反対をして、動物を刺激していました。そして動物を興奮させる、短くて繰り返される言葉は、ピッチが上がっていることが多かったのです。しかし、速いスピードで動く動物の動きを止める一つの音は、大幅にピッチを変えて、たった一音節のなかで、まるでジェットコースターのように上下を繰り返しました。例えば、「ウォウ！（Whoa!：ドウドウ）」は、高いピッチで始まり、そしてピッチを下げます。そして、考えてみればそれは理にかなっているのです。動きをすぐさま止めるには大きな筋肉運動と、注意が必要です。ピッチが大きく変わる音は、平坦で継続する音よりも、本質的に動物の注意を引くのです。

まとめ

要点はシンプルです。短く、繰り返す音を使うこと。例えば手を叩くとか、キュッと鳴る音、そして短い繰り返す言葉を使うことで、犬の活動を刺激します。犬にあなたのところまで来てもらいたいとき、あるいは犬のスピードを上げたいときに使います。長く、継続する平坦な音は、犬を落ちつかせるとき、あるいは犬のスピードを緩めたいときに使い、動物病院でペットを落ちつかせるときに使ってもよいでしょう。短く、高い音は、速いスピードで動いている動物をすぐに止める時に使います。「ダメ！」とか、「こら！（Hey!）」、あるいは「伏せ（Down）」は犬の注意を引きたいとき、裏庭でリスを追いかけるのを辞めさせたいときに使います。「音のイメージ」については、ソノグラムの写真を参照してください（本書三二六頁）。音がどのように見えるか、思い描くことができると思います。心のなかで音のイメージを思い浮かべることができれば、正しく音を使うことができるようになるでしょう。

リスを捕まえるという決して終わりのないクエストから犬を諦めさせるには、これで十分でしょうか？　いいえ。事前に相当な訓練を重ねていなければ、ダッシュで逃げようとする犬を止めるのは、パヴァロッティでも無理です。リスを追いかけるのを辞めなければならない理由を犬に教えなければなりません。でも、あなたの声はパワフルな道具です。そしてほとんどの道具がそうであるように、正しく使うことを学べば、よりよく使うことができるのです。

一九八五年一月　テキサス

ホセと私は午後遅くに車で戻ってきた。私はくたくたに疲れてはいたけれど、スペイン語話者の馬の調教師たちの声を多く録音できたことに安堵していた。バドワイザーとジョイント〔マリファナ〕は置いておいて、ホセはとっても良くしてくれた。一日中、彼は辛抱強く調教師を探してくれ、通訳を務めてくれ、機器を運んでくれ、暴れる馬を取り扱ってくれた。ホセが作業を辞めて、車を停めて、日暮れを見ることができる小さな湖に行こうと言いだしたのは、ちょうど太陽が沈みかけていたときだった。私は彼に、一覧をチェックして、録音を整理しなければならないのだと説明した。若く、健康的な雄の哺乳類と、無反応の雌の哺乳類の普遍的な会話は続いた。ホセは私を必死に湖に誘ったが、どうにもならないと悟ったらしい。最終的に彼は、高品質な録音を執拗に、一日中求め続けた女性に対して、絶望しながらこう言った。「トリシャ、お願いだから湖に一緒に来てくれないか。美しい音を聞かせてあげるから」。あなたが犬に対して聞かせる音も、美しくあってほしいと思う。だってそれは識別しやすく、理解しやすく、反応するのが楽しい音だから。

第四章　匂いの惑星
あなたが考えるよりずっと、あなたと犬は似ている

アイラは小さな猫だ。完璧な猫だ。私の胸の上で毎晩、柔らかいシルクのように眠る子だ。三年前、私が家のなかに招くまで、彼女は納屋に住んでおり、穀物をネズミから守り、寒い冬の夜には毛に覆われた羊の体の上で丸くなって眠っていた。ある年の春、羊毛刈りをする人が、羊毛の代わりにフエルトが雌羊の背中にできていることに驚いていた。年寄りのマーサのような羊は羊毛をフエルトにすることはないが、居眠りしていたアイラの体温と湿気がマーサの羊毛を丸いフエルトにしたのだ。雪の降る冬の夜に、愛猫がお気に入りの雌羊の背中で丸くなって寝ているのを見るのは、とても心温まることだった。雪の結晶で飾り付けられた二匹は、まるでクリスマスツリーのようだった。

　そんなアイラが行方不明になって三日が経過していた。彼女が姿を消してから三日目に出張から戻った私は、彼女の名前を呼び、農場をくまなく探してまわった。夜中になって、納屋の側で彼女を探していたときのことだ。柔らかな鳴き声が聞こえてきた。それとも、鳴き声じゃなかったの？とても静かで、二度と聞こえることはなかった。それはアイラだったのかもしれない、それとも森の鳥が快適な寝床に戻った声だったのかもしれない。私は家に戻って懐中電灯を手にすると、ウィスコンシン州南部の農場にある納屋に、藻のようにしてへばりつく瓦礫の山のなかを、更に一時間

アイラを探してまわった。

翌日の早朝、私はもう一度アイラを探した。この日は、あの静かな鳴き声がアイラのものだと確信していた。もう一度、アイラが一度だけ鳴いた。今回ははっきりと聞いたのだ。彼女が納屋のなかにいることは確かだった。もし彼女を見つけられなかったとしたら、彼女が死んでしまうことはわかっていた。探し尽くすほど探した。それはわかっていた。ボロボロの納屋のなかで彼女を見つけられる可能性はほとんどないこともわかっていた。

私は更に数分アイラを探したが、納屋にへたり込み、泣いた。もう何時間も探した。傷ついた猫は安全な穴を掘って、そこに身を隠して、そのまま留まることも知っていた。飼い主が呼んだとしても、猫はめったに鳴かない。傷ついたときは隠れるという、原始的本能に従うのだ。ボロボロの納屋のカオスから彼女を見つけ出す可能性は皆無に近かった。ここはシンプルな場所じゃない。納屋なのだ。巨大な古い乳牛舎の最上階で、床板の下には無数の通路があり、四百もの圧縮した干し草の固まりが詰まれ、フェンスの支柱や針金、カビの生えた羽目板が頭の高さまで積み上がっていた。あの寒くて静まり返った朝、私は二度とアイラを探し出すことはできないと悟った。私のかわいい、小さな猫は、私のすぐ近くで死の淵にいる。

でも、納屋にいたのは、私とアイラだけではなかった。私のボーダー・コリーのピップが私と一緒に納屋にいて、いつものように鳩の糞とキツネが歩いた跡を嗅ぎ回っていた。ピップはボーダー・コリーに関する本を読んだことはない。ピップは羊の秘密のパスワードを知らないベイブのように羊に尻尾を振り、命がかかっていたとしても、頑固な雌羊を動かすことはできない。羊には何もできない犬だが、彼女は動物行動学者の犬としては金ほどの価値のある犬で、他の犬に対する恐怖に基づいた攻撃性のある犬を百頭以上救った実績がある。ピップは食べ物と、テニスボールと、他の犬が大好きだ。次に、彼女は鼻を使って周りの世界を、まるで匂いで書かれた新聞を読むように、理解することができる。

泣きながら、「ああ、ピップ、私のアイラはどこなの？　アイラを見つけることができないの」と言った。私は彼女に心情を吐露していたというわけだ。多くの飼い主が同じようなことをすると思う。彼女が捜索に参加してくれるとは、これっぽっちも期待せずに。数分後に音が聞こえて、ピップが干し草の山の上に立っているのが見えた。約三メートルほどの高さまで積み上がっていて、納屋の高さの半分ほどを満たしていた。彼女は鼻を二つの干し草の固まりの間に突っ込んで、掘り進め、鳴き声をあげていた。そんなことは、それまで一度もやったことはなく、あれ以来、一度もやっていない。それはアイラに違いなかった。

彼女を見つける前に、五十以上の干し草の固まりを動かしたと思う。ピップが掘っていた場所の真下に、わずか三キロの、飢えて、脱水症状を起こした猫がいた。肩と足が腫れ上がり、最初はそれが何なのかわからないほどだった。アイラは死んでいるように見えた。獣医は、数時間後にはそうなっていただろうと言った。彼女は肩を酷く噛まれ、そこが膿んでしまい、干し草に隠れている間に感染症が起き、ゆっくりと死に向かっていたのだ。

今、アイラはとても元気だ。彼女は家に引きこもって、暖かい、羊みたいな膝の上で丸くなって過ごしている。時折、納屋に行くこともあるが、昼寝は家の中のほうがいいらしく、暖房のダクトの近くで寝ていることが多い。先月は罠にかかった生きたネズミを見せてみたが、彼女はくるりと向きを変え、立ち去ってしまった。本気で引退を考えているようだ。

ピップはアイラの命を救い、彼女はそれを鼻を使ってやってのけた。私にも鼻がある。ちゃんと機能している。昨夜、谷を歩いていたら、野生のプラムの濃厚な甘ったるいムスクのような香りが柔らかい枕のように私を包み込んだ。私はラベンダーの香りに包まれて眠っているし、出張にはユーカリを持っていき、モーテルの悪臭を誤魔化している。誰もができるように、カーペットの上の猫のおしっこの臭いに気づくことができる。動物行動学者に求められるスキルだ。それでも、自分の鼻を使ってアイラを探し出そうとは考えつかなかった。もちろん、私の鼻はピップのそれほどちゃんと機能するとは思わないけれど、使ってみようと一度でも考えただろうか？　いいえ。私は探すだけだった。私は耳を傾けた。ピップは匂った。私は人間。ピップは犬。

Photo by author

寒い冬の日に、ピップが命を救ったアイラがあたたかい羊の背中にピタリと身を寄せています。

鼻は知っている

犬が素晴らしい鼻を持っていることは、誰もが知っています。爆弾探知犬を空港で見かけたり、ブラッドハウンドが行方不明になった子どもを森で発見したという話を聞いたりします。愛犬が他の犬の尻尾の下の匂いをかいでいるのを見て、どんな情報が得られるのだろうと不思議になったりします。私たちが理解していないのは、自分たちの鼻がどれだけ優秀なのかということです。私たちの能力は、私が愛を込めて「鼻に足が生えた犬」と呼ぶビーグルに比べたら劣るかもしれませんが、人間にとって香りとは大変重要なものなのです。私たちはほとんどそれを意識しないで過ごしています。

ダイアン・アッカーマンの『「感覚」の博物誌』(岩崎徹・原田大介訳、河出書房新社、一九九六年) に書かれているように、人間の嗅覚に関する研究は驚くものばかりです (Diane Ackerman, *A Natural History of the Senses*. New York: Vintage Books, 1990)。人間は、布の匂いを嗅いだだけで、それが男性によって着用されたものなのか、女性によって着用されたものなのかが分かります (たとえ本人たちが、嗅ぎ分けができないと言っても)。母親は、ただ推測しているだけと言いつつ、自分の子どもの匂いを正確に嗅ぎ分けることができます。母親が部屋に入ってくると、赤ちゃんはその匂いに気づくことができます。母親は自分の子どもが着用したTシャツを、他の子どもが着たTシャツのなかから選びだすことができます。女性はその人の匂いを嗅ぐだけで、その成熟度がわかるとされています。正確に、幼児なのか、子どもなのか、思春期なのか、大人なのかわかるというのです。まさに犬と同じように、その匂いが男性のものなのか、女性のものなのかがわかるのです。ヘレン・ケラーは幼児期に猩紅熱に罹り視力と聴力を失いましたが、彼女は臭いで人が何をしていたのかわかると言いました。

嗅覚は、私たちが考える以上に私たちの行動に介在しています。近い場所で暮らす女性は生理の時期も重なるようになります。理由は、女性自身が気づいていない匂いによるものだそうです[01]。女性と親密な関係にある男性は、そうでない男性に比べて顔の毛の伸び方が早く、男性に囲まれて育った女性は、そうでない女性に比べて、思春期を早く迎えるとされます。嗅覚は性的快楽の重要な要素だとされています。大人になってから嗅覚を失った人の半数以上が、性的な関心が低下したと報告しています。生殖に関係するフェロモンに関する研究から (努力しようとも、意識的に感知することはできないとされています）アルファ・アンドロステノールというフェロモンが香水に使用されるようになりました。異性を惹きつけるだけではなく（人間と豚で効果大。養豚場に行くときは気をつけて）、そのフェロモンが空中に漂っているとき、男性は女性の写真をより魅力的に感じるそうです。そして女性はこのフェロモンが漂っているときには、男性との交流を始める可能性が高くなるそうです。

香りは私たちの行動に多くの影響を与えていますが、私たちの匂いに対する反応は、意識的な思考の範疇に過ぎません。私たち人間は、動物界では自己認識と自己意識のマスターなのかもしれませんが、匂いの認識に関して言えば、犬たちが圧倒的に私たちを上回っています。匂いについては語ることさえ難しいのです。それまで一度も匂ったことのない人に対して、何かの香りを説明してみてください。アッカーマンは『「感覚」の博物誌』のなかで、匂いのことを「無音の感覚。言葉のない感覚」と表現しています。私たちは匂いがないことの認識をすることができません。聞こえない人、あるいは見ることができない人を表す言葉はありますが、香りを感じられない人に対する、一般的に知られている言葉はありません。嗅覚なしで生きることは、決して楽なことではありません。ひとつは、それは危険に満ちています。煙やガスや、腐った食品の臭いを感じられないことを想像してみて下さい。それでも、私たちは嗅覚に障害のある人について、まるでその価値がないかのように語ろうとはしません。

多くの科学者が、特に哺乳類を研究している人たちでさえ、嗅覚に対してはあまり感心を寄せていません。『人間の脳』はＢＢＣが人気テレビシリーズを書籍化した一冊ですが、記憶、言語、視覚、動き、恐れ、そして意識については言及していますが、嗅覚については何も書かれていません（Dick Gilling and Robin Brightwell, *The Human Brain*. London: Orbis Publishing, 1982）。作家Ｍ・デリック・ボーンズの記した『心の生物学』(M. Deric Bownds, *The Biology of Mind*. Bethesda, Md.: Fitzgerald Science Press, 1999) は、心と意識について書かれた素晴らしい書籍です。このなかには、嗅覚についてのパラグラフはわずかひとつで、それは記憶のセクションに書かれています。私の蔵書のなかの、霊長類と人間の行動に関して書かれた書籍のインデックスを何時間もかけて探してみました。香りや臭いや嗅覚について言及された文章はほとんどありませんでした。例外は昆虫の文献です。空中を飛び交うフェロモンと呼ばれるシグナルが、昆虫の行動の多くを操っています。嗅覚のような原始的な感覚は、私たちから遠く離れた生き物に関連づける方が簡単なのかもしれません。

霊長類は視覚的な生き物ですが、異なる香りに対する印象的な反応が数多く存在しています。例えば、ワタボウシタマリンの雌は、排卵期にある見知らぬ雌の匂いに気づくと、パートナーとのセックスを求めます。新しいボーイフレンドの側にいたとしても、母親である雌の匂いがするだけで、成熟し、交尾を済ませた雌のワタボウシタマリンの排卵は抑制されてしまいます。最新の研究では、リスザルは驚くべき嗅覚を持ち、ラットや犬よりも、いくつかの匂いの嗅ぎ分けができることがわかりました。多くの霊長類が匂いを付けてテリトリーを示します。リスザルは自分の足に直接尿をかけ、まるでお風呂でお湯を回しかけるように体中に匂いを広げて、行く先に濃厚な形跡を残します。霊長類の数種は、胸、喉、そして手首に特別な匂いの構造を持っています(私たち人間が香水を塗る場所です)。私が研究をしたことのある、ワタボウシタマリンやピグミーマーモセットは、ケージの中の枝に匂いをつけて、家族や、廊下の外れにいる、その存在は聞こえるけれども見ることはできない別の群れと交流をしていました。つまり、霊長類は嗅覚をよく使いますが、私たち人間はそれを意識していないということです。

好奇心に勝てず、手と膝を地面にくっつけて愛犬たちの群れがまるで掃除機のように空気を鼻から取り入れていた場所で、自分も匂いを嗅いでみたことがあります。わからないこともありましたが、大抵の場合、地面から数センチのところに漂う、濃厚で豊かな匂いに私は感動するのです。犬たちは私の行動を、私以上に楽しんでいるようで、よりいっそう匂いを嗅いで、尻尾を振って、互いを舐め、私を舐め、何か特別なことでも起きたかのようにしています。本当に起きたのかもしれません。人間が普段よりも匂いに敏感になるのは、ささいなことではないのかもしれません。この章を書いているだけで、自分の世界の捉え方に影響があるような気持ちになります（もう少しで「世界の見方」と書くところでした。私たちが視覚的であるというもうひとつの例に、自分でも驚きました。視覚というコンセプトに限界を設定したくなかったので、自分のなかの類語辞典を開いてみたところ、「眺め（view）」と出てきました。おっと、また視覚的だ。知覚認識を拡大しようとすると、やっかいなことになるんですよね）。

この章を書くために、一時間程度の調査をし、私はまるで大忙しのウサギのように、鼻をピクピクと動かし、目を閉じ、匂いを嗅ぎながら家の周りを歩き回りました。後ろからは、まるで太鼓の音のような、短く小さなフンフンという音がついてきていました。私は多くを学びました。まず、私の家が、自分で考えていたより汚かったことです。カビ臭いもの、ほこり臭いものがたくさんありました。それでも部屋の中はフレッシュで良い匂いでした。しかし、このような気分が暗くなる発見以上に、そこには私がそれまで知らなかった世界が広がっていたのです。私が匂いを嗅いでみたもののほとんどすべてに、それぞれ、特有の匂いがありました。まさか、本にそれぞれ匂いがあるなんて、想像もしていませんでした。でも、確かにそれぞれに匂いがあったのです。匂いには傾向もありました。古いペーパーバックはカビ臭く、新しいハードカバーは木の匂いがしました。一度、少し肌寒い日にTシャツの上に羽織っただけのスウェットシャツは、脇の辺りがとても臭かったです。シーツは洗剤の匂いがしました。古くて、乾燥した犬の骨はほこりの匂いがしました。テレビのリモコンは、化学物質の強い匂いがしていました。

家や庭にあるものの匂いを嗅いでみてください。犬にとっては自然なことだと覚えておきましょう。まず、思い切り吸い込むように嗅ぐよりは、短時間ですっと嗅ぐ方が、より匂いを取り込みやすいです。犬がスタッカートで匂いを吸い込むのには理由があります。何かの匂いを一秒程度の時間をかけて吸い込んでみて下さい。次に、同じ時間をかけて、四回から六回、短く吸い込んで下さい。短く、早く、クンクンとした方が、よりいっそう匂いを感じられます（強く嗅ぎすぎないようにしましょう。短くて、ソフトなクンクンで十分です）。次に、嗅ぐ物に鼻をくっつけることを躊躇しないようにしましょう。犬は匂いの嗅ぎ分けができるだけでなく、興味のあるものに鼻を突っ込むことを躊躇しません。あなたも遠慮しないで下さい。

深刻なアレルギーを持っている方は気をつけて下さい。あなたの実験が喘息の発作に繋がったら大変なことです。そして、「嗅覚順応」という状態があることも心に留めておいてください。誰にも覚えがあると思います。一度に少しの香水しか試すことができないのはこれが理由です。嗅覚系は、一度十分に満足すると、リセットしなければならず、多くの匂いを嗅いだ状態では、別の匂いを効果的に嗅ぎ分けることができなくなります。ですから、数種の匂いを嗅いだら、あなたの嗅ぎ分けシステムに時間を与え、そして次の匂いを試してみてください。

犬の首のあたりを嗅いだときは驚きました。それぞれ、似たような匂いがするのではないかと想像していたのですが、そのあまりの違いに驚いて、匂うたびにゲイリー・ラーソンのマンガの犬みたいに頭を勢いよく上げてしまいました。ピップは最近、地面を転がって、その後お風呂に入ったので、シャンプーの匂いが残っていました。ルークは苦い匂いがしましたし、ラッシーは柔らかいフルーツのような匂いがしました。羊の番犬であるグレート・ピレニーズのチューリップは、家庭犬ではなく、番犬のスケジュールでお風呂に入ります。その結果、彼女の匂いは強烈で、独特で、ほろ苦いものでした。私にとっては不快なものではありませんが、香水として販売されることは決してないでしょう。最も匂わなかったのは、アイラです。干し草の下にいたところを、ピップがその匂いで発見した猫です。彼女からはほとんど何も匂いませんでした。

匂いの惑星

友人と自転車に乗りに行く準備をしていたときのことです。窓を閉め、ドアに鍵をかけ、カウンターに食べ物が残っていないか忙しくチェックしていました。ピップは私が車で走り去るとき、窓際に来て目を大きくしますが、私が家を出ることについて動揺しているわけではありません。ほとんどの場合、私が本当に行ったかどうか確認しているのです。私が行けば、食べ物を探すことができるからです。家を出るとき、カウンターの上に、ふわふわのパンが置いてあることに気づきましたので、棚のなかにしまいました。「ああ、ごめんね」と私の友人は言いました。「犬が匂いに気づくとは思わなかったから、片づけなかった。プラスチックの袋に入っているから」私の友人は諜報機関に屈辱を与えることができる鼻を持つ生き物と暮らしたことがないのです。ピップが本気を出して食べ物を探し始めたら、チタン製のラップでもかないません。私が雪崩に埋まってしまったとしたら、お願いですからピップを連れてきて下さい。雪の上から自慢の鼻を使って欲しいです。

彼女は必ず私を見つけ出します。私にはわかっています……誰かが二十メートル先にスポンジケーキを落とさない限りは。その場合、私はピップがスポンジケーキのために雪を必死に掘り進める音を聞きながら窒息することでしょう。

犬は約二億二千万個の嗅覚受容体を持つとされ、一方、人間は五百万個しか持っていません。これが理由で、犬は人間の四十四倍もの匂いの嗅ぎ分けができると主張する人たちがいます。しかし、匂いの嗅ぎ分けには、受容体の数だけが重要だというわけではありません。作家のスティーブン・ブディアンスキーが著作の『犬の科学――ほんとうの性格・行動・歴史を知る』(Stephen Budiansky, *The Truth About Dogs*, New York: Viking Press, 2000〔渡植貞一郎訳、築地書館、二〇〇四年〕)のなかで、嗅ぎ分けは、何を匂うのかによって左右されると主張しています。犬は人間が、五十倍の濃度にならないと嗅ぎ分けることができないものを、嗅ぐことができるとされます。人間が感じるには、何百倍もの濃度が必要な匂いでも、犬は検知することができるのです。どの種においても、嗅ぎ分けがしやすい匂いのコンビネーションがあり、それは犬でも一緒です。犬は匂い検知器のようにデザインされており、よく動く鼻がついています(頭を動かさずに鼻を左右に動かしてみてください)。鋤鼻器《じょびき》と呼ばれる特別な骨の構造があり、マジックテープのようにぶら下がり、大きな匂いの分子をくっつけます。脳内の嗅球《きゅうきゅう》は、人間のそれの四倍です。ガラスのスライドに軽く触っただけの人間の匂いを、屋外に二週間、あるいは室内に四週間放置したものでも、嗅ぎ分けることができます。犬にとって、昨日あなたが拾い上げて投げた枝と、庭に転がっている他の枝の嗅ぎ分けなんて、取るに足らないことです。違う種類の食べ物を食べた一卵性双生児がそれぞれ着用したTシャツを嗅ぎ分けることができます。犬は世界中で埋められた地雷の発見をしています。それよりも良い方法がないからです。

現在、地雷の多くがプラスチック製で、金属探知機が役に立たないからです。作家グレン・ジョンソンは、その素晴らしい著作『追跡犬』のなかで、湿った粘土深くに埋められていた全長九十四マイル（約百五十キロメートル）のパイプラインから、百五十箇所のガス漏れを見つけたジャーマン・シェパードについて書いています（Glen R. Johnson, *Tracking Dog: Theory and Methods*. Rome, NY: Arner Publications, 1977）。ジョンソンと愛犬はガス会社にとって、ガス漏れを発見するための最後の手段でした。存在するすべてのテクノロジーを使っても、ガス漏れを発見できなかったのです。

コーネル・メディカル・センターでは癌を発見する手段として、犬の利用を研究しています。犬が何かの異変を嗅ぎ分けたという理由で、癌患者が来院したというのです。心理学者のスタンレー・コレンは著書『犬語の話し方』（木村博恵訳、文春文庫、二〇〇二年）のなかで、飼い主の背中のほくろを気にし続けたトリシアという名のシェットランド・シープドッグについて書いています（Stanley Coren, *How to Speak Dog*. New York: Free Press, 2000）。トリシアが飼い主のほくろを噛み切ろうとしたために、飼い主が主治医に相談したところ、それは命に関わる可能性のあるメラノーマ（黒色腫）とわかったのです。名犬リンティンティン（一九二〇年代に映画に出演し、大スターとなったジャーマン・シェパード）も顔負けです。

犬の鼻がいかに優れているか知っているとしても、実際に彼らが何を匂っているのかについては、驚くほど知られていません。例えば、匂いを追跡する犬が、誰かの足跡を追跡しているとき、何に集中しているのか、私たちは知りません。人間の周辺には、「ラフト」と呼ばれる古い皮膚の微粒子が、たばこから出る煙のように漂っています。私たちは歩くたびにその匂いを地面に付着させますが、私たちを見つけるために、犬がそれを必要とすることはあまりありません。平均的な男性の足の裏は、一歩前進するごとに約四十億分の一グラムの汗を残します。信じようと、信じまいと、犬にとってはそれで十分なのです。しかしそれは、私たちが残す「匂いのシチュー」の材料の一部でしかありません。私たちは植物を踏みしめ、土地をかき回しながら、髪、化粧水、デオドラント、衣類、そして靴から分子をまき散らしているのです。犬にとって問題なのは、匂いを見つけることではありません。すでにそこに存在している多くの匂いを選別することなのです。犬がどれだけ嗅ぐことができるか、天気に左右されることもあります。雨が降っているのか、晴れているのか、寒いのか、暖かいのか、風が強いのか、穏やかなのか……こういったすべての条件が、犬が鼻を地面につけて足跡を追いかけるときの状況を変えるのです。

犬がどのように世界を理解しているのか知りたいというのなら、追跡クラスに参加させてみるのもいいでしょう。私が受講しているクラスでは、新入りである私たちは他の参加者とすぐに仲良くなり、トラッキングラインを不器用に辿りながらニヤニヤしたり、匂いの追跡についてまるで無頓着だったことに大笑いしたりしました。初めて犬たちに追跡させたときにつけたノートを比較してみると、誰にも共通した、屈辱的なストーリーがあることがわかりました。近くの木やポールに犬のリードを結んだあと、私たちは注意深く前へと歩いて、臭跡を作ったのです。一歩一歩、注意しながら歩きました。追跡犬の訓練の最初のステージでは、シンプルで、クリアな臭跡の提供をすることが重要です。犬が混乱してしまうような、交差した臭跡ではだめです。ですから、一歩一歩、注意深く作られていきました。臭跡のひとつひとつに、私たちはナゲットを置き、注意深く匂いを辿ることができた犬へのご褒美としました。しかし初心者である私たちは、最低一度は、あることをやっていました。注意深く臭跡をつけることができたと安心して、陽気な気分で最短距離を歩いて犬の元に戻ったのです。そうすることで、私たちは作ったばかりの匂いのついた臭跡の上を直接歩き周り、せっかく丁寧に置いてきた匂いをバラバラにしてしまいました。これは、人間がいかに匂いについて無意識であるかを表す最高の例だと思います。

私がクラスで最も楽しかったのは、風が犬に与える影響を観察することでした。左から風が吹くと、匂いは右側の臭跡に流れていきます。犬たちは、行ったり、戻ったりして、正弦曲線のようなS字のカーブを描きながら、空中を移動する匂いの分子を追いかけ、分子が分散してしまうとそれを失い、匂いの発生源に戻り、常に最も濃厚な分子を探し続けるのです。香りは霧のようなもので、それ自体が物理的完全性を持つ物理的な実体です。霧と同じように、香りは窪みに落ちつき、空中を漂い、空間を流れます。私たちには目に見えないものですが、犬にとっては眩しい光のように明らかです。

ノルウェーとスウェーデンの科学者らは、犬が追跡対象の進んだ方向を割り出せるかどうかに興味を持ちました。私たちは通常、臭跡の始点から犬たちに追跡させるため、その方向に自然に向かうというわけです。研究者らは考えました。臭跡の途中で犬に追跡を開始させ、どちらの方向に行くべきかの情報を一切与えなかった場合、臭跡を作った人間が実際に進んだ方向に進むだろうか？実際のところ、犬はそうすることになるのですが、とある興味深い条件下でのみ、そうなったのです。臭跡が一貫性のない匂いで構成されている場合（足跡は通常そうですが）、人間が歩いた方向に犬は移動しました。しかし、痕跡が常に地面に接地した状態でつけられていた場合（例えば自転車のタイヤや、地面を引きずったバッグなど）、犬はどちらの方向にも同じように進みました。傾斜が続いたことで、進行方向を感知するのに十分な相対的強弱度の差を犬が判断できなかったのかもしれません。

Tシャツを使った調査で同じような効果が確認されています。一卵性の双子が着用したTシャツは、ある程度の距離を離さないと、犬たちは嗅ぎ分けができないのです。真横に並べられている状態だと、匂いが混ざり、違いを隠し、選択することに困難が伴ったのでしょう。

犬の臭跡に対する反応を分析するのはとても困難です。ましてや、犬が集めている情報がどのようなものなのかも、まったくわかっていません。犬の臭覚に関する能力をよりいっそう研究する必要があるのは明らかです。今現在は、人間には原始的な嗅覚しか与えられていないこと、そして研究不足が原因で、推測するしかない犬の生活の側面は多く存在しています。例えば、家猫は、動物病院を訪れた仲のよい猫を攻撃することがわかっています。新しい匂いを嗅ぎ分けるからで、これが犬にも起きるかどうか私は疑問に思っています。最近お風呂に入ったばかりの犬は、他の犬にとっては臭い存在なのでしょうか？　犬の口臭は、犬社会で孤立を促すでしょうか？　まるで私たち種と同じように？　それとも、犬は人間が嫌いな臭いも大好きなので、「口臭」は犬にとってはいい香りでしょうか？

攻撃的な犬の行動に、匂いがどのような役割を果たしているのか、不思議に思うことが多々ありました。犬対犬の攻撃性で私が最も頻繁にカウンセリングを行うのは、リードに繋がれた状態で、すれ違いざまに相手の犬に対して唸りながら吠え、突進するタイプの犬です。しかし驚くことに、飼い主に連れられてやってくるのは、道路の向こう側のかわいいプードルと、遊びたくてたまらないだけといった雰囲気の犬なのです。出会いはうまくいくのです。どちらの犬も最初は友好的に挨拶をするのですが、その数秒後に、問題を抱えた犬が突然爆発し、もう一頭の犬を攻撃するのです。飼い主の不注意な合図（リードにテンションをかける、息を止める、口を尖らせる）や、相手の犬の反応など、よくある原因はすべて除外できる場合が多いのです。でも、臭いってどうなんでしょう。これらのケースの少なくともいくつかは、臭いが原因だったのではと思わずにはいられないのです。攻撃した犬は、相手の犬から、とうの昔に喧嘩になった別の犬の臭いを嗅ぎ取ったことはないでしょうか？　あるいは、被害側の犬のホルモン値が攻撃的な反応を引き起こしているのかもしれません。もしかしたら、ただ単に臭い犬だったのかもしれません。

あまりにも怖がりだったオーストラリアン・シェパードを、夏のある時期、預かったことがあります。初めてリビングルームに入ってきた彼女は、当時私の夫だった身長百八十五センチのパトリックを見て、恐怖に震えました。彼女は怯えながら、吠え、瞳孔をパンケーキの大きさほど開いていました。そして、彼女の元夫に対する恐怖心を拭い去ることはできませんでした。彼女の鼻先に彼の鍵を持っていくと、その匂いを嗅ぐやいなや、彼女は唸り出すのです。辛い経験に結びつけられている匂いの記憶は、犬と犬の出会いにも影響を与えかねません。私のクライアントの犬は、来客を突然、脈略なく攻撃する犬でした。ほとんどの人を、まるで長年会っていなかった友人のように出迎えるのですが、突然、怪物に豹変するのです。犬は何度か噛んだ経験があり、責任感の強い彼女の家族は必死に友人を守りたいと考えつつ、犬を見捨てたくはないと考えていました。私たちは努力を重ね、リハビリを行いましたが、犬が攻撃するパターンを発見しなければなりませんでした。来客の何が犬を激怒させたのでしょうか？　それとも問題は来客ではなく、それ以外だったのでしょうか？　彼女が攻撃する来客と、大歓迎する来客の差がわからなかったのです。平凡な理由ではないようでした。性別でもなく、身長でもなく、ヒゲでも、帽子でもありませんでした。そして私たちは、とうとう理解したのです。原因はピザでした。彼女が六ヶ月の子犬の頃、ピザの配達をしていた少年が彼女を蹴ったそうです。犬としてはとても多感な時期でした。ピザを食べてから家に入る人間が襲われることが判明しました。私たちはピザの匂いを漂わせている来客と、とても素敵なことを（例えば実際にピザが食べられるなんてことを）関連づけてあげるようにしたのです。それ以来、彼女は噛みついていません。

トイレの場所を教えてもらえますか？　匂いがしないのです。

人間が公共の場でトイレに行きたいと思うとき、誰もが同じ行動を取ります。まず、両目を使って、「トイレ」だとか、「女性用」とか「男性用」、なんて書いてある、そんな看板を探しますよね。それができなければ、音声を使います。「すいません。トイレはどちらですか？」と聞きます。でも、犬はトイレを探しませんし、それが話題にもなりませんし、吠えたり、遠吠えをして情報交換をするわけでもありません。彼らは鼻を地面に押しつけて、匂いによって探し当てます。家のなかでお漏らししないようにするためには、尿やフンの匂いを消し去らなくてはいけません。家のなかで排尿や排便をする犬は、カーペットの上にある化学的な「サイン」に対して、常に、必死に抗っているのです。そのサインは「ここでしていいよ！」と示しています。匂いで示されているからと言って、その強制力が弱まるわけではありません。外で排泄するようしつけられた犬でさえ、家のなかでフンをしてしまいます。なぜなら、飼い主が考える「家」と、犬が考える「家」は違うからです。私たちは「家」を壁で区切られたスペースだと考えますが、多くの犬は「家」を、自分が過ごす場所、つまり、群れの匂いが最も強い場所だと定義しているようなのです。クライアントの犬の多くが、家族の慣れた匂いが一切していない、奥のゲストルームにしか入りませんでした。

このようなトイレ問題の多くでは、尿の匂いを消し、そのエリアを別の匂いでマークすることで、犬は正しいトイレの位置で排泄するようになります。一旦、エリアが無臭できれいになったら、カーペットの上に犬と座って、本を読んで、毎日、短時間でいいですから、そこで過ごすようにするのです。数日で、その場所は犬にとってトイレではなく、リビングルームだと認識されるでしょう。

犬が外に出るたびにおやつをあげることは、とても効果的です。犬が家を出た直後に与えるのです。外に出て、家に戻るときにあげるのではありません。多くの飼い主がこれに抵抗を覚えることに少し驚いています。私たちは、成犬は外に出るべきだと考えるものです。なぜなら、「外を知っておくべきだから」です。それでも、もし犬が家のなかでトイレをしてしまったら、興奮した霊長類がそうするように犬を威嚇して怖がらせることもできますが、外に出るご褒美に犬におやつを与えることもできるのです。後者のほうが断然効果的です。信じてください。

ずっと匂っているの？

犬が住んでいる驚くべき匂いの世界を私たちは共有できていないだけではなく、その限界に気づいているわけでもありません。すべての犬が同じように鼻を使っていないことを指摘するのは単純なことですが、私たちはすべての犬を「優秀な犬」とひとくくりにして、そのままにしてしまいがちです。しかし、彼らの技術と能力は様々で、双方には遺伝的要素と経験が重量な役割を果たしています。いくつかの犬種は他の犬種に比べて、嗅覚が発達しています。ジョン・ポール・スコットとジョン・L・フューラーの『犬の行動』のなかで、研究者らは訓練をしていないビーグル、フォックス・テリア、そしてスコティッシュ・テリアを、ネズミを放した一エイカーの草原に連れて行きました（John Paul Scott and John L. Fuller, *Dog Behavior: The Genetic Basis*, University of Chicago Press, 1965）。ビーグルは一分でネズミを探し当て、フォックス・テリアは十五分かかり、スコティッシュ・テリアはネズミを見つけることができなかったそうです。しかし、遺伝が全てではありません。嗅覚を使った仕事では、努力と同じぐらい、経験が重要なのです。この世界には数多くの濃厚な匂いが存在しています。犬が、そういった競合している様々な匂いの蒸気の中から選別を行うには、多くの経験が必要なのです。時には、追いかけている匂いがとても弱く、犬でさえ、ほとんど感知できない場合もあります。

同じようなことは、人間にも頻繁に起きています。通常は、音と視覚でそれが起きているのです。羊の牧場が多くあるワイオミングでは、過去二年の間にタイヤの跡がついた「牧場の道路」と呼ばれる道路が砂漠の中に存在します。目で見ると、州間高速道路もワイオミングにある牧場の道路も、両方見ることができますが、羊飼いとして育った人間以外には、州間高速道路のほうが多少わかりやすいのです。とある日の夜、私はこの「道路」を四十キロ程度運転し、最終地点に辿りついたときには（実際のところ、トラックとトレイラーはランチハウスから一・五キロの地点でバラバラになったので、辿りついたとは言えないのですが）、それがタイヤ痕によってつけられた跡なのか、それ以外のものがつけた跡なのか区別するために、目が疲れ切っていました。犬も同じような嗅覚の挑戦をしており、その匂いが濃くても、薄くても、必死に頑張るのは経験を積んだ犬だけなのです。ちなみに、このひたむきな性格は、追跡犬にとって大切と考えられる性質ですが、ペットとしては飼いにくいでしょう。ビーグルとブラッドハウンドが鼻を地面にくっつけたら、それ以外の世界のことは忘却の彼方に違いありません。思春期とイヤホンを思い浮かべてください。分かりますよね？

子どもの頃、大人には無限の力があるって信じていませんでした? 車を運転できたり、ジュースの缶を開けられたり、シンクに手が届く人なんだから、雨だって止められる、そう思いましたよね。それって、私たちが抱く犬の嗅覚への期待に似ていると思うのです。鼻を使うのがとても上手だから、私たちは犬が、いつでも、なんでも匂うことができると考えるのです。でも犬たちは他の感覚も使っていますし、人間の脳も犬の脳も、一度に一つの感覚を増幅させる傾向にあるのです。多くの飼い主が、新しい髪型や新しいコートを着て家に戻り、犬に吠えられた経験があると思います。見たことのないシルエットが家のなかに入って来たことで驚いた犬は、鼻ではなくて、目を使っています。鼻は確かに優れていますが、それは常にスイッチオンの状態ではないのです。

たとえ何かの匂いを嗅ぎたくても、浮遊微小粒子がふわふわと鼻の中を漂わなくては、匂いを感じることはできません。コーヒー豆がぎっしりと詰まった倉庫の中から、わずかなコカインを嗅ぎ分けることはできるかもしれませんが、浮遊微小粒子に物理的に接触しない限り、何も匂うことはできません。あなたの匂いの粒子が風に飛ばされ犬の遠くに行ってしまえば、あなたの隣人がそれをできないように、犬はあなたの匂いを嗅ぎ分けることはできません。

匂いの好みの違い

毎年納屋の裏で子育てをしていたキツネが、今年の春は戻ってこなかった。おそらくだが、疥癬により命を絶たれたのだろう。昨年、ウィスコンシン州のキツネ、コヨーテ、オオカミたちの間で乾癬が大流行した。おそらく彼女は夏の間にゆっくりと体重と体毛を減らしていた三匹のなかの一匹で、納屋のなかで餓死し、哀れな姿となっていた。もちろん疥癬ダニは農場にも広がり、宿主を見つけると寄生しようとジャンプした。最初に感染したのはチューリップで、ぐったりとしたキツネの死骸を堂々と顎からぶら下げて納屋の天井から小走りで出てきたときだ。次にルークが感染し、酷い状態になった。尻尾の真ん中からお尻にかけて、完全に体毛を失って肌が露出してしまった。彼は前屈みになってジーンズから尻の半分を出している男性のようになってしまった。毛を失った尾とお尻の割れ目が見えていては、気高い犬には到底見えない。

疥癬ダニについて調べ上げ、多くの治療法を試し、とうとう撲滅に成功した。犬が疥癬ダニに感染することは飼い主にとって楽しいことではないが、その犬があなたの職業の一部だった場合はどうだろう。犬は私たちの生活に重要な役割を果たす働き者だ。犬対犬の攻撃性のカウンセリングでは、彼らの協力が欠かせないし、スピーチや書店でのサイン会などでは注目の的になる。それなのに、犬も農場も何ヶ月ものあいだ隔離状況にあったのだ。

とはいえ、キツネが姿を消したことには複雑な思いを抱いていた。もちろん、昨年の夏は、キツネの姿を見る度に疥癬が再発するのではと考えた。でも、自然のなりゆきと同じように、疥癬が拡大したり、その姿を消したりする前には、彼女の存在を誇らしく思っていたのだ。毎年の春、私の納屋からわずか五十メートルほど離れた道路と森に続く坂道の間で、私は彼女が子ギツネを育てる様子を観察していた。白とピンクの牡丹の茂みの間を飛び跳ねて、夕暮れ時に前庭で遊ぶ子ギツネが大好きだった。彼女の声を聞き、早朝に餌を運び、県道を注意深く小走りに渡る彼女を見ていた。

しかし疥癬が蔓延する前の時点であっても、キツネは私の喜びを台無しにするようなものを持って現れていた。それはとても臭くて汚いもので、吐き気を催すようなものだ。彼女がそれを自分だけのものとしていてくれたのなら、問題はなかっただろう。でも、彼女はそうしなかった。彼女は毎晩私の納屋に丁寧に匂い付けをし、玄関先にフンの山を残していった。フンの山が問題だったのではない。私の犬が問題だったのだ。なぜかというと、彼らは情熱的にそのフンの上に身を投げ出し、まるでそれがかけがえのない大切なものかのように、体に擦りつけた。キツネのフンにまぶされた犬の匂いを嗅いだことがないのなら、あなたの人生は私の人生よりも素敵だと思う。だって、本当に臭くて、スカンクのようで、不快で、そのうえ犬の毛皮にこびりつくからだ。

キツネのフンの上で転がりまわる犬の脳内が理解できるなんてことは言いません。そしてもちろん、犬の興味を引くのはキツネのフンだけではありません。すべての犬にとって、匂いがきつければきついほど、より魅力的となります。死んだ魚、新鮮でどろどろした牛のフン（水分が多いほうがよしとされる）、そして一部干からびたリスの死体です。ウジ虫は犬の経済学において付加価値であり、ボーナスポイントです。汚泥の中で転がっているときの犬の喜び方は想像するに値します。両目を輝かせ、にっこりと微笑みながら肩をすくませ、腐敗した汚物に背中を擦りつけます。きちんと汚れがくっついたことに満足したあとは、自信に溢れた足取りで、顔を上げ、胸を張って家に戻ってきます。まるで私たち人間が、人生はなんて素晴らしいのだと考えたときのように。

なぜ犬が臭いものに体を擦りつけるのか、その理由を説明する理論は山ほどあるのですが、それらはすべて推測でしかありません。もっとも良く知られている説は、犬は自分の「資源」に匂いをつけて、自分のものであると示すということです。犬が排尿し、脱糞することであらゆる資源に匂いつけをしていることを考えると、これはどうかと思います（チューリップは屋外のポーチで食事をして育ちましたが、夕食を食べた場所の真横で時折用を足します）。あとになったら食べようと思っているから

Photo by author

ネズミの死骸の上で転がりまわるチューリップ。多くの犬と同じようにチューリップは匂うものの上で転がるのが好きです。臭いほど、ぐちぐちゃしているほど、いいんです。

転がると考える人もいます。口に入れるから転がるのであって、それが理由で尿はかけないというのです。尿を舐める犬を相当数見てきていますので、この可能性については懐疑的になっています。捕食動物として、犬は獲物となる動物に悟られまいと、カムフラージュのために別の動物の匂いをつけると言う人もいます。ただ、それでは臭いものに転がった犬やオオカミの匂いになるだけだと思うのですが。それに、私が脆弱な餌動物だったとして、三十五キロの死んだリスの匂いのする生き物が私に向かってきたら、確かにびっくりすると思います。ただ、「匂いのカムフラージュ」という理論を好まない理由は、獲物である餌動物の行動そのものにあります。ボーダー・コリーと羊を扱っていると、動物が、少なくとも有蹄類が、どのように世界を認識しているかが理解できます。羊、鹿、そして馬はとても視覚的で、常に捕食者のサインを探していま す。頭の横に目がついているのが、その理由のひとつです。頭を下げて草を食んでいるときでも、「ずっと見ている」ことができるのです。捕食者の存在を確認するために匂いが疑いようもなく重要な種も存在しますが、オオカミが近づいてくる様子は、オオカミが死んだうさぎの匂いをまとっていたとしても、鹿の群れに大きな影響を与えることは間違いありません。

私のお気に入りの仮説は、「ゴールドのネックレスを身につけた男」説です。この仮説は、犬と、他のイヌ科の動物がどのようにして生計を立てているかというところから、話がはじまります。犬とオオカミは単なるハンターではなく、彼らは腐食動物でもあります。腐食動物は冷蔵庫から出したばかりの新鮮な肉にこだわることができません。その時、そこにあるものを食べますし、更に、彼らは食べ物がたくさんあるテリトリーで暮らしたがります。死んだ動物や臭うフンの上で犬が転がるのは、他の犬に対する「おーい、俺を見てみろよ、俺は高級住宅街に住む、食べ物をたっぷり持っている、リッチな男だぜ」とのアピールなのかもしれません。これが私にとって最も妥当な仮説に思えます。

しかし、何か他のアピールがあるのかもしれません。もしかしたら、本当にもしかしたらのことですが、人間が香水をつけることと同じことを、彼らはしているのかもしれません。その匂いが好きなのです。人間は誰かに魅力を示すために香水を吹きかけますが、同時に、私たちはそれが好きだから、自分を喜ばせるためにそれをつけるのです。もしかしたら、転がることで犬にとってはいい匂いがつくのかもしれませんし、他の犬にとってもいい匂いなのかもしれません。スタンレー・コレンは同じ説を『犬語の話し方』で書いています。犬が不快な匂い（少なくとも、人間にとって不快な匂い）を体に擦りつけることは、「人間がカラフルなハワイアンシャツを着るのと同じで、出来損ないの美意識が原因なのではないか」と記しています。特に出来損ないの箇所が大好きです。ベトベトで緑色の犬を洗うときには、紫とオレンジ色の花がプリントされたシャツと、ブカブカのズボンとかっこ悪い靴下を履いていると想像すると、作業が楽になるかもしれません。

犬の話はこれでいいでしょう。私たち人間はどうでしょうか？　私たちも自分たちの体に意味のわからない匂いをつけています。私たちはただ、それぞれ好みがあるのです。鹿の腹から抽出されたゼリー（ムスク）、マッコウクジラの絞り汁（竜涎香）、肛門腺液（ジャコウ）、植物の生殖器（花とは繁殖部分。単純明快）など、そういったものを塗りたくった人間のことを、犬はどう思っているのでしょう？　人間は犬がリスの死骸が大好きなのと同じくらい、これらの香りを愛しています。香水は年間五十億ドルの市場規模があります。秘密の研究によって新しい香りは次々と研究され、生物兵器の開発と同じぐらい慎重に取り扱われています。だから、香水や甘い香りのするバスオイルは、クリスマスや誕生日のプレゼントにぴったりなのです。だれだって良い匂いが好きですし、良い匂いのものが好きです。私たちは、そういった匂いの世界の側面にとても敏感です。空気が甘く新鮮だとすぐにわかりますし、空気が重く、不潔な匂いがしているときもすぐに気づきます。口臭は会話を止めますし、口臭があるということは、人付き合いにとっては悪夢です。命を維持するための食べ物を求めるように、恋人や子どもの匂いを求める人もいます。私たちが購入するもののほとんどすべてに匂いがつけられています。それに気づくか、気づかないかに関わらず。例えば、いい匂いのする家具の艶出し剤は、同じ効果で無臭のものより効果があると評価されることを、製造者は知っています。

Photos by Jim Billings

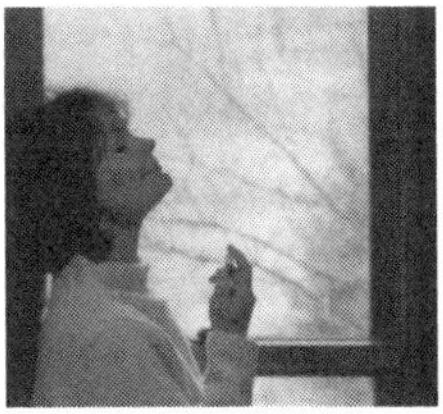

私たちも強い匂いが好きです。でも、ラッシーの娘のテスが、手首に吹きかけた香水から顔を背けているのに注目してみてください。私が「ネズミの死骸の香水」に嫌悪感を抱くのと同じくらい、テスは私の大好きな匂いにうんざりしているんです。

人間の持つ、良い匂いへのこだわりは今に始まったことではありません。クレタ島のアスリートたちは、オリンピックの起源となったスポーツをする前に、香油を体に塗りつけました。アレキサンダー大王は香水とお香をこよなく愛し、古代の男性は皆そうだったといいます。シリア人、バビロニア人、ローマ人、そしてエジプト人はみな、花や白檀、サフランの香りを楽しんだといいます。幼子キリストへの最初の贈り物が香料だったのも頷けます。私たちは日々の暮らしのなかで多くの匂いに無頓着でいますが、自分やその他の人たちのために匂いを身にまとうという欲望は犬と共有しているといえます。

人間と犬が共有していないのは、「良い」匂いと、「悪い」匂いの構成要素です。リードの向こう側にいる動物の嗅覚に驚いているのは人間だけではありません。お気に入りの香水やアフターシェーブを塗って、愛犬に嗅がせてみてはいかがでしょうか？　ジャスミンとフローラルの甘い香りの定番、シャネルのNo.5を手首につけて、犬たちに匂いを嗅いでもらいました。ルークとラッシーは匂いを嗅いで、頭をひねり（胃も?）、後退しました。チューリップとピップは手首を匂うことなく、手の中におやつがはいっているかどうかの確認だけしました。おやつがないとわかると、二匹は手首の匂いを嗅いで、そして鼻にしわを寄せました。もし可能であれば、二匹は私を外に連れて行き、ホースを使って香水の酷い臭いを洗い流しながら、「お風呂に入れても責めないで。あなたの体にこの臭いを擦りつけたのは私じゃないんだから」と言っていたでしょう。

様々な種類の匂いに惹きつけられることには意味があります。人間によく似た霊長類の祖先のような雑食生物は、いつも丸々とした果実と花の匂いを探していました。犬はハンターで腐食動物なので、死骸の強い匂いに不快感を示すよりは、惹かれるのです。全体を通して見れば、魅了される対象（匂い）を、他と比べても意味がないのです。植物の生殖器やくじらの絞り汁に身を浸すことは、牛のフンの上で転がることに比べて、本質的に分別があるというわけでもないのです。この視点は、悲惨な汚れのなかで至福の時間を過ごそうとする犬を、あと一歩のところで止められなかった自分に対して有効です。しかし、匂いの引き寄せ力を考えれば――このケースでは、嫌悪感を抱かせる力ですが――正直なところ、あまり役に立ちません。今度チューリップがキツネのフンを体中に擦りつけてうれしそうに戻ったら、シャネルのNo.5を満たしたバケツに入れてあげようと思います。それから何かを学ぶでしょう。

第五章　楽しく遊びましょう

犬と人間がまるで子どものように遊ぶのはなぜ？
犬との遊びを安全で楽しいものにするには

チューリップは、引き取るべきではないとわかっていた子犬だった。同腹の子犬たちと一緒に遊ぶことができないようにゲートで遮られ、彼女はカンカンに怒った白い毛玉のようだった。彼女の姉妹は静かに座っていて、他の子犬が遊び回るのを見ていた。チューリップは飛び跳ね、吠え、極悪刑務所の囚人がやるように、柵を摑んで揺さぶっていた。自分と農場のためにベストな子を選べるように、私は子犬たちを観察していた。先代犬であり、私の初めてのグレート・ピレニーズのボー・ビープは、癌で突然死んでしまい、私の心と農場にぽっかりと穴を開けていた。まるでパズルのピースがなくなってしまったようだった。大砲みたいに深く、低く吠える大きな白い番犬がいなくなり、羊たちは危険に晒されていた。ぽかぽかとした日差しのなかで牧草地に寝転び、背中を大地につける私の周りには反すうする羊たちがいた。お腹の上には、ボー・ビープの、柔らかくて真四角なマズルが乗っていた。あの瞬間が恋しかった。

　次の牧羊犬であり番犬を探すために私はやってきたのだけれど、大きな足を持つグレート・ピレニーズの子犬たちの暴走に圧倒されてしまった。どの子がいいのだろう？　ボー・ビープは私と農場にとっては完璧な犬だった。人に対しては田舎のバターのように甘く、羊に対しては気高く穏やかなボー・ビープは、障害を克服した犬だった。後ろ足が一本しかなかった。もう一本は弱く、不安定だった。膝頭が横にずれて生まれた彼女は、私と獣医師を度重なる手術と長いリハビリテーションで、ずいぶんと忙しくさせた。片方の足は完治したものの、もう片方は決して普通に機能することはなかった。最終的にその足は、切断することになった。三本の足で彼女は真っ直ぐ立ち、数歩は歩くこともできたが、ほとんどの場合、頑丈な前足で後ろ足を引きずるようにして闊歩していた。犬というよりは毛むくじゃらのアザラシのようだったけれど、ボー・ビープは我々の長年にわたるリハビリテーションに報いてくれたのだ。羊とアヒルを守る番犬として九年間働いてくれたが、障害があっても仕事には支障はなかった。家畜の番犬は、吠え、マーキングをすることで家畜を守るのが大半なので、連夜、クマと戦うといったことはなかった。ここはウィスコンシン州南部で、羊を捕食するのはオオカミと野犬で、羊の大きさ程度の犬がいる農園は回避する傾向がある。それでも、番犬が家畜を積極的に保護しなければならないこともある。ボー・ビープは、雄のアヒルのバートおじさんを口にくわえて庭から走り去ろうとした体重約三十キロの野犬を阻止し、番犬の殿堂入りを果たした。ボー・ビープは驚くほど速く移動し、数秒で庭を横切り、バートおじさんを放すまで野犬の襟首を噛み、持ち上げ、犬がアヒルを放したあとは、バートおじさんを安全な納屋まで戻してくれた。それなのにボー・ビープは死んでしまった。彼女がいないから私の動物には保護が必要で、だから私には、クマの頭を持ち、アザラシの目をした犬が、心を埋めてくれる存在が必要なのだ。

百万分の一の確立でしか出会えない最高の犬の代わりを見つけるのは大変だ。大人しいが、恐れを知らないボー・ビープのような犬を私は求めていた。そうであれば、子どもと過ごす機会があっても安心できるし、羊に対しても静かで優しく対応するだろう。羊の番犬は、あまりにも遊び好きでその仕事を果たすことができないケースが多々ある。守るはずの相手が死ぬまで遊んでしまうのだ。体重わずか四キロの赤ちゃん羊と、四十五キロの犬ははしゃぐのが大好きだが、遊び相手としてふさわしいとは思えない。犬の方が楽しんでしまうのだ。だから、私はチューリップを優しく仰向けにして、胸に手をそっと当ててみた。少し体を動かして、私の手を舐めて、そして優しく受け入れてくれるような犬を探していたのだ。

「優しい受け入れ」という文字列は、チューリップの語彙にはない。ニューヨークのプラザ・ホテルのメール・シュート〔建物の各階から、一階にあるポストに郵便物を送る装置〕に水を注いだ少女のいたずらにちなんで、彼女をエロイーズと名付けていたかもしれない〔ケイ・トンプソンによって描かれた絵本『エロイーズ』に登場する、プラザ・ホテルの最上階に住むやんちゃな少女のこと〕。チューリップは私の手の下で魚のようにピチピチと暴れ回り、抵抗した。彼女は私の目をじっと見ていた。でも、その目は、それまで何匹かの子犬で見たことがある、「お前を血祭りにあげてやる」的な目線ではなかった。彼女の両目はまるで七月四日の独立記念日の花火のように、喜びと遊び心できらきらしていた。私と彼女は、深く互いの目を見つめ合って、そしてその短い間に私は彼女に恋をした。愚かな青春時代によくあることのように、私は一瞬にしてチューリップに心を奪われたのだ。

おっと、私の名誉のためにはっきりさせておきましょう。私はブリーダーに、チューリップは私が求めている子犬ではないと伝えていた。私はすでに、静かで消極的な子犬を賢明に選んでいたのだ。しかし、家に連れて行く前にその子犬は亡くなってしまい、私の第二候補をブリーダーは手元に置くことに決めたと言う。ということで、第三候補犬を私は家に連れて行った。チューリップは気性が荒すぎるから、羊の番犬には向かないとして断った。

グレート・ピレニーズの子犬はどの子もよく似ている。それはそうとして、私が連れ帰った子は私が購入したと思った子とは、明らかに違うように見えた。家に到着するまでには確信していた。毛玉のような体と丸い足と輝く瞳で私の横に座る子は、遊び好きで、手に負えないやんちゃなあの子に違いなかった。何度かブリーダーには連絡を入れ、不注意な手違いがあったことを確認したあと、私は運命に従うことにした。私はこの子をチューリップと名付けた。ボー・ビープが亡くなったとき、彼女を想い、植えた白い花だ。

これを書いている今も、チューリップは家のなかにいて、カウチの上から春に生まれた羊たちを見守っている。今は七歳となったチューリップは成熟した雌で、一般的な哺乳類であれば遊びを卒業した年齢だ。それでも彼女の両目は輝いていて、丘の上で私とボーダー・コリーたちと戯れながら、今でも子犬のように飛び跳ねている。

数年前、群れから遠く離れた丘の上でチューリップが寝ていたことがある。私が名前を呼んでも起き上がらず、それは彼女らしい行動ではなかった。近づくと、生後わずか一週間の子羊が、彼女の逞しくて白い両腕の間に挟まるようにして寝ていた。私は自分の番犬が、その時は病気に違いないと思った子羊を守ってくれたことに対する感謝で胸が一杯になった。でもそれは空想に過ぎなかったことを、完璧に健康な子羊が立ち上がって母羊のもとに走って行こうとしている姿を見て理解した。チューリップは子羊が数メートルの距離をダッシュしたのを見ると、目を輝かせて、まるでサッカーボールを追いかけるように子羊を追いかけ、大きくて四角い顎で子羊を優しく止め、パンチして芝生に転がして、その横に寝た。チューリップは、子羊を守っていたわけではなく、他の犬たちがテニスボールで遊ぶように、子羊を転がして遊んでいたのだ。だから彼女は成犬になっても、毎年春には子羊が成長するまで、番犬の役割をお休みする。その間は、彼女は私と遊び、犬のおもちゃで遊ぶ。赤ちゃんの羊よりは適切だ。彼女は今、私のところまでやってきて、膝の上に暖かく

Photos by author

羊といるチューリップ。

お気に入りの羊の監視台――カウチ――でくつろぐチューリップ。

て四角いマズル（鼻口部）を乗っけている。彼女はいまだに私の心を捉えたままだ。それでいい。だって、私の心をしっかり守ってくれているから。

人間と犬　永遠の若さ

人間と犬は、普通の哺乳類ではありません。ほとんどの哺乳類は、若い時期にたくさん遊び、そして徐々に落ちつきが出てきます。それは、年齢を重ねた動物が、生きていることや、食べるものを探すことに急がし過ぎるからだけではありません。私の成長した羊は、食べ物、水、そして安全を与えられていますが、子羊のようには遊びません。ご近所さんの赤白斑の子牛は、大きな円を描いて、優しそうだけれど、あまり活動的ではない母牛の周りを走っています。もちろん、成長した牛も午後の日差しの下で浮かれることもできます。なにせ、生まれたばかりの子牛を真夜中に狙うコヨーテが唯一の危険因子なのです。でも、成長した牛が遊ぶことは滅多にありません。彼らは食べます。反すうします。足を休ませるために横になります。多くの動物がそうであるように、成長すると、あまり遊ばなくなるのです。

犬と人間以外にも、成長してから遊ぶのが好きな動物はいます。笑いたいのであれば、カワウソが泥の土手を猛スピードで滑る動画だとか、ニュージーランドのミヤマオウムが喜んで車を分解する動画などを入手してみるといいでしょう。カラスが一羽、また一羽と、電柱の上に積もった雪を蹴って、下を歩く歩行者の頭に落としている様子を不思議に思い、観察したことがあります。カラスはそれぞれが十メートル程度離れた電柱の上にいたのですが、その下を人間が歩くと、雪を蹴って落とすのです。男性が頭に雪が落ちてきたことに驚いて辺りを見回すと、すべてのカラスがカーカーと耳障りな声で鳴きます。あのカラスたちが本当は何をやっていたのか自分が理解していると は思いませんが、「ゲームをしていた」という説明が、私が思いつく精一杯です。しかしカラスや カワウソや人間や犬のような動物は、典型的なタイプでは決してありません。成長した動物の大半 は、とにかくあまり遊ばないのです。

でも犬は？ ミドルエイジになった私のボーダー・コリーは、私がボールを拾う合図を待ちなが ら生きています。七歳のチューリップは自分自身のボールで遊ぶことを好みます。ボールをはじき 上げたり、それを追いかけたり、まるで子犬のように遊びます。チューリップのような活力は極端 な例かもしれませんが、それでも成犬の多くがゲームを好み、熟年になってもそれは続きます。そ して私もそうです。犬たちと同じように、ゲームをするのが大好きです。私は五十三歳で、若いと は到底言えませんが、それでも遊ぶのが大好きです。私の友だちもそうだし、世界中の人間や犬も そうです。私たちの種は、遊びに夢中なのです。私たちは遊びに参加するか、あるいは誰かがやっ ている遊びを見るのが好きです。新しい発明はすべておもちゃにします。コンピューターを見て下 さい。ハイレベルのデータ処理や退屈で真面目なタスクを処理するために設計された機械は、数十 億ドル規模のコンピューターゲーム産業を生み出しました。「たくさんのおもちゃを集めて死んだ 人が勝ち組だ」という言葉が愉快なのは、私たちの種の基礎的な真理を浮き彫りにしているからな のです。私たちは大人になっても、遊びに執着しています。

もちろん、年齢を重ねれば、若い頃のようには遊ばなくなります。ほとんどすべての若い哺乳類 はとてもよく遊ぶので、遊びがそれ以外のどんな活動より、若さを定義するほどです。若い羊は直 立姿勢から空中に飛び上がり、その頂点で体を横にひねります。集団が同時に飛び上がり、着地する様子はまるでポップコーンです。プロングホーンの子どもは角を使って喧嘩の練習をします。子猫からトラの子どもまで、ネコ科のあらゆる動物が、葉、蝶々、そして紙くずなど、あらゆるものを手で叩き落とします。若い実験用ラットは互いを追いかけ、飛びかかり、くすぐり合いのように見える行動を取ります。二歳から三歳のチンパンジーは、食べること、そして遊ぶことしかしません。木にぶら下がったり、くるくる回ったり、単独で遊ぶこともありますが、追いかけっこをしたり、互いに飛びかかったり、喧嘩のまねごとやレスリングをしたりして、一緒に遊ぶことの方が多いのです。

ほとんどの動物は、年を取ると遊ぶことが少なくなり、最終的にはまったく遊ばなくなります。しかしピーター・パン種は、ちなみに人間や犬のことですが、大人になっても遊びが大好きなままです。私はこれを過剰に単純化したくはありません。オオカミやチンパンジーは、成長してからも遊びますが、犬や人間に見られるように積極的に遊ぶわけではないのです。成長してからもはしゃぐ傾向は、多くの科学者が犬や人間を「幼形進化」つまり、より「成熟した」祖先の幼若化した姿と考える理由になっています。「幼形進化」とは、性的成熟を迎えながらも若者の特徴を保持していることを指し、それは通常、動物が成長することで薄れていきます。このような動物では、成長プロセスが長い期間で遅れるために、ある意味、彼らは成長しないとも言えます。ほとんどすべての動物は、どれだけシンプルであっても、成長初期の特徴は、成長後のものとは異なっています。このような特徴は身体的なものでもあります。例えば、昆虫のなかには、幼虫のとき、そして成虫になったときの姿がまったく異なるものが存在します。イモムシが蝶に姿を変えることは、誰もがよく知るところです。「幼形進化」した昆虫は、原型の成体形に決して姿を変えないように、幼虫の姿のまま成虫になるよう進化しました。しかし、このような特徴が行動的な場合もあります。多くの場合、生体構造、生理機能、そして行動に関連性があり、成長したあとでも、原種の若い姿に見えるだけではなく、同じように行動することもあります。「幼形進化」は魅惑的な進化現象ではありますが、残念ながら、この短い考察では十分ではありません。人間と犬に関する探究で大事なのは、発育過程の変化が、大部分の若い哺乳類のように、遊ぶことが好きな成長した動物を作り上げることができるということなのです。

発育過程の変化は、犬がオオカミとどれだけ違うのか、なぜ違うのか、それなのに同じ種である理由を私たちに教えてくれています。ロシア人科学者のドミトリー・ベリャーエフは、家畜化の過程において、原種に比べてどのように動物は攻撃性を失ったのかについて興味を抱きました。ロシアの毛皮農園からキツネの群れを借り、ベリャーエフは最も従順なキツネを選んで繁殖をしました。彼が飼育していたキツネは人間に扱われることになれていなかったので、注意深く選ぶ必要がありました。生まれた子ギツネのなかから、逃げ出さない、噛みつかない、実験者が伸ばす手を舐める、近づいてくる子を選んで繁殖させました。わずか十世代で、生まれたキツネの十八パーセントが、「家畜化エリート」となりました。知らない人との接触を好み、クンクンと鳴き、まるで子犬のように実験者の顔を舐めたのです。二十世代までに、三十五パーセントの子ギツネが、成長した親キツネがするように、逃げたり、噛むよりも、触れられることを望みました。

この研究が興味深いのは、そして科学にとって大変重要なのは、研究者が従順さという特徴に限って選択したことで、キツネの行動、生体構造、生理機能といった他の多くの要素に変化を起こしたことなのです。若いイヌ科イヌ属の垂れた耳は、成長したキツネにも残りました。成長した「家畜化エリート」は、年をとっても子ギツネのように行動し、普通のキツネが抱く見慣れないものに対する恐怖心も、あまり示すことはありませんでした。そして見知らぬ人に対しては前足を上げて、鳴き声を出し、子ギツネがするように体をくねらして従順に反応しました。驚くべきことに、毛皮には多くの家畜化された動物にあるような、白いパッチが出現したのです。[01]

　そしてキツネには（家畜化された犬がそうであるように）、問題が発生しました。突き出た上顎、下顎、成長したオオカミやキツネが持つ真っ直ぐな尾ではなく巻尾、カールした、あるいは波打った毛、副腎不全、セロトニン生成レベルの上昇などです。最後の二つの生理学的変化は、動物のストレスレベルが反映されています。副腎のコルチコステロイド生成レベルの低さと、セロトニン生成レベルの高さは、不慣れな物に対して恐怖心が薄く、変化に対応できる個体に関係しています。レイモンドとローナ・コッピンジャー夫妻は犬の進化について記した『ドッグズ』のなかで、すべては「逃走距離」（慣れないものが近づいたときに警戒態勢に入る距離）に関係すると、説得力のある議論を展開しています。成長した動物は、幼い動物に比べてより警戒心が強いものです。子どもや子犬を見る喜びの一部は、彼らを取り巻く世界や危険に対して彼らが純真無垢であるのを見ることです。「警戒態勢」でいなければならないという大人の重荷から一時期であっても解放されるのは、とてもうれしいことなのです。遊びが健康的である理由のひとつはそこにあるのかもしれません。

　ベリャーエフのキツネの特徴に共通しているのは、幼形進化です。成体になってからも、幼い頃の特徴を保持すること、そしてこれは家庭犬でも再現されていることです。成犬は、成長したオオカミよりも、子どものオオカミのように行動します。この幼い特徴の選択は、犬のケースでは、二つの説明ができるでしょう。昔からある議論では、家庭犬は人為淘汰によりオオカミから進化し、人間が最も従順なオオカミを選んで繁殖したとされています。もうひとつの議論は、自然淘汰の過程で従順さが発達し、逃走距離の短い犬が人間のいる場所に集まり、残飯などを食べるようになっていったというものです。[02]私自身は自然淘汰の説が好きではありますが、両方のプロセスが同時に発生した可能性もあると思います。どんな理由があったにせよ、リードの向こうにいる犬と私たち人間にとって重要なのは、犬は成長したあとも子犬の特徴を持ち続け、驚くほど遊びが好きだという一連の特徴があるということなのです。

そして私たち人間も、遊び好きで、いくつになっても幼く、どちらかがソファから立ち上がることができなくなるまで犬と遊んだりしてしまいます。この傾向は、人間も幼形進化した霊長類であることを示唆しています。あながち、仮説だとは言えないのです。ジョン・フィスクという人物が、一八八四年にすでにこの議論を展開しているのです。[1]合理的な議論に留まっていることは確かです。人間の明確な特徴は、創造性、そして新しいことに挑戦し、環境との新しい関わり方に努力する点です。こういった特徴はすべて、通常は若さに関係しています。

私たちの種の若者や、ほとんどの若い哺乳類は、成長した者よりも、変化の受け入れが早いのです。年長者が若者の寛容さに眉をひそめるのは、なにも人間に限った話ではありません。有名な実験があります。研究者はニホンザルの群れにサツマイモを与えたのです。大人の猿ではなく子どもの猿が新しい食べ物を口にすると、若い猿がそれに続きました。度胸のある二歳の雌ザルの「イモ」が海に入ってサツマイモを洗うことを学びました。後に、彼女は似たような技術を発明し始めます。例えば、砂の混じった小麦粒を両手一杯に拾い、それを水面に放つのです。砂は沈み、小麦が浮きます。きれいになり、新鮮で、いい感じに塩味のついた小麦ができ上がります。ざらざらとした、嫌な砂が混じることはありません。すぐに食べることができます。この行動は最終的に群れ全体に広がりましたが、不器用で運動神経の悪いとても幼い猿と、年寄りの猿は、子どもの最近の流行には興味がないようでした。

人間は若いときのほうがより寛大で柔軟性があると言いますが、より広い比較展望から考えれば、成長した人間は、他の種の成体と比べて驚くほど柔軟と言えます。人間の種としての驚異的な成功の一部は、環境に対して新しい方法で相互作用する能力ゆえなのではないでしょうか。遊ぶことが大好きという私たちの特徴は、その柔軟性と密接に関係していて、犬との結びつきを強める特徴のひとつでもあります。人間も、犬も、一緒に新しい遊びを探すのが大好きです。特に、あの奇妙な丸い物体で遊ぶことが。そう、ボールです。

プレイボール！

納屋の後ろの巣穴で生まれた二匹のアカギツネが、とある夜、わが家の前庭に走り出て、生け垣を跳び越え、走り回り、遊び始めた。雌の子ギツネが生け垣の右側でダッシュしている間、雄の子ギツネは生け垣の反対側でストーキングの姿勢で身を平らにして、雌が現れると、前へと飛び出した。時折、辛抱できなくなった、あるいは辛抱なんてしないと決めたストーカーは待ちきれなくなって、垣根を跳び越え、遊び相手の背中に着地した。こうなるとゲームはレスリングへと変わるが、すぐに二匹は鬼ごっこに戻るのだった。二匹がこのようにして何分もかけて遊んでいる間、私はほとんど息もせず、まったく動かず窓際に立って二匹を観察していた。とある時点で私はテニスボールの存在に気づいた。二匹が遊んでいる場所から五メートルほど離れた場所にある。二匹がそれに気づいたら、何をするだろうと考えたことを、はっきりと記憶している。まあ、そんなにたいしたことはしないでしょうねと私は推測した。だって、遊び道具としてのボールなんて、二匹は全く知らないし、それに他のゲームに大忙しなんだから。「でも、どちらかがあのボールを拾ったら、楽しいことになるんじゃない?」と考えたその時、拾ったのだ。雄の子ギツネは、テニスボールを躊躇せずに拾うと、頭を下げ、横を向き、弧を描くようにして空中五メートルの高さまで放り投げた。ボールが地面に落ちたとき、子ギツネはそれに飛びついて、拾い上げ、そしてもう一度空中に放り投げたのだ。そして遊び相手の子ギツネの方を向くと、庭に入ってきたときと同様、目的に向かって走るようにして庭を出て、道路に向かっていった。

私は完全に魅了されてしまいました。でも、後になって私に衝撃を与えたのは、はしゃぐキツネの純粋な喜びではなく、誰をも魅了するボールの存在なのでした。ボールと呼ばれる丸い物に対する私たちの共通の愛は、本当に驚くべきものです。マックスという名のゴールデン・レトリバーは、黄色いテニスボールを口に入れて生活しています。ボールを見つけるためならなんでもする犬種はほかにもいます。私の友人デブラの黄色いラブラドール・レトリバーのケイティは、ボールに執着するあまり、どんな場所でもボールを探しています。彼女はどこでもボールを見つけてしまいます。例えば、ロッキー山脈の荒野でも。何時間もボールを投げ続けるのに疲れ、一度でいいから愛犬と普通に散歩がしたくてボールを置いて家を出るのにもかかわらず、です。私のボーダー・コリーのルークは、普段はとても温厚で、私は彼を『風と共に去りぬ』のアシュリーに喩えたりするのですが、従姉妹のピップが先にボールを奪うと、全力疾走で追いかけ、併走し、彼女の口から情け容赦なくボールを奪い去ります。そして私たち人間の場合ですが、テレビのスイッチを入れれば、奇妙な丸いものを使ったゲームを世界中から十五種類ほど見つけることができます。

ボールを使ったゲームを完全に理解できていないことを告白せねばなりません。フットボール、ゴルフボール、ベースボール、バスケットボール、サッカーボール、テニスボールが毎日ニュースの見出しを飾る、ここウィスコンシン州で私はミュータントのような存在です。小学生のとき、ソフトボールの練習があり、ライトの守備位置にいた私は小さな声で「おねがい、こっちに打たないで、おねがい、こっちに打たないで」と唱えていました。でも当然、ボールは飛んできました、勢いがあり、速く動くミサイルが頭をめがけて飛んでくると、私は逃げる傾向があるのに。私は孤独ではないと考えて安心しています。犬はボールが大好きなはず、なんてことはありません。投げられたボールを無視するとか、ボールから逃げる犬だっているのです。私のボーダー・コリーのミストは、動いているボールの方を見ようともしませんでした。むしろ、私のボーダー・コリーたちを羊のように扱っています。周囲をぐるりと大きく回って走り、彼らが止まると止まり、私がボールを投げるのを待つ彼らを、真剣な眼差しで見つめながら近づきます。しかし私たちのように運動神経に恵まれていない種は例外で、大多数の人間と犬は、転がるものであれば何でも回収し、追いかけ、打ち、蹴り、投げるのです。

ボール遊びや「物を使った遊び」は、人間と犬では至るところで目にしますが、動物の世界の大部分では一般的ではありません。若い時であっても、一人で遊ぶ、あるいは兄弟姉妹以外と遊ぶというのは、一部の鳥類（特に、オウムや、カラス科のカラスやワタリガラス）と、一部の哺乳類（霊長類と肉食哺乳類のほとんどと、山羊、アカシカ、バンドウイルカ、そしてカワウソなどのイタチ科の動物）の間でしか目撃されていません。昆虫、魚、両生類の間では一切見られることはありません。[03] 当然のことですが、「物を使った遊び」は食物を得る方法に多くの操作や取り扱いが関係する一般的な種で最も多く見られます。それは霊長類に当てはまります。霊長類は皆、ある程度、物を使って遊びます。チンパンジーは自然の中にある道具を使う達人です。細心の注意を払って改良した木の枝を使ってシロアリを捕まえ、考え抜かれた道具を使ってナッツを割ります。[04] 特定の葉をスポンジに変え、岩の割れ目の水に浸します。チンパンジーの子どもたちが枝や葉っぱや、興味深い物を拾って遊び、育つのも不思議ではありません。飼育下のオラウータンは、物を操る能力が高いことで知られています。特に、鍵開けの名手です。

物に向かって行う遊びは、生後一年の間は、人間も、人間以外の霊長類も、ほとんど見た目には同じです。生後十二ヶ月になるまで、ほとんどの人間と人間以外の霊長類では、環境のなかにある物を調べることでそれと相互に作用しています。匂いを嗅いだり、触ったり、特に口元まで運べるものに関しては、何でも口の中に入れます。しかし、物を投げることで遊ぶのを目撃されているのは、類人猿（チンパンジー、ボノボ、ゴリラ、そしてオラウータン）と、猿の一種（オマキザル）だけです。類人猿と、オマキザルと、人間だけと言わざるを得ないのは、私たち人間の子どもは手当たり次第に物を投げつける達人であり、通常は来客がある直前に、キッチンの床に投げつけるからです。生まれてから八ヶ月、あるいは九ヶ月になると、人間の子どもは意図的に物を落としたり、投げたりするようになります。そして、親御さんなら重々ご存じだとは思いますが、後ろに逃げる準備を常に整えましょう。

人間と犬がボールのような物を使って遊ぶ傾向は、霊長類とイヌ科の動物としての自然史にしっかりと根ざしています。しかし、どんなことにも当てはまるのかもしれませんが「自然の姿(nature)」(遺伝子の設計図)が土台となって、「養育(nurture)」(環境)が築かれるのです。

物を使うか、使わないかに関わらず、育ちは遊びに影響します。虐待的な無菌環境で育てられ、保護された犬は、おもちゃで遊ばないことが多いです。私が仕事で経験した最も悲しいケースは、長年にわたり暗い納屋のなかで短い鎖に繋がれていた犬を評価したものです。このような犬に出会うと、心が張り裂けそうになります。ウィスコンシン州にあるフォックスバレー動物愛護協会で一年間のリハビリを行いましたが(法的な問題が解決するまで、家庭に引き取ってもらうことができませんでした)、初めて会う人間に怯え、私が部屋に入ると恐怖のあまり脱糞する犬もいました。見知らぬ人間に対する純粋な恐怖に加え、こういった犬に顕著だったのは、おもちゃに全く興味を示さないことでした。ボールで遊ぶことはなく、牛の皮を噛むこともなく、ケージに入れられたどんな物も、一瞬匂いを嗅いだだけで無視したのです。

おもちゃでの遊びに対して興味を示さないのは、貧しい環境に育った犬に、ほぼ共通して見られることで、回収に興味がない私の愛犬ミストがボールに興味を示さなかったこととは違うのです。虐待を受けて、一生消えない傷を心に負った犬たちとは違い、ミストはチュートイ〔噛むおもちゃ〕が大好きですし、お気に入りのおもちゃもいくつかありました。環境からの刺激が一切ない状態で育てられた犬は、パピーミル〔劣悪な環境下で犬の繁殖を行う施設〕の大半の犬と同様、どんな物とも遊ばない成犬に育ちます。ボールにも、牛の皮でできたガムにも、フリスビーにも、決して興味を示しません。おそらく、物で遊ぶことには「臨界期」があり、それは社会化と同様、その時期にどのように遊ぶか、何で遊ぶのかが犬に組み込まれていくのでしょう。環境が遊びに及ぼす影響は、犬だけに限った話ではありません。子どもが物で遊ぶ基本形は共通していますが、遊びの量と複雑さは、子どもに与えられる機会によって左右されるようです。狩猟採取社会の女性は、近所に託児所がありませんが、両手と集中力が求められる複数の仕事をこなさなくてはなりません。必然的に、子どもは幼少期のほとんどを、スリングで母親の背中か胸に抱っこされた状態で過ごします。子どもを背負っている状況で母親は仕事ができるだけでなく、赤ちゃんを危険から守ることができるのです。母親に寄り添って育った子どもは、環境の中にある物と遊ぶ機会が限られますし、その後の人生において、物を使った遊びの頻度や複雑さは、当然のことながら減少します。クン族の子どもは例外で、一日中、ベルトで母親と繋がってはいるものの、母親の精巧な装飾用ネックレスで遊ぶことができ、実際に遊んでいます。

貧しい環境で育った子どものリハビリについて、私は全く知識がありませんが、幼年期に空っぽの犬小屋や鎖に繋がれて育った犬も、おもちゃで遊ぶことができるようになります。一年や二年はかかってしまいますが、中が空洞になっているおもちゃ（コングとかグディ・シップといったおもちゃ）のなかに食べ物を入れると、まず犬はその物が興味深いと学びます。なぜなら、その中には食べ物が入っているし、最終的にはその物が本質的に興味深いと理解するのです（これは、恵まれた環境で育ったものの、単にボールに興味を示さない犬にも効果的です。興味のない犬と、とにかくボールで遊びたい飼い主はテニスボールに穴を開けて、その中に食べ物を詰めて、自分と同じぐらいボールに夢中になる犬に育てることができます）。

キープ・アウェイ（ボールの奪い合い）

私たちが犬とシェアしているのは、ボールに対する愛だけではありません。私たちは、同じゲームを楽しむ傾向にあります。「キープ・アウェイ（ボールの奪い合い）」のバリエーションは、人の子どもだけではなく、犬も大好きです。私のクライアントのなかには、犬がボールを持ってきてくれないことを悲しむ人がいます。もっと楽しいゲーム「キャッチ・ミー（ボール）・イフ・ユー・キャン！」（取れるものなら、取ってみな！）で遊べるかもしれないのに、なぜ犬がボールをあなたのところまで運ばないといけないのでしょうか？ それに、本当に、犬はこのゲームが大好きなんですよ。犬は物を「勝ち取る」立場になること、物を他の存在から遠ざけることがとにかく好きです。自分以外の存在が、その物を欲しがっている場合は、なおさらです。犬は、あと少しで捕まえられる（でも捕まえることができない）場所で待ちつつ、あなたを自分に近い場所にキープすることでゲームに参加させる天才です。なにも、犬はあなたを苦しめようと思ってやっているわけではないでしょうが、苦しめられているような気分にはなります。犬はただ単に、他の犬たちと楽しんでいるゲームをやっているだけで、あなたともそれをやりたいのです。なぜなら、人間は遊び好きですから、断ることができないのです。ボールに対する救いようのない執着の犠牲者である私たちは、ただ、人間がボールを投げる役で、それが戻ってこない状況に耐えられない、それだけです！ 結局のところ、私たちが犬のようにボールに必死でなかったら、そもそもそんなことは始めていなかったでしょう。チンパンジーもキープ・アウェイのゲームが大好きです。ジェーン・グドールは若いチンパンジーが別のチンパンジーにおもちゃを持って近づくときの、だらだらとした「遊びウォーク」

ルークはいつだってボール遊びをしたがります。

を描写しています。別のチンパンジーがおもちゃに手を伸ばすと、おもちゃを持っているチンパンジーは、肩越しに相手を見つめながらダッシュで逃げます。持っている物を誰も欲しがらなかったら面白くはありません。チンパンジーにとっても、犬にとっても。

ゲームを少し工夫する犬もいます。ルークにとっては、ボールを取って、逃げるだけでは満足できないようです。ルークは、まるで別の犬の注意を引きたいかのような姿で、オリンピック選手が国旗を掲げて勝利のランをする、まさにその雰囲気で、ボールを高い位置でくわえながら、犬たちのいる方向に走っていきます。このボディランゲージに嘲笑の要素がないとしたら、私は犬との仕事を引退し、ショウジョウバエの研究でも始めようと思います。

犬にボールをあなたのところまで持って

来るように教えることは、やり方さえ習得すれば、そこまで難しいことではありません。あなたが教えようと努力しているとき、犬はあなたに彼らのゲームを教えようとしていると理解することから始めるといいでしょう。どちらが先に訓練する立場になるかは、あなた次第です。犬は生まれながらにして、動物の訓練士です。一方で人間はそうではないことを忘れないでください。新しくやってきた犬に「持ってこい」を教えるときは、用心してやりましょう。ほんの少しのルールに従えば、ボールを持って来ないよりは、持って来る犬を育てることができるでしょう。幼犬にボールを投げることから始めます。まずはほんの近くに投げることです。犬を飼い始めたばかりの人は、犬が集中するにはあまりにも遠い場所にボールを投げてしまいがちです。そして、最初は投げすぎないことです。二回か、三回ぐらいでいいでしょう。十歳のクール・ハンド・ルークは、今現在ボールに夢中ですが、一歳で私のところにやってきたときは、ボールには一切興味を持っていませんでした。数ヶ月後、彼はボールを追いかけるようになり、途中まで持って帰ってくることがありましたが、三回か、四回ぐらいのことでした。その後はボールに興味を失い、別のことに注意を向けるようになりました。ということで、私は彼が興味を失わないように、ボールは数回投げるだけにしました。徐々に、興味を抱く時間が長くなりました。今は息が切れたときか、体が熱を持ちすぎるのではないかと私が心配するまで、彼が止まることはありません。

　ボールを投げたら、犬がそれに口をつけるまで待ちます。一旦犬がボールを口にしたら、あなたの仕事はボールから離れながら、手を叩いて声を出し、犬の注意をあなたのいる方向へと向けます。犬に向かって歩いているのなら追いかけっこを始めたことになりますが、方向が間違っています。結局のところ、犬がボールを持っていますし、あなたから注目されていますし、あなたは犬の方向へと向かっています。優秀な犬であれば、どうするでしょうか？　犬の方向に走ったことであなたが追いかけっこを始めたのですから、犬は逃げるに決まっています。でもあなたが自分にとっては自然の動きを止め、犬のバージョンのキープ・アウェイに参加することで、犬を訓練し、そしてあなたを追いかけるよう仕向けることができるのです。どちらか一方が、もう一方を追いかけなくてはなりません。それが、二つの種が分かち合っているルールです。どちらが追いかけるのかを決めるのは、あなたです。

犬に顔を向けないようにして、手を叩き、声を出し、犬から数歩離れれば、犬はあなたを追いかけ始めます。あなたは追われる側です！　犬はあなたのところまでやってきて、ボールを落とすかもしれません。でも、期待しすぎないで。きっと、犬は数歩前に進んで、あなたから一・五メートルほどの距離にボールを落とすことになるでしょう。または、あなたが名前を呼んだ瞬間にボールを落として、空っぽの口のままで走ってくるかもしれません。これ以外では、ボールをくわえたまま戻って来る途中で、追いかけてもらいたくて、どこかへ逸れて行くこともあるでしょう。あなたの仕事は、犬が望むことをしたら、連続してご褒美を与えて、犬の行動を「形づける」ことです。最初は、犬が三歩進んで、あなたの三メートル先にボールを落としたとしても、それでいいでしょう。ゆっくりと歩いてボールに近づいて（犬がダッシュして逃げないように、横向きに近づくのがいいかもしれません）、もう一度投げます。最初のボールを落としたら、二個目のボールを投げるのもいいでしょう。しかしこの時は、犬が近づいてきたら、積極的に犬から離れて走ることで、犬が近寄ってくるよう仕向けてみてください。徐々に、犬が近づいてくるのを期待しつつ、最終的に犬があなたのところまで戻るようにします。

犬があなたの方に向かって来る前にボールを落とすようだったら、名前を呼ぶときは、もう少し静かな声で呼ぶ、あるいは犬がしっかりとボールをくわえていることを確認してください。もしそれでもうまくいかなかったら、ボールのところまで行き、犬の顔の前でボールを見せて、注意を引きます。そして、すぐ近くにボールを投げます。その一方で、犬がボールを持って帰ってくるようになったけれど、あなたに近づくと横に逸れてしまうようなら、犬とのゲームに勝てばいいのです。次に彼が逃げ出すようなら、犬に背を向けて、別の方向に走り出してみましょう。犬よりも上手に、素早く、ゲームを楽しむのです。

しかし、犬があなたのところまでやってきているのに、ボールを渡さなかったら？　犬の口をこじあけたり、叱ったり、腹を立てたりしてはいけません。お気に入りのおもちゃを手に、玄関まで迎えに来てくれた子どもが、おもちゃをあなたに手渡すことができないと想像してみてください。三歳の子に、おもちゃを手渡さないからって叱りますか？　あなたは辛抱強く、おもちゃを取り上げるなんてことはありませんよと、教えませんか？　子どもと同じように、ほとんどの犬が、ボールを手放したとしても、長い目で見れば損にはならないと学ぶ必要があります。そしてそれを教えられるのはあなたなのです。ボールを手放すのは楽しいことだと教える方法はたくさんあります。まず、犬がボールを放したら、即座に犬に投げ返してあげるのです。すぐに、です。ボールを胸に抱いて「いい子ね！　なんていい子なんでしょう！」と言ってから二秒後ではありません。犬はあなたに褒めてもらいたいわけでも撫でてもらいたいわけでもありません（子どもで考えてみてください。友だちとボール遊びをしている最中に、首のあたりを撫でられたいと子どもが考えると思いますか?）。犬はボールを返して欲しいのです。ほら、早く返してあげて！

犬がボールを放したらすぐにボールを返してあげる方法を学ぶことで、多くの飼い主が抱えているフェッチ〔ボールを取って持ってくる〕の問題の半分は解決できたことになります。他の問題は、犬が飼い主の方に向かうのではなくボールを取りに行くように仕向けるために、飼い主が犬から離れることを学べば解決です。何より、チンパンジーも犬も、遊び相手がボールを欲しがっていなければ、ボールを持っていても楽しくはないのです。犬があなたをからかうのをやめないのなら、犬に背を向け、腕を組んで、視線を逸らし、犬に注意を払わないことです。ルークが飽き始めたら、彼に背を向け、さっさと家の中に戻るようにしていました。これはまさに魔法です。絶対にボールを返さないはずのクライアントの犬が、よそよそしい態度を取る私の足に、ボールをまさに押しつけるようにして返してくる場面を、何度も目撃しています。忘れないで。犬が持ってきたボールは、即座に戻してあげることを（「ダメダメダメ、ボールは私のもの！」と言いたいところですが、我慢しましょう）。

遊びは危険になりうる

人間と犬は別の遊びも共有していますが、ボール遊びとは違い、この遊びは私たちを、そして犬をトラブルに巻き込む可能性があります。人間も犬も、霊長類学者が「ラフ・アンド・タンブル・プレイ〔活動性の高い遊び〕」と呼ぶ、喧嘩遊びが大好きです。これは説明するまでもないでしょう。犬や子どもが、絨毯の上でゴロゴロ転がって、格闘している様は誰でも想像できます。私たち両方の種がこの行動をするとはいえ、霊長類の雌よりは雄によく見られることです。雄の霊長類は雌に比べて喧嘩遊びを頻繁に行うだけではありません。彼らの遊びはより乱暴で、より激しくなります。実際のところ、雌の霊長類のほとんどが、雄との喧嘩遊びを避けるのです。雄ほど頻繁ではありませんが、実際に喧嘩遊びをするときは、別の雌を相手にします。人間も他の霊長類も、喧嘩は通常同じ年齢、同じ性別、そして同じような身体能力を持つ相手と行います。

犬の場合はそうでもないのです。雄と雌は同じぐらい、転がって、スパーリングをするのが好きな様子です。生物学者で動物行動学者のマーク・ベコフによる動物の遊びに関する有名な研究では、灰色オオカミ、コヨーテ、ヤブイヌ、カニクイイヌの喧嘩遊びには、性別による違いがないことがわかりました。[2] これほど科学的ではない考察にはなりますが、私が出産させてきた子犬、私が飼った成犬、あるいは私のクライアントの犬のなかで、性別によって喧嘩遊びの頻度や激しさが明らかに違ったことはありませんでした。雄犬が雌犬よりも喧嘩遊びが好きだと聞いたことも、実際に見たこともありません[05]。

私たち人間は、チンパンジーよりは犬を相手に遊びますが、人間の喧嘩遊びは、霊長類の仲間たちがやる喧嘩遊びの方法に似ていて、犬たちの喧嘩遊びとは違うのです。多くの霊長類がそうであるように、人間である私たちも、雄と雌では遊び方が違います。私たちの種のなかでも、格闘やレスリングは男性の遊びです。もしカップルのなかの一人が私のオフィスに入ってきて、犬たちとレスリングをするとします。それはきっと男性でしょう。賭けてもいいです。十三年の経験で、四千件ほどのケースを扱ってきましたが、女性がレスリング好きで男性が好きではなかったケースは二件ほどだったと思います。しかし、犬はレスリングが大好きですし、犬と喧嘩ごっこをする人間も大好きなようですし、それは私たちが美味しい空気や美味しい食べ物が好きなのと同じなのでしょう。ですから、飼い主に、「ラフ・アンド・タンブル・プレイ」を辞めることを提案するときには、慎重に考えてからにしています。お気に入りのゲームを奪われてしまった、とても優しく幸せな男性の表情が曇るのを見るのは辛いものです。私って、なぜこんなにもパーティーをしらけさせてしまうのでしょうか？　パトリシアおばさんが、「ダメ、ダメ、ダメ、家のなかで遊んじゃだめよ」と言っているわけです。ため息が出ます。

　それでも私は、必要であるときは指摘します。なぜなら、人間と犬の間に起きた、喧嘩遊びでの悲しい問題をあまりにも多く見てきたからです。喧嘩ごっこをしても、一度も問題は起きなかった人間と犬のペアは、何千も、何万もいたでしょう。でも、いつも子どもに優しかった犬との「ラフ・アンド・タンブル・プレイ」が悪夢に変わるときがあるのです。悲惨な例があります。とあるゴールデン・レトリバーの飼い主が私たちとのインタビューでこう証言しました。「顔を噛まなくてよかった。噛んだのは首の後ろでしたから」。近所の十歳の男の子との熱狂的な格闘ゲームの最中に、犬がまるで稲妻のように、本気になってしまったのです。犬は飼い主がなんとかして子どもから引き剝がすまで、唸りながら子どもを地面にねじ伏せ、首の後ろに深く牙を食い込ませていました。この話を聞きながら、血の気が引いたのを覚えています。それは、命を奪いかねない噛み方で、その男の子がまだ生きていることは幸運と言えるでしょう。親友を安楽死させる話合いをしていたときの、飼い主の見開かれた両目は弱々しく、両頬には涙が流れ落ちていました（彼は酷く心を痛めながらも、愛犬の安楽死を決断しました。二度とリスクを冒せないと考えたからです）。

　ありがたいことに、ほとんどの問題はそこまで深刻でも、ドラマチックでもありません。私が最も多く目撃するケースは、毎晩、体重百五キロの飼い主のボブと楽しく喧嘩ごっこをするコリーとラブラドールのミックス犬が、日中、五十キロの飼い主のジュリーへの甘噛みや歯を当てることを辞めないといった、そんなことです。ジュリーの腕はかすり傷やあざだらけでした。まるで虐待されているように見えました。ボブと犬は楽しいと思っていたようです。でも、ジュリーと私はそうは思いませんでした。言い過ぎたくはありません。喧嘩ごっこが常に問題に繋がるわけではありません。でも、危険を冒したくないなら、あなたの犬がすでに噛みつきで問題を抱えているのなら、どのように遊ぶのか注意深く考えてほしいのです。

野生の動物は、同じようなサイズと身体能力の相手を選んで喧嘩遊びをすることを思い出してください。体重百五キロのボブと体重四十キロのラブ（ボブの方が大きいですが、犬の方が速いです）は同じようなものだと言えるかもしれませんが、筋肉と歯を持つ四十キロの犬の方が圧倒的に有利です。たとえ体重百五キロの相手が速くて勇敢だったとしても。ボブとジュリーが四十キロの子どもがいたとすると、状況はよりいっそうアンバランスになるでしょう。喧嘩遊びをするときに、サイズ、年齢、身体能力を合わせるのには理由があります。参加者がほどよくマッチしていたとしても、それでも怪我をする人は出るのです。人間の親友とレスリングをしているときでさえ、どちらかが膝をひねって、靭帯断裂の手術を受けなければならなくなることもあります。

それに、人間と犬のレスリングで起きる事故は、種類が違います。私たちは前足で摑みますが、犬は口を使います。人間の子どものレスリングの構造と、動物のそれの違いは、人間はもみ合いのなかで噛みつくことをしませんが、犬はそうするのです。[06] 遊びの行動に関して研究を行っている研究者は、人間は一般的に遊び相手より優位な立ち位置を得るためにレスリングをしますが、犬は抑制した噛みつきをするためにレスリングをすることを突き止めました。人間のなかには強靭な手を持つ人もいますが、その手は犬の口のようにカッターナイフに相当する威力はありません。私たちは手を使いますが、犬は口を使います。そして彼らの口は、鹿やヘラジカの分厚い皮膚を切り裂くよう設計されています。チャックを使わず、革製の財布を開けることを想像してみてください。あなたの犬はあっという間にできます。あなたの犬のあっという間の小さなミスが、あなたの子どもの腕や頬を切り裂きます。このようなミスは一般的ではありません。なぜなら犬と人間は双方が「セルフ・ハンディキャップ」〔失敗を回避する状況を作る心理〕があり、自分よりも弱くて小さい相手と遊ぶときに、力を制御するのがとても上手だからです。興奮した状態でも顎の力をコントロールできる犬の能力は、驚くべきものです。しかしそうであっても間違いは起きますし、あまりにも深刻な状況になってしまう場合もあるので、わざわざリスクを冒す価値はないと言えないでしょうか。

喧嘩遊びで起きる問題はまだあります。私の経験から言えば、これがトラブルに最も繋がりやすいことなのですが、ゲームの途中で犬は冷静さを失うことがあるのです。なぜ冷静さを失ってはいけないのでしょうか？　私たち人間は自分の行動や感情をよりコントロールできる理知的な種であるというのに、いろいろなシチュエーションで腹を立てます。運動場で行われる羽目を外した遊びは、一瞬にして心を傷つけたり、誰かを泣かせたり、攻撃的にします。休み時間に教師が外に出て生徒をモニタリングするのには意味があるのです。遊びとは興奮するものです。人間のような修羅場好きがゲームを愛する理由のひとつがそれです。でも、感情喚起は抑制の欠如に繋がります。それは子どもだけの話ではありません。スポーツ行事の最中と後に何が起きるか見てみましょう。何千人もの人々がボールを使ったゲームの終了後に街で暴動を起こし、窓ガラスを割り、車に火をつけます。応援するチームが勝利を収めたというのに、そうします。「喧嘩をしに行ったらホッケーの試合が始まった」という昔からある言葉が面白いのは、それに真実が詰まっているからです。プロのホッケーの試合を見に行きましたが、周りにいるファンから投げられる飲み物のカップやパンチを素早く避けるのに忙しかったのです。犬も興奮しますが、彼らは審判に怒鳴ることはできませんし、物を投げるのは得意ではありません。彼らにあるのは歯だけなので、犬がチームスポーツをやっていないことに感謝しておきましょう。

問題は興奮や癇癪からくるのではなく、犬が適切と考えるしつけによって起きることもあります。ルークが一度、二歳の娘のラッシーの行動を正したことがありました。転がったり、突進したり、噛むまねごとをするゲームの最中のことでした。彼女が何をしてルークが叱ったのかはわかりませんが、彼は彼女にうなり声をあげて、マズルを噛み、しつけました。それはあまりにも一瞬の出来事で、私の脳の処理が追いつかないまま終わってしまいました。感情的な興奮が原因のようには思えませんでした。少なくとも、ルークにとってはそうだったでしょう。というのも、それは一秒以下で終わってしまい、ルークはとても冷静で落ちついていて、淡々としていたのです。遊びのなかで支配的立場が逆転することはよくありますが、犬の遊びのなかにはルールがあって、それを破る若犬が指導を受けているのではないでしょうか。野生動物の喧嘩遊びの多くは、一方が度を超えて乱暴になることで終了します。ラッシーの年齢での遊びは、手が付けられないものとなる可能性があり、ルークは、どんなに楽しくても興奮レベルを調節することが必要だとラッシーに教えていたのではないかと思います。甘噛みに本気が入り過ぎていたことを、ルークがラッシーに伝えたのでしょう。犬の世界では、抑制されたマズルへの一瞬の噛みつきがしつけの意味を持ちます（子どもの顔への噛みつきが多いのはそれが理由でしょう。同時に、子どもの顔がちょうど犬の顔の高さにあるという事実も関係しているでしょう）。ルークのように社会化された親切な犬は顎の使い方が慎重で、若い犬を傷つけるようなしつけをすることはありません。しかし、五歳児の顔の皮膚は犬の顔の皮膚と同じでは

Photos by author

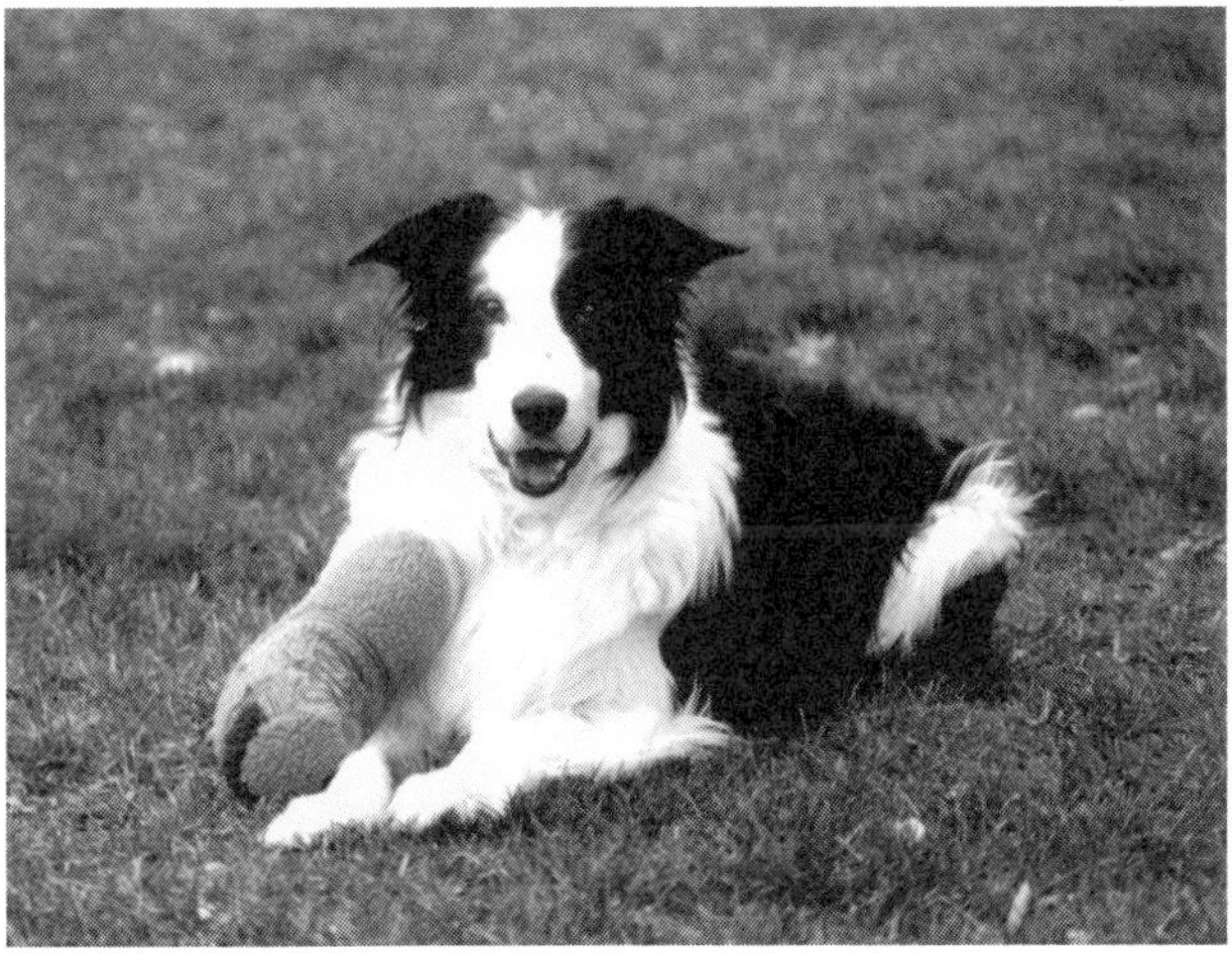

クール・ハンド・ルーク

ラッシー

ありません。犬が注意を引くために噛む強さは、子どもの顔に穴を開ける強さなのです。

理想的な遊びは楽しく、子どもらしいものです。人間にとっても、犬にとっても、肉体的にも精神的にも健全なエクササイズです。心理学者やスピリチュアルカウンセラーは、人生にもっと子どもらしい遊びを取り入れたほうがいいとアドバイスします。それは素晴らしいアドバイスだと私は思います。遊びは私たちの精神、肉体、そして心にとてもよいものです。それは人間に、そして犬たちに、自分以外の存在と協調すること、興奮しているときでも自分自身を抑制することを学ぶこと、そして自分が欲しいと考えていても、ボールをシェアすることを教えてくれます。ですから、私の言葉を「犬と遊ばないこと」と受け取らないでほしいのです。私の愛犬と私は毎日遊んでいます。私は彼らのためにボールを投げますし、自分には大きな箱入りのクレヨンを買いました。

子どもっぽくて、楽しいからといって、それが取るに足らないことではありません。なぜなら、犬との遊び方によって深刻な状況をもたらす可能性があるからです。最も安全な犬との遊びは、一緒にフェッチ（何かを取りに行く）をすることです。「かくれんぼ」のような頭脳ゲームもいいでしょう（夕食の支度をしているときに、若い犬を退屈にさせない良い方法です）。識別能力を試すゲームも楽しいです（「あの大きなチューイーを取っておいで」）。そしてあなたの犬に、下らなくて、簡単な芸を教えるのです。喧嘩ごっこは、同じ種の体格が揃っている誰かためにとっておいて、犬と遊んだ後は、涙ではなく、喜びと笑いで心を満たすことをお忘れなく。

昨夜、若いワイヤーヘアード・ダックスフントのエドガーが遊びに来た。二十秒でカウチの下にあるテニスボールに彼の鼻は反応したのだった。金色の球体を取り出そうと必死になって、床を掘り、鳴き声を上げ始めた。私たちは彼に骨だとか、音のなるおもちゃだとか、ロープのおもちゃとか、ゴムのおもちゃとか、何から何まで彼に見せてあげた。でも、彼はボールが欲しかった。その夜遅く、私は地元テレビ局のニュースをテレビで見た。世界平和、世界的飢餓、病気の蔓延に関する報道と同じぐらい、ゴルフボール、ベースボール、バスケットボールの話題が紹介されていた。人間が犬を愛しているのも無理はない。人間のボールに対する執着を理解できるのは、彼らだけだもの。

第六章　群れの友だち
人間と犬の社会とは

小さくて白くてフワフワのボールみたいなカルヴィンは、私のクライアントの膝の上で丸くなっていた。七ヶ月のころ、ペットショップからメアリーが家に連れ帰ったそうだ。彼は生まれて六週間をパピーミルで育った。同腹の子犬らと一緒に小さな金属製のケージで生まれた彼は、ペットショップに連れて行かれるまで、一度もそのケージから出されたことはなかった。そしてその後五ヶ月間、今度は別のケージに入れられて過ごすことになった。こちらのケージは毎日きれいに掃除されていた。人と彼との間のガラス窓が細菌から彼を守ってはいたが、ペットショップのスタッフ以外の誰ともあまり交流することがなく、同腹の子犬以外には、犬に出会うこともなかった。定期的ではないが、時折、犬が好きな従業員が、営業時間が終わるとケージから彼を出して遊んであげた。私のクライアントのメアリーが彼を見つけたとき、彼は丸くなって、たった一匹で、毛玉のなかにその大きく茶色い目が埋まっていた。同腹の子犬たちはすでに売られていた。

彼を見た瞬間、メアリーは運命を感じたという。離婚したばかりで、寂しく、疲れ切っていた。小さなカルヴィンはとんでもなく可愛くて、絶望的なまでに助けを必要としていた。カルヴィンは彼女をその気にさせたのだ。メアリーは助ける対象を必要としていた。なぜなら、彼女は自分自身

を救う必要があったからだ。彼女は抱きかかえて、可愛がることができる対象が欲しかった。カルヴィンは、悲しく、孤独な環境から救われる必要があった。あなたはそれを、最高の出会いと思うかもしれないが、このケースでは、生き地獄となったのだ。

私は常にクライアントに、私のところにやってきた主な理由は何かと尋ねるのだが、カルヴィンの飼い主は、たったひとつに絞るのに苦労していた。三歳になった彼女の可愛くて小さな犬は、クレートのなかで、ベッドの上で、そして家中で用を足すようになっていた。くたくたに疲れて仕事から戻ると、メアリーはカルヴィンをお風呂に入れて、尿と糞にまみれたクレートを洗わなくてはならなかった。しかしそれは、問題のひとつにすぎなかった。カルヴィンは知らない人を極端に怖がり、家に誰かが来ると吠え続けた。成長すると、吠え方はより威嚇的になり、先月、メアリーの隣人の足首を噛んだ。酷い噛み傷ではなかったが、先週再び彼は噛みつき、今回は流血の事態になった。

カルヴィンの行動にあまりにも問題が多く、メアリーは家に客を呼ぶことができず、ますますカルヴィンだけが社交の相手となっていった。しかしメアリーは人間の友だちが恋しくなり、最悪なことに、カルヴィンは彼女にまで攻撃的になってしまった。数少ない来客が来るときは、ドアを開ける前に彼を抱き上げておくようにしていたのだが、前回抱き上げたとき、カルヴィンが彼女に牙をむいた。彼はメアリーのベッドに寝ており、メアリーが無意識に彼のいるほうに寝返りを打つと、うなり声をあげるようになった。彼は彼女がぐっすり眠っているときに、足を噛んだこともある。

最初、カルヴィンは他の犬を恐れていたが、あまりにも恐れるために、服従訓練のクラスを辞めなければならなかった。しかし最近になって、恐怖のあまりうずくまっていたカルヴィンが、他の犬にうなり声を上げながら突進し、今となっては近所へ散歩に行くことすら悪夢となってしまった。彼女はカルヴィンを、犬だけではなく、人からも遠ざけなければならなくなった。それでも、疲れ切って、フラストレーションが溜まっていたとしても、メアリーはカルヴィンを可愛がり、そしてカルヴィンがメアリーを慕っているのは明らかだった。一匹と一人は、切っても切れない仲だったのだ。仕事から戻るメアリーを、カルヴィンは大喜びで迎え入れ、家のなかでは彼女について周り、メアリーと同じように、カウチで一緒に過ごすことが大好きだった。私のオフィスのなかで、カルヴィンはメアリーの一挙手一投足に注目し、メアリーは彼に触れたままだった。

私がカルヴィンと交流しようとしたときのことだ。彼はきっぱりと、私には興味がないと示していた。メアリーの膝の上にいるときだけ彼は幸せで、私が彼に話しかけると、体を固くして、呼吸を止めた。私からおやつを受け取ることはなく、私が床に投げたとても美味しいおやつも、私に近づくことを避けて、食べようとはしなかった。メアリーがカーペットの上にカルヴィンを置くと、彼はパニックになり、再び膝に乗せるまで過呼吸になった。メアリーはどうしても助けを必要としていた。彼女はカルヴィンをとても愛していたが、そのような暮らしはもうできないと考えていたのだ。彼女は私に、どうしたらカルヴィンを治すことができるか聞いた。私は彼女に、時間はどれぐらいあるのか尋ねた。

まず、私は彼女に良いニュースを伝えた。カルヴィンとの暮らしをよくできる方法はたくさんあるということ。そして、今すぐにそれを始められること。そして悪いニュースは、カルヴィンの生まれた直後の発達の状況は、完全に克服することはできないということだ。人間と同じように、犬は非常に社会的な種であり、通常の発達には子犬の特定の時期に社会的交流が必要とされる。カルヴィンは知らない人と会うときに、よりリラックスした状況でいられる方法を学ぶことはできるだろうが、彼が、普通の環境で育っていれば可能なはずだった、精神的に安定した犬になることは無理だろう。

　カルヴィンにトイレのしつけをすることは難しいと私が考えた理由は、幼犬の時に寝場所で用を足すことを覚えた成犬に、トイレのしつけをすることはとても難しいからだ。変えられる可能性があった問題は、メアリーに対するカルヴィンの態度だったが、メアリーがカルヴィンを赤ちゃんのように扱うのを辞め、成熟した大人の犬のようにカルヴィンを扱う必要があった。メアリーは、可愛いからという理由で、注目と、食事と、無料のマッサージを与えられた二十五歳の息子と住んでいるようなものだった。彼の期待を変えるために、メアリーが彼に厳しく接する必要もなければ、彼に愛情を注ぐことを辞める必要もなかった。彼女はただ、可愛い顔をしているカルヴィンは、彼女のお世話がなければ生きていけない赤ちゃんではないと気づくだけでよかった。

　六ヶ月後、彼女の努力は実り始めた。カルヴィンはおいしいおやつと来客とを結びつけるようになり、彼らに吠えたり、噛んだりしなくなったのだ。来客に触られることは好まなかったけれど、来客を侵略してくるエイリアンとは考えなくなった。カルヴィンはメアリーのことがずっと大好きで、社会的なマナーを習得し始め、イライラしたときに感情を爆発させなくなった。他の犬と仲良くする方法を彼に教えることは骨が折れるだろうが、カルヴィンは今となっては吠えることなく、唸ることなく、他の犬が近くを通ったとしても、静かに近所を散歩できるようになった。トイレのしつけが完璧になることはないだろうが、それでも、ずいぶん状況は変わったようだ。日中、彼はクレートの外にいることを許され、メアリーは帰宅後に臭う犬を毎晩洗う必要もなくなった。[01] メアリーが外出するときは、彼は奥の部屋に置かれた犬用トイレで用を足すようになった。もちろん理想的ではないが、メアリーと、彼女が愛する小さな犬にとっては十分だ。清涼飲料水でも製造するかのように人々によって作られた、決して克服できない傷を負った何百万頭もの子犬のなかの一頭だ。

社会的な繋がりを作る

この物語の悲しさは、カルヴィンの問題はほとんど予防できた点にあります。人々と同じで、犬は精神発達の過程で周囲の世界を学ぶ特定の時期があり、それは社会化の「臨界期」と呼ばれています。犬の行動に関する広範囲の調査では、生後五週間から十二週間の子犬で、人間との接触がなかった個体は、その後の暮らしのなかで人間に対して通常の反応ができなくなることがわかりました。この時期については、現在では「感受期」と呼ばれるようになりました。なぜなら、生後数週間は、最初に考えられていたほどありふれた時期ではなく、成犬の行動に大きな影響を与えることがわかったからです。この時期、子犬は、そして彼らのいとこであるオオカミは、誰が自分の社会的仲間であるかという情報を最も取り入れるのです。この時期は非常に重要ですので、インディアナ州にある調査・教育施設ウルフパークにいるオオカミの子どもたちは、母親から八日から十日間引き離され、群れに戻されるまで人間の手によって育てられます。この重要な発達期に、人間とのこのような交流がなければ、成長したオオカミは決して囲いの中に人間を受け入れることはありません。イヌ科イヌ属の動物にとって、この「感受期」に相当する時期は、その後巡ってくることはありません。成長したオオカミに、同じ程度の接触と、同じ程度の時間を与えたとしても、影響はわずかです。それは犬でも同じです。だからこそ、初期の発達が成犬の行動を左右すると理解することが重要なのです。一度成犬になってしまえば、元に戻すことはできません。カルヴィンのケースのように、具体的な進歩を遂げることはできますが、残された能力でそれをしなければなりません。

初期の発達段階の重要な期間で社会性が欠如することで、一部の犬は見知らぬ人を極端に恐れるようになります。特に、犬種として遺伝的にその傾向のある犬にとっては大きな影響があります。ブリーダーの家にいる生後四週間から五週間の間に、子犬は人間と出会って、それもできるだけ大勢の人間に出会って、様々な体格、背の高さの人を見て、それがこの世界の通常なのだと学ぶ必要があります。子犬たちが新しい家に行ったら、新しい家族との時間だけでなく、来客との時間を過ごし、安全が確認されたらすぐに、外の世界に行き、ATMを見たり、道を歩く人を見たりするべきです。子犬を外に出すべき月齢を正確に言うことはできません。飼い主自身がそれを決めなければなりません。なぜなら、あなたが認知しなければならないリスクがあるからです。例えば、子犬の免疫が完全に備わる生後十五週から十六週より前の段階では、子犬とパルボウイルスといった病原体との接触を最低限にしなければなりません。しかし、社会性を得るために、最初の、そして最も重要な時期は生後十二週から十三週に終わってしまうので、医学的リスクと、社会性の「感受期」が終了するまで子犬を隔離するという行動リスクのバランスを取る必要が出てきます。残念なことに、この二つのリスクは対立するものです。多くの飼い主がこのジレンマを解決するために、ワクチン接種が二回終了するまでは、家庭内で子犬が多くの人々に会えるようにし、安全な場所に連れて行く（例えばフェンスで囲われたご近所さんの裏庭）ことにしています。通常、生後九週間から十週間のあたりです。子犬の予防接種が完了するまで、感染症に罹る可能性のある場所は避けつつ

（例えばドッグパーク）、家族以外の人々や犬も社会的グループの一員であることを学ばせ続けます。

努力と時間が必要です

生後十三週間で終わらせてはいけません。研究によると、この期間の境界線は曖昧で、子どもと同じように、子犬はまったく同じ速度で成長するわけではないということがわかっています。それに加え、犬の社会性の発達にはこれ以外にも重要な期間があり、複雑な関係を持つ種のなかで社会的品位を得るためには経験が必要なことからも、それは当然と言えるでしょう。犬は思春期の初期においても重要な発達期間があり、それは通常生後六ヶ月から十一ヶ月の間なので、愛犬の生後一年までは社会的教育を続けるようにしてください。

私の愛犬ピップがよい例となるでしょう。動物行動学者で訓練士の犬として、彼女は社交家として暮してきました。生後七ヶ月までに、彼女はトレーニングのクラスで大変多くの人々や犬に出会い、来客を出迎えました。しかしある日、生後八ヶ月のとき、見知らぬ男性が彼女に近寄ったとき、それまで一度も男性に出会ったことがないかのように、私の足の後ろに隠れたのです。クライアントの愛犬のなかにも、その月齢で警戒心を強く持つ犬がいましたから、それがトラブルに繋がる前に、私は素早く行動しました。数ヵ月に渡って、すべての男性に対して、ピップの五メートル以内に近づく前にテニスボールを投げてくれるよう頼みました（先日セミナーでこのプロセスを説明してこう言いました。「三ヶ月の間、彼女が出会う男性全員が、まずはボールをピップに近づけました」。うっかりではなく、意図的に言って笑わせたかったです。ballsには男性の睾丸という意味もあります）。今現在、ピップは男性が大好きで、男性は全員が自分とフェッチをしに来たと思っているでしょう。

思春期を迎えると恐怖を抱くようになるが、子犬の頃は自信たっぷりの個体を多く目撃してきました。私はこのような傾向を「思春期発症型臆病」と呼び、言及できるようにしました。この行動は、ますます動きを活発にする若いイヌ科イヌ属の動物が、自分の周辺世界に対して生命を守るために発達させる自然な初期の「恐怖期」ではありません。これは自信たっぷりだった子犬が、重要な発達の踏み石に辿りつき、思春期の犬として警戒心を強くするパターンです。[02] 犬の一部は、この警戒心が恐怖心、そして関連した攻撃性に繋がるため、すべての犬は（少なくとも）生後一年は十分に社会化させる必要があると言えます。

子犬は人間だけではなく、犬とも社会的な繋がりを持つ必要があります。家にもう一匹犬がいるだとか、毎日近所の犬と遊んでいても、十分ではありません。犬や人間のような社会的な動物には、「慣れ親しんでいる」と「慣れ親しんでいない」という強い感覚があり、知らない人や犬に会うことは、普通でよくあることだと犬は学ぶ必要があります。動物行動学者として、私は犬が自分の周囲の世界をどのようにして「慣れ親しんだもの」、あるいは「慣れ親しんでいないもの」と分けていくのかを観察したことがあり、犬の行動についてより深く理解することができるようになりました。例えば気の毒なカルヴィンです。一歳になってメアリーが引き取るまで、同腹の子犬以外との接触を経験しなかったカルヴィンは、静かなアパートから狭い部屋に入れられ、十二匹の吠える犬たちと一緒に服従訓練を受けさせられました。彼は怯え、成長してからは、他の犬を寄せ付けないために威嚇するようになったのです。

犬の訓練教室を開くずっと前、博士課程の研究として犬の行動を学んでいたときのことです。その当時の私は、人間に慣れ親しんだ犬と、そうでない犬の区別がつきませんでした。ミストという名のボーダー・コリーを迎え入れていましたが、大学院の膨大な学びに翻弄され、私は彼女を、社会化訓練教室に連れて行きませんでしたし、様々な姿とサイズのフレンドリーだけど、見知らぬ犬が集まる場所に連れて行きませんでした。彼女は多くの人に会い、今まで飼ったどんな犬より、小さい子どもに優しい性格をしていました。研究のために一日十二時間から十四時間も犬と一緒に過ごしていた私は、ミストを社会化させるには農場にいる五頭の犬たちで十分だと思ったのです。当時、私は一頭目のグレート・ピレニーズのボー・ピープ、そして四頭のボーダー・コリーを飼っていました。彼らは素晴しい群れを形成していて、ミストは彼らと一緒に暮らし、遊び、そして家のなかで彼らと一緒に寝ていました。しかし生後一年の期間において、見知らぬ犬と出会った機会はほんのわずかでした。成長すると、ミストは見知らぬ犬に攻撃的になりました。ミストの行動は生まれた直後の環境だけが原因ではありません。犬の行動と人間の行動はいつも、遺伝と環境の複雑な相互作用によって左右され、ミストの場合は生まれ持った傾向が状況をより悪くしていました。多くの飼い主ができるように、私も彼女の行動を劇的に向上させることができましたし、私がミスティと他の犬の初対面をしっかり管理することができれば、ミスティは他の犬がいたとしても信頼できるようになりました。しかし、もし私が今知っていることを当時知っていたら、こんな苦労はしなくてよかったはずです。人間と同じで、知らない人と出会っても安心していられることを学べるように、犬も多くの新しい人や犬に出会わなければいけません。基本的に、見知らぬ人が、奇妙な人ではないと犬は学ぶ必要があります。そうでなければ、山小屋に隠れ、近づく人を窓からショットガンで撃つような世捨て人の毛皮バージョンになりかねません。

骨の髄まで社交好き

人間も、ありのままの自分でいるために、発達期において社会的な相互作用を必要とします。隔離された状況で実験室にいる霊長類と同じで、大人からの密接な身体的接触や社会的相互作用を十分受けることがなかった人間の赤ちゃんは、年齢を重ねると自分自身を抱きしめ、前後に体を揺らしたりするようになります。成熟できたとしても、その多くは他人に対し共感を示すことができず、その後の人生で意味のある繋がりを他者と築くことができないとされます。

しかし普通に育てられた場合、私たち人間は動物界の反世捨て人のような存在で、常に仲間との関わりや社会的交流を求め続けています。なかにはプライベートな時間を楽しむ人もいますし、大勢の人に会えば疲れますし、連絡が入ることにもうんざりしますが、それでも長期間にわたる完全な孤独を求めるのは珍しいことです。だからこそ、究極の刑罰は独房監禁です。人間は問題行動を起こす子どもに対して「タイムアウト〔罰として短時間隔離したり、黙らせたりすること〕」を行いますが、それは新しいアイデアというわけではありません。イギリスの子どもは罰として「コベントリに送られる」、つまり社会的交流から隔離されたのです。「シャニング〔避けること〕」は、不適切な行動の罰として世界中で行われています。とある文化圏では、親戚のなかの一人が社会的犯罪を冒したため、家族全体が追放されることもあるのです。シャイアン族の文化では家族全員を追放します。戦いでは命をかけて多くの敵を殺したにもかかわらず、メンバーの中の一人が道徳違反をした罪で家族全員が追放されました。彼らの勇敢さにもかかわらず、部族会議は彼らの行為を認めることなく、見返りを与えることもなかったのです。追放されたことで、彼らは機能上存在せず、彼らを認めないことは、死や肉体的な拷問よりひどい、可能な限り最も重い罰だと考えられていたからです。

究極の罰として強制的な孤立が用いられるということは、私たちの種にとってどれだけ社会的交流が重要なのかを示す良い例であると言えます。もしそれが重要でなければ、社会的交流を奪い去ることがここまで強力にはならないでしょう。この社会性への依存はすべての動物の特徴ではありません。成獣になってからも、孤独な生涯を送る動物は、グリズリーベアからトラまで多く存在します。魚や蝶といった多くの種が、集団で時間を過ごしますが、集団でいることが、社会的に作用し合っている意味にはなりません。例えば蝶は、砂利道の水たまりの鉱物といった、価値のある資源の周りに集まります。しかし彼らは必要とするものが同じだから集まるのであって、互いに惹かれ合っているわけではないのです。

一方で、霊長類は多種多様なグループであるにもかかわらず、その社会性の高さに関しては一貫性があります。霊長類の社会的関係性は複雑になる傾向があり、様々な個体との親密性や強さの度合いに応じて関係が異なります。雄のチンパンジーには強固な社会的結束があり、成長した雄は、彼を支持する他の雄の連合がなければ、支配的立場につくことやそれを継続していくことができません。フランス・ドゥ・ヴァールはチンパンジーの連携について書いた著作を『チンパンジーの政治学——猿の権力と性』と題しましたが、それには理由があります（*Chimpanzee Politics, Power and Sex Among Apes*. Baltimore, Md.: Johns Hopkins University Press, 1998（西田利貞訳、産経新聞出版、二〇〇六年））。地位を求める雄のチンパンジーは、常に権力者に取り入りつつも、他のグループから乗っ取られる可能性を常に見積もり、複雑な駆け引きをしているのです。個体によっては、両方に取り込み、権力者の恩恵を受けつつ自分の徳になるならいつでも忠誠心を変更できるようにしています。チンパンジーが下院議員に選出されたとしたら、言語や抽象概念で苦労するかもしれませんが、権力闘争に関してはよく理解できるでしょう。[03]

霊長類の多くが持つ、大きな新皮質（前頭葉）は、複雑な社会的関係性を維持する必要性の結果だという仮説があります。脳の膨大な力なくして、社会的グループ内の何十もの個体をすべて追跡できないからです（そして仮に食物が豊富であれば数百の個体になる可能性がある）。グループのメンバーはそれぞれお互いに、強くて、変わり続ける関係性を持っているからです。私たちの社会的相互作用はランダムに起きるわけではありません。狩猟採集民から都市生活者まで、私たち人間の文化は、霊長類として相互に関係し合う、普遍的な方法を共有しています。この社会的な宿命は、私たちの犬との関わり方にも大きな影響を与えています。霊長類的な社会的行動が、犬の自然な行動と衝突すれば、人間にとって（そして犬にとっても）大きな問題になりかねません。この章の残りの多くは、そのような問題の内容について、それをどのようにして回避すればいいかについてページを割いています。皮肉なことに、人間と犬に共通する社会的行動さえ、トラブルを引き起こすことになります。

社会的親密さ

社会的グループの仲間に挨拶するときの視覚シグナルは、犬のものとは違うと第一章で書きました。しかし、いくつかの点においては共通していることもあります。私たちも犬も、パーソナル・スペースに敏感で、社会的親密さと身体的親密さを一致させることを重要視しています。リアリティーショー『Who Wants to Marry a Multimillionaire?』で、男性が新しい妻をどのようにして迎えたか、記憶にあるでしょうか？　彼は一度も会ったことがない女性の元に真っ直ぐ歩き、彼女の頭を手で挟むようにして、舌を彼女の首筋に這わせました。気持ちが悪くて書くのも嫌になってきます。もちろん、あのような立場に自ら飛び込む女性を私は支持はしませんが、もし彼女が彼に噛みついていたら、真っ先に保釈金を支払うのは私です。彼の行動はとても不適切で、攻撃的にも見えました。犬の世界であっても、そう違いはありません。我々はどのレベルの接近が適切かについて、常に意識しているのです。知らない人があなたの頭を掴んでいきなり顔を近づけてきたら、大人として、どう感じますか？　もちろん、私たち人間はそれぞれ敏感さを持ち合わせています。知らない人をハグしても大丈夫な人もいますし、一方では子どもであってもハグしない人もいます。この反応は犬においても様々です。人間はすべて自分と同じぐらいスキンシップ好きという典型的なハッピータイプのラブラドールもいますし、威厳のある秋田犬はあなたの足元に座って瞑想することで愛情表現をします。ですから、可愛い犬を見かけたら、霊長類と犬の相違点、そして共通点の両方をしっかり思い出すようにしてください。もしかして、ほんとうにもしかしてというケースですが、あなたは犬にとって、パーティーであっという間に近づいて来るタイプの人、気持ちが悪いので家に帰りたいと思わせるタイプの人に見えているかもしれません。リードに繋がれて逃げ場がないと想像してみて下さい。

少し横から？

グルーミングは、人間が霊長類の親戚と共有している行動です。ほとんどの種でグルーミングは、一頭の個体が別の個体の被毛を丁寧に分け、そして汚れや寄生虫を取るという行為です。しかし、清掃は、グルーミングの唯一の機能ではありません。グルーミングは多くの霊長類の社会的関係において、重要な役割を果たしています。個体と個体の絆を強め、社会的緊張を和らげます。多くの霊長類が互いのグルーミングに長い時間をかけるのは、それが理由かもしれません。ベニガオザルは日中の活動の十九パーセントをグルーミングに費やしています。アカゲザルは霊長類界の気難し屋で、日中のわずか九パーセントをグルーミングに費やしますが、しかしそれでも、一日の大半を食料探しに費やしている彼らにしては、長い時間だと言えます。雌のオナガザルが長い時間を費やす作業は、雄のグルーミングです。チンパンジーとボノボは熱心なグルーマーであり、群れにいる別の個体の体毛を一時間もかけてきれいに分けます。グルーミングを受ける個体は、人間がマッサージを受けているときの顔そのものです。至福のときといったところでしょう。

触れられることでリラックスするという反応の傾向は、すべての動物に見られるわけではありません。多くの種にとって「社会的」であることは、個体に対して物理的に接近して、社会的交流を行う意味ですが、その交流は一日中触れられることを含みません。それでも、人生のそれぞれのステージにおいて、私たちに近い動物は長い時間を割いて別の個体に触れ、触れられることをリラックスすること、そして楽しいことと結びつけています。野生の世界では、チンパンジーとボノボは互いに触れあうことを重視した動物で、どの種よりも互いに触れる時間を過ごしています。子どものチンパンジーとボノボは、ほとんどの時間を母親と過ごします。発達過程では、身体的遊びを仲間の子どもと楽しみ、それには大量の身体的接触を含みます。より成長して遊びが減ると、互いへのグルーミングの時間が増えます。

恐怖を抱いている霊長類は、成長した個体であっても、あまりにも恐怖を感じている場合は互いにくっつき合います。自然災害の被害者や、戦争の悲劇、胸を合わせて抱き合う人々といった、恐怖に震えている人間の写真を探すのは、心が痛むほど簡単です。このような写真は、恐怖を感じている、あるいは取り乱したチンパンジーが互いを慰めるために抱き合う写真とほとんど同じです。動物の大半は、恐怖を感じたときに、互いに寄り添って慰めあうことはありません。彼らはただ、猛スピードで走り去るだけです。驚いた馬や羊は走って逃げようとし、互いに抱き合うことはありません。恐怖を感じた鳥と猫は通常、触れられることを避けます。隠れて、放置されることを願い、それは仲間であってもそうです。要するに、私たちの種は、他の霊長類と同様に触れあいを好み、身体的接触を重要視するのは遺伝的遺産によるものなのです。家族のメンバーと、あるいは災害時に出会った見知らぬ人であっても、良い時でも、悪い時でも、身体的接触を必要とする欲求は私たちの精神に深く根ざしています。触覚は私たちが持つ最も大事な感覚かもしれません。視覚、聴覚、嗅覚を失うことは大変な困難ですが、それでも多くの人がその状況に対処し、充実した人生を送ることができます。しかし触覚を失うことは、想像できない形で私たちと世界との繋がりを即座に絶ってしまいます。私たちが時折犬から手を離すことができなくなるのは、これが理由かもしれません。

ストレスを感じているわけでも、助けを必要としているわけでもない、状態が最高なときでさえ、私たちの多くは、犬を所有する他の側面と同じように、犬と触れあうことを楽しみます。これは取るに足らない必要性ではありません。静かに撫でることであなたの生理機能を変化させ、心拍数を下げ、血圧を下げるのです。犬を撫でることで体内麻薬、つまり健康の維持に大切な役割を果たし、私たちを落ちつかせて癒やす化学物質が放出されるのです。私たちにとって幸運なのは、触られるのが大好きな犬がほとんどなことです。一般的な、社会化されている犬はお腹を撫でられることが大好きですし、頭をマッサージされること、お尻を掻いてもらうことが好きです。多くの犬がグルーミングが大好きなので、喜んでそのために努力します。人間が手を休めないように、必要とあらば前足を動かしたり、吠えたりします。

しかし、一晩中ハグされたくない人間がいるように、多くの身体的接触を嫌う犬もいて、飼い主にべったりくっつくよりも、飼い主の横に敷いたラグの上で寝ることの方が好きな犬もいます。飼い主と犬がミスマッチの場合もあります。抱き合うことが好きな飼い主と飄々とした犬というペアもいますし、その逆もいます。何年間にもわたって、飼い主に「お願いだから触るのをやめて」と伝え続けてきた犬の堪忍袋の緒がとうとう切れて、このようなケースが深刻になり、飼い主にダメージを与えてしまう場合もあります。疲れている時以外は、撫でられるのが好きな犬がいますし、撫でられすぎると不機嫌になる犬もいます。朝に撫でられるのは好きだけど、夜は嫌だという犬もいます。[04] 触れられるのを求める犬が、あまり可愛がることがない飼い主と暮らすというのは、なんとも悲しいことです。肉体的必要性があまりにも違うために、互いが本当に欲しいものを手に入れられない人間のカップルを思い出させます。

霊長類である私たちは身体的な生き物ですが、グルーミングや触れられる感覚が不適切だとか、不快に感じられることもあります。あなたが一人のときに、友人が愛情を込めておでこにキスしてくれることと、車の販売店で値段交渉しているのは、まったく別のことです。犬にとっても、これは同じことなのだろうと私は思います。最も一般的な、不適切な可愛がりは、難しい呼び戻しをしたあとに頭を撫でることです。ジャーマン・ショートヘアード・ポインターのスパイクのケースを考えてみましょう。彼は三匹の雄犬と遊んでおり、そこで飼い主が彼を呼び戻しました。スパイクは意気揚々としていました。同じような体格の、同じ性別の、同じ年齢の友だちと遊んでいたからです。でもスパイクは訓練が行き届いたいい子ですから、飼い主のところに戻って、彼女が何を求めているのか確認しました。「なんていい子なの！」と彼女は言って、彼の顔の前に自分の顔を持ってきて（私たちがよくやる、あの失礼なやり方です）、そして彼の頭を撫でたのです。もしスパイクが、私が会ってきた何千頭もの犬と同じような犬であったら、スパイクは「オエッ」とか、「最悪だな、やめてくれよ」のようなことを言うでしょう。スパイクは遊びのモードに入っているのです。他の犬と競争をしていたのです。そしてたぶん、たぶんって話ですが、その最中に撫でられても、たまったものではないのです。「だってあの子、撫でられるのが好きなんだもの」と飼い主は言うでしょう。私だってそうですけど、スポーツの最中に撫でられたくはないですね。

私は擬人化した例をここで挙げているわけですが、あなた自身を愛犬の立場に立たせて考えるのは、誤解を生む危険もあります。犬がリビングルームで排泄してしまったことを、日中に出かけた飼い主に対して犬が「腹を立てているから」と考えたとしたら、犬が排泄物が大好きだという点を忘れています。犬は長い時間をかけてウンチを観察し、匂いを嗅ぎ、時にはそれを食べます。ナバホ語で犬は「スリーシャウ」で、意味は「馬の糞を食う」です。犬が飼い主に対して怒っているとしたら、そんなに素敵なプレゼントをあなたに残すはずがないのです。腹いせにラグに糞をすると考える人たちがいるようで、それが理由で犬を怒鳴りつけたり、犬の鼻を糞に擦りつけたり、最悪の場合、肉体的に痛めつけたりする人がいます。このように扱われる犬は、飼い主が家に戻ると怖がりますが（罪悪感ではありません）、次にこの酷い人物が家に戻ったときに何をするかわかりませんので、それに対する恐怖や緊張のためにラグの上に排泄してしまう可能性が高まります。

ですから、自分を犬になぞらえて考えることには問題が発生することがありますが、役に立つときもあるのです。撫でるケースでは、とても有効だと思います。なぜなら、頭を撫でられることが飼い主のところに戻る「ご褒美」である場合、頻繁に戻らなくなる犬の行動を説明してくれるからです。多くの犬にとって、この状況では、それはご褒美ではなく、罰です。私たちの訓練に来る犬たちが、飼い主に撫でられたときの顔を見てみるとよくわかります。顔を背け、まるで腐った卵の匂いを嗅いだ人間と同じように唇を下げます。その時には、頭を撫でられたくはないのです。犬は友だちと遊んでいたのですから、遊び続けたかったのです。遊び好きで、運動神経のいい犬が喜ぶのは、飼い主がよりいっそう遊びを提供してくれることです。例えば犬が戻って来たらボールを投げてあげるのです。ここでマッサージセッションを開始するのはやめましょう。「ＯＫ」と声をかけて、友だちとの遊びに戻してあげることも、飼い主のところに戻ってきて良かったと彼らが考える理由に繋がります。こうしてあげることで、彼らは感激するようです。「え、もっと遊んでいいの？　なんて素敵な飼い主なんだ！」　これでスパイクも飼い主のところに戻ってよかったと考え、次に飼い主が呼び戻したときも、戻って来る可能性が高くなります。このような活動的な犬の場合、カウチに座ってテレビを見るときのために、マッサージはとっておきましょう。もちろん、あなたの優しい声を聞き、胸を撫でてもらうことが何よりも好きな犬であれば、遊びの途中で戻って来たときに撫でてあげ、褒めてあげてもいいでしょう。でも、あなたと同じように、あなたの犬もきっと、時によって求めていることは違うはずです。球技場で抱きしめられるのは嫌なのかもしれません。撫でるべきではないタイミングは他にもあります。犬がとても興奮していたり、怒っていたりするときです。犬と人間は覚醒閾値のようなものを共有しており、感情的な興奮の度合いによって接触への反応が変わるのです。その覚醒閾値のもとでは、例えば獣医で犬が不安を覚えているとき、病院で自分が緊張しているときなど、接触することで癒やされます。このようなケースでは、「グルーミング」が、癒やしや助けになります。

私たち霊長類にとって、手を触れることによって動物を落ちつかせたいと思うことは自然なことで、それは必ずしも触れられる側だけの利益に留まりません。単に誰かが動揺しているのを見るだけでも、私たちは動揺します。ジェーン・グドールは、観察しているチンパンジーが興奮している際に、他のチンパンジーの利得を優先して落ちつかせようとするのは、自分自身も落ちつくためだと明らかにしました。チンパンジーは人間と同じように、他の個体が精神的な動揺を見せると、自分も動揺するのだとグドールは示唆したのです。だから、社会的緊張を分散させる重要な機能を果たすグルーミングは、グルーミングをする側だけでなく、される側にとっても重要なのです。チンパンジーの喧嘩はほぼ常に、最後はグルーミング合戦で終わります。動物行動学者のフランス・ドゥ・ヴァールは屋外よりも緊張感が高まると予想される狭い屋内施設にいるチンパンジーは、よりいっそうグルーミングを行うと指摘しました。狭い空間では、緊張感のある関係は深刻な衝突を招くことがあり、特に、一方が他方から逃げ出せない環境であるため、動物はグルーミングすることで互いを落ちつかせる時間を長時間過ごし、安定を図ろうとするのです。落ちつかせるために、手で触れることはとても自然に思えます。もしかしたら、私たち人間も、犬を落ちつかせるためだけに触るのではなく、彼らの不安が私たちを不安にさせないように、触っているのかもしれません。

しかし、触れることで常に相手が落ちつくとは限りません。特に、興奮して、動揺しているときは逆効果かもしれません。犬が興奮しているときに飼い主が落ちつかせようと撫でて、噛まれるのを何度か目撃しています。飼い主は、愛犬は噛むつもりはなかったと必ず言います。触られたときに、別の犬が攻撃してきたと勘違いしたに違いないと言います。それが真実の場合もあると思いますし、全く真実ではない場合もあるでしょう。人間は、感情的になってフラストレーションを抱いているときに、愛している人に食ってかかってしまうことがあります。友人を遠ざけます。時に乱暴にそうしてしまうことがあります。そういった「方向を変えた」攻撃性は、鳥から齧歯動物まで、多くの種でよく見られることで、それが犬に起きたとしても驚くことではありません。

しかし、あなたの犬がそう興奮していない場合は、触れることで落ちつかせることはできます。しかしどのように触るのかを考えることが大事です。不安な飼い主は、犬の頭から首の辺りをせわしなく触ります。自分にやってみて、それで落ち着くかどうか試してみてください（落ち着きませんね）。犬に影響を与えようとするときは、あなたの内なる感情と、声のトーンを変えることも重要です。自分自身が不安だとしても、犬をなだめたいのなら、長く、ゆっくりとしたストロークで犬をマッサージすることを学ぶ必要があります。動物病院の待合室の私は、愛犬の頭に手を伸ばしてポンポンとやっている誰かの手を止めようとする自分を止めるので精一杯です。ポン、ポン。ポンポン。ポンポンが早くなれば、犬はより一層不安になります。そしてもちろん、犬が不安になれば飼い主も不安になります。私の名前が呼ばれる頃には、私はそういった飼い主と犬を見て不安になっています。

この感情のスパイラルに陥ってしまうのは簡単ですが、同時にそれを変えるのも簡単です。自分がやっていることを理解したら、意識してスピードを落とすのは比較的簡単だと言えます。自分の呼吸に集中して、胸一杯に空気を吸い込んで深呼吸することが、私を最もリラックスさせてくれます。呼吸のスピードを下げることで、犬の動きをスローダウンさせることができます。あなたも、あなたの犬も気分が良くなりますし、他の飼い主や彼らの動物も、動物病院の待合室で落ち着くことができるかもしれません。

ペットを撫でることについて、最後にもうひとこと言わせてください。ドラムみたいに激しく叩かれるのが嫌な犬もいます。強く、荒々しいなで方が好きな犬もいるでしょう。男性同士が互いの上腕二頭筋に親愛の情を込めたパンチをするような感じです。でも、もう少し思慮深いタッチを好む犬だっているのです。社会的動物として私たちは、誰と一緒にいるかによって触り方を変えることを学びます。成人男性で妻の腕をパンチして出迎える人は少ないですが、バーで友だちに会うときはそうする場合もあるでしょう。犬の撫でられ方の好みに性差はないように思えますが、犬は人間と同じように、どのように触られたいのか、その好みは様々です。犬のブリードにも関係しています。鳥を追いかけ茨を駆け抜け、凍った水で泳ぐようなタフな野原育ちのレトリバーたちは、男性らしく腰を強めに叩かれることを好みます。視覚ハウンド〔視覚により追跡するよう訓練されたハウンド〕は砂漠を進むため、まるでエンドウ豆の上に寝たお姫様のように触れられることに敏感です。個体には差があります。そして犬のリアクションに注目すれば、何が快適なのか、あるいは不快なのか、犬があなたに教えてくれます。

ここで私たちが学ぶことができる教訓は、犬にどのようにして触れるか、いつ触れるか、常に気を配ることとです。「触られるのが好き」な犬だからと言って、毎度あなたが触るたびに、まるで価値のある宝物をもらったかのように受け取られるわけではないのです。いつもよりペットを触ってあげる必要があると感じたら、そうしてあげてください。それが大好きな犬だっていますが、中にはそれが大げさだと感じる犬もいるでしょう。一部にはあなたを利用し始め（次の章を参照）、徐々に多くを要求するようになるでしょう。子どもじゃなくて犬だからという理由だけで、肋骨や頭を叩いて喜ばれるわけはないのです。

見て、かわいい子犬！ 子犬だよ！

人間はとにかく子犬が大好きです。子犬に出会うたびに、七月のバターみたいに溶けてしまいます。子犬を連れて外に出れば、にっこりと笑いながら子犬を触りたがる人間に囲まれるでしょう。まるであなたが赤ちゃんを産んだばかりの人みたいに、彼らは優しい声を出してニコニコと笑い、さっきまで忙しそうでよそよそしかったのに、急に優しく、愛想の良い人になります。もちろん、彼らが優しい声を出すのは子犬に対してだけではありません。私たちは子猫から子象まで、哺乳類の赤ちゃんに目がないのです。

それには理由があり、それは私たちが社会的動物で、生存するためには大人に完全に依存するという特質に由来しています。誕生直後は何もすることができず、集中的で長期にわたる親からのケアを必要とします。この、長期にわたって親のケアを受けながら発達することは霊長類の特徴で、他の動物と私たちを切り離す特徴でもあります。子馬や子羊、若いアンテロープを考えてみてください。彼らは産まれて数時間で、母親と一緒に走ることができます。しかし高度な知能と高い社会性を持つ、すべての霊長類、象、オオカミ、そして家庭犬といった動物は、産まれた直後は何もできず、多くの助けが必要で、出産直後だけではなく長期間にわたる親によるケアが必要なのです。

そういった意味では、私たち霊長類は他のどの動物よりも犬に似ていると言えます。

新生児と同じように、子犬も生まれたばかりは無力ですが、犬は人間よりもずっと速く成長します。[05] 生後三週間で、子犬は最初の幼い一歩を踏み出します（たいていは後ずさりですが）。一歳になると、身体的に成熟しているとは言えませんが、とても強靭な肉体を持ち、動きも速く、本格的な仕事をこなすことができるようになります。一歳の犬はボール遊びやフリスビーのようなスポーツが得意で（しかし、やり過ぎは彼らに悪影響を及ぼします）、一歳の牧羊犬は気まぐれな羊の裏をかくほどのスピードを持ちます。しかし、一歳の人の子どもの場合、歩くのを学び始める時期で、テニスのレッスンにはほど遠い状態です。子羊に比べると、犬は成長が遅いですが、犬に比べて私たち人間の成長はカタツムリのスピードです。

この成長の遅さには目的があります。霊長類のように複雑な社会のなかで生き延びるのには、多くの学びと経験が必要なのです。もしあなたがチンパンジー、ボノボ、ゴリラ、または人間だとしたら、何十年もかかります。このスローモーションのような発達の間では、子どもは大人に依存するかもしれませんが、力がないわけではありません。子どもは視覚シグナルのセットで武装しており、それは大人を打ち負かすほどです。大きな目をした二歳の子どものかわいい顔は、最もタフなタイプの大人をも溶かします。人間の子どもは、大人のミニチュア版にようにデザインされていません。彼らは大人からケアを導き出す、羽ばたく蛾を惹きつける光のような解剖学的特徴を持って生まれてきています。体の他の部分に比較しても、子どもは大人よりも頭と目が大きく、額が広く、「前足」が大きく、目が離れて配置されています。この赤ちゃんらしい比率は、私たちに生まれつき備わっているリアクションを引き出します。子どもの写真を見ると、私たちは「ああ（Aw）」と思わず口にして、愛情の籠もった、暖かい気持ちになります。この反応は普遍的で、心理学者はこれを「ああ現象（aw phenomenon）」と呼んでいます。スクリーンにかわいい子どものスライドを映せば、聴衆から「ああ」の声が上がります。この反応は決して愚かではなく、そして些細なことでもありません。これは生物学的に重要なのです。もし大人がこのようなシグナルに無反応であれば、彼らは親としてそれほど成功を収めることはないでしょう。もし親として成功できなければ、彼ら自身の遺伝子を多く伝えることはできません。このようにして、自然淘汰は私たちの種を、赤ちゃんを見たり赤ちゃんらしき形を見ると、完全にべたべたになるように作りだしたのです。結局のところ、二歳児があのようにこの上なくかわいくなければ、何人が三歳になれるでしょうか？　若い類人猿のように両親の助けを必要とする子どもは、人間であれ、チンパンジーであれ、相当な威力のある大砲で武装しているはずです。なぜなら、長い間にわたって苦労し続ける親を、長い発達過程で引きつけておく何かが必要だからです。

体に比べて大きすぎる頭と前足を持つ哺乳類は、同じ養育反応を引き起こす傾向を持っています。赤ちゃんの犬、赤ちゃんの猫、そして赤ちゃんのクマは同じ反応をほとんどの人間から引き出します。なぜなら、彼らは共通の子どもっぽい見た目をしていて、私たちのハートを撃ち抜くからです。面倒を見てあげたいという気持ちから、特定の視覚シグナルに反応しないわけにはいかないかのようです。齧歯動物でもそうです。ウォルト・ディズニーのミッキー・マウスは一九二〇年代後半に放映が始まりましたが、最初は大人のラットのような姿で、今日のような、大きな目、大きな頭、大きな手を持つ「かわいい」小さなネズミではありませんでした。進化生物学者のスティーブン・ジェイ・グールドは、人間が子どもらしい特徴に惹きつけられることについて論文を書いていますが、そのなかにはミッキーの比較計測も記されており、子どもらしく描かれることでアニメのキャラクターの人気が高まっていく様子が示されています[1]。

子どもらしい特徴の支配下にある種は他にもいます。最も有名な例で言えば、ゴリラのココです。彼女はマンクスの子猫のオール・ボールを育て、事故で亡くなるまで面倒を見続けました。ココはガンガルチュアのように巨大な体格だというのに、小さな猫を優しく抱き上げ、まるで自分の子どものように毛繕いをしてあげていました。オール・ボールが死んだとき、彼女は打ちひしがれたそうです。最初は無気力になり、そしてゴリラの遭難声をあげ始めました。赤ちゃんのような姿に反応するのは霊長類だけではありません。水面から顔を出して、ひな鳥のように口を開ける魚にだまされる鳴禽類もいるようです。ぽっかりと開いた口は、鳥類から親の行動を引き出す特徴で、鳥類では大きな頭と大きな目に相当するので、可哀想な鳥は水に体をつけて、雛ではなく、魚の口に餌を入れてしまうのです。

私たち人間は若い犬に対して、子どもにするように反応してしまいます。その理由は、犬も体に比べて大きな頭と、額と、足と、「手」を持っているからです。大きな目とモフモフの前足は何百万頭もの犬をカーペットが敷かれたリビングルームや、暖かでふかふかのドッグベッドへと導きました。このような特徴が理由で、村人らが大きな目をした子犬を飼わずにいられなくなり、結果として家のなかに犬を迎え入れるというプロセスに重要な役割を果たしたのでしょう。しかし、子どもらしい特徴に惹かれる人間の傾向には、邪悪な側面もあります。子どもらしい特徴に反応して、欲しくもないのに犬を飼ってしまう人間が多すぎるのです。子犬を見て、世話をしたいと考えますが、子犬時代は数ヶ月です。五ヶ月を過ぎたあたりで子犬はひょろっとした若犬となり、態度もそれに従って大きくなり、年上の存在を無視する傾向が出てきます。動物愛護協会やシェルターは子犬はいくらでも引き取り手がありますが、犬舎を満杯にする、捨てられた青年期にある犬の引き取り手を探すことに苦労しています。「かわいい要素」を犬が失うとき、彼らを養育することに関わる仕事を価値あるものにしてくれる仕掛けの一つも失うのです。犬にとって気の毒なことに、人間の思春期と同じように、この年齢の犬にも多くの時間とエネルギーが必要ですが、その時間とエネルギーを与えることが、大人にとって常にやりがいがあるとは限らないのです。二本足であろうが、四本足であろうが、関係はないようです。難しい思春期にあり、そこまでキュートではない彼らと根気よく付き合ってくれる世話人が必要なのです。

パピーミル（子犬工場）の悲劇

かわいい存在に対する私たちの反応がもたらす最大の悲劇は、不注意にもパピーミルを支援してしまうことです。パピーミルとは子犬工場のことで、子犬の組み立てラインのことです。吐き気を催すような環境で雄と雌を繁殖させている場所のことです。パピーミルは至るところに存在していますが、特にアメリカの南部と中西部に数多く存在しています。パピーミルはアメリカ社会の知られざる秘密の一つで、数え切れないほど多くの動物に筆舌に尽くしがたい苦痛を与えています。私が最後に訪れたパピーミルでは、吊された、小さな金属のケージのなかに犬を閉じ込めていました。尿や糞はワイヤから下に落ちるようになっていましたが、もちろん、多くはケージのなかに残り、他にやることがない子犬がそれで遊んでいました（このような子犬のトイレのしつけは大変です）。ペットショップに送られる日まで、母犬は七週間にわたって子犬とともに閉じ込められていました。狭いケージの中に七週間も犬たちを閉じ込めることも、十分虐待と言えますが、数分でさえ子犬から母犬を放さないというのは、まさに悪意に満ちた行為です。とあるパピーミルは三百頭もの成犬がいるというのに、たった一人の世話人しか配置していませんでした。個体と向き合うという意志はないので、繁殖させている犬の気質を判断する能力は、事実上、ないと言えました。オーナーは私にこう言いました。「もちろん、犬はすべて大人しいですよ。世話人の子どもだって檻のなかに入ることができましたから」。

しかし、空っぽの檻にいた犬が、その他大勢と一緒になったときに、どのように行動するかは予測できません。恐れていて内気な犬、要求の多い犬など、私がパピーミルを訪れたときには、様々な気質の犬を目撃しました。私たちが近くを歩くと、同じケージ内にいる犬二匹が、もう一匹の犬を攻撃し続けていました。この攻撃されていた犬は、連日、地獄のように彼を殴り続けるギャングと檻の中に閉じ込められているようなものです。多くの犬に、深刻な肉体的変形がありました。突き出た下顎や、上顎です。このような問題は深刻になる場合があり、遺伝する可能性があるため、責任あるブリーダーはこのような犬を繁殖することはありません。このパピーミルにいた数十頭の犬の体は、絡まり、マット状になった毛で覆われ、皮膚が隅々まで引っ張られた状態でした。そして私にとって、最も憂鬱なのは、このパピーミルが（大繁盛しています、ちなみに）、決して最悪に属する場所ではないということです。偶然見つけた別のパピーミルでは、一度も開かれることのないケージが三段に積み上げられており、上のケージから下のケージへ、犬が尿と糞をしていました。下のケージには三十センチほどの圧縮された尿と糞があり、犬の皮膚は真っ赤にただれていました。不潔な水入れは糞尿で溢れ、緑色の藻が浮かんでいました。06

犬の強制収容所は、我々の目から隠された場所で、何百万頭もの子犬を生産し、ペットショップや「エージェント」に子犬を提供し続けています。[07] 何も知らない愛犬家が、かわいい小さな毛玉を見つけ、家に連れて帰るためです。理性がある人でさえ、可哀想な子犬を救わずにはいられません。だって、大きな目をしたその子犬にはケアが必要なのです。誰も彼女を家に連れて帰らなければ、何が起きるのでしょうか？　子犬が子犬らしく見えなくなると、価値を失うのです。[08] ペットショップは、秋のセールまで犬を棚に陳列しておくことはできません。これは店側の問題だけではないのです。子犬にとっても潜在的な危機です。ペットショップに一週間以上いるだけで、子犬の発達を阻害する可能性があります。ペットショップの「子犬（実質は若犬）」は寝る場所で用を足すことを覚え、何をしてもトイレのしつけが定着しないことが多いのです。社会性に問題を抱えてしまう犬は哀れで、最悪の場合、危険です。その可愛い子犬を飼うことで、あなたはパピーミルを支援し、あまりに哀れで奴隷のような親に不健康な動物を産ませ続けることを許しているのです。

信頼できる相手から子犬を迎え入れる

「犬」が欲しくないのなら、「子犬」を買わないで下さい。あなたが子犬を買ったとしても、たった三ヶ月であなたの子犬は思春期に入って、予防接種やしつけや社会化や運動やおもちゃやグルーミングが必要になります。まだまだあります。リストは数年にわたって延び続けます。時間もかかるしお金もかかるし、そのうちの九十八パーセントが「犬」のためであって、「子犬」のためではないのです。犬は十年から二十年程度生きますし、とても愛らしくて短い子犬の三ヶ月は、ごみを漁ったことが原因で壁に発射された下痢をきれいにする頃にはおぼろげな記憶となっているでしょう。しっかりと考えた末、犬を育てようと決めたのであれば、あなたが犬を迎え入れるのを諦めさせようとしているわけではないのです。でも、現実を知り、子犬を買うということは、「将来犬となる動物を買う」ことなのだと、自分自身に問いただすことが重要なのです。

次に、もし本当に犬を迎え入れるのなら、正しい場所から迎え入れて下さい。子犬を迎え入れるべき場所は三ヶ所あります。責任あるブリーダー、動物愛護協会（アニマルシェルター）、あるいはレスキュー団体です。「責任あるブリーダー」とは、ドッグショーで犬を見せているとか、雑誌にたくさん広告を載せている人という意味ではありません。私が言いたいのは、肉体的にも、精神的にも健康な犬を育てることに真面目に取り組み、自分が生み出した命に生涯の住処を見つけることに、同じほど真面目に取り組んでいる人のことです。私の良いブリーダーの定義は、自らが生み出した犬の生涯に責任を持つ人。それだけです。議論の余地はありません。二年前、酪農家に対して九年前に売り渡した犬を引き取りました。飼い主は牧場から離れることにしたようです。犬を売り渡したときに主張した通り、飼い主は必要でなくなった犬を私のところに連れてきたのです。そのとき、犬を新たに迎えることは避けたいと思っていたのにもかかわらず、彼らが犬を戻してくれたことに感謝しました。でも、私が繁殖させた犬に対して責任を持つことに比べれば他のことは、二の次なのです。責任あるブリーダーは、自分たちの犬が、どこかのアニマル・シェルターを一杯にしてしまうことを考えれば愕然とし、全力を尽くして自分の犬の生涯を追跡しなくてはならないのです。もしあなたが犬を買おうとしていて、その相手がどんな理由であっても犬を引き取らないというのなら（あるいは、犬を戻すことに不安を感じる相手であれば）、お礼を言って別を探しましょう。

動物愛護協会、あるいはレスキュー団体も、犬を迎える場所として最適です。セカンドチャンスを必要としている犬がたくさんいますし、シェルターやレスキュー団体の施設は、そんな犬を探すためには最高の場所なのです。若い犬や成犬ほど子犬はいませんが、子犬と同じように、いいえ、それ以上に、家を必要としているのです。「シェルターの中にさえ行けなかったわ！　可哀想になっちゃうもの！」という声をよく聞きます。でも、多くのシェルターはとてもきれいでハッピーな場所です。犬の気質を確かめ、犬と一緒に運動し、遊び、訓練する多くのボランティアがいて、犬の幸せな卒業のために、あなたの力を必要としているのです。育ててあげたい、飼い主になりたいという気持ちになっているのなら、そのエネルギーを彼らの応援のために使えるかもしれません。犬のレスキュー団体も助けを必要としています。犬の里親探しでも、一時預かりの里親捜しでも、彼らは助けを必要としているのです。レスキュー団体は通常特定の犬種を扱っていますが、こういった団体の人たちは驚くべき時間と、エネルギーと、お金を使って助けが必要な特定の犬種に素晴らしい家を見つけるために努力しています。面倒を見た犬たちの情報をたくさん持っていますから、あなたの家庭や家族にぴったりの犬を迎え入れることができるのです。

何をしてもいいのですが、ペットショップや「代理店」、そして「ノーキルシェルター（殺処分ゼロのシェルター）」なのに、たまたま一年で十匹程度出産させているなんてシェルターに誘惑されないようにして下さい。新聞に広告を出す人たちの、長い物語に惑わされないで。「実は、私の妹が母犬を飼っていました。彼女はとても忙しいので、私がアイオワから犬を連れてきたんです」なんて話です。実のところ、その妹はパピーミルの所有者で、疑うことを知らない人々にエージェントを通じて子犬たちを売りさばく本人なのです。

それまで見たことがないようなかわいい子犬を前にして、思慮深い判断をすることは難しいことです。子どもらしい特徴は強い影響を私たちに及ぼします。子犬を見ているだけで体内のホルモンバランスが変化するほどです。このホルモンは決して軽視することはできません。それはあなたの体内の強い力となって、あなたの行動を左右します。ですから、子犬を見ているときは、自分の雛ではなく魚に一生懸命に餌を運ぶ親鳥を思い出してください。そして自分自身に、その大きな目をしたかわいい子犬を連れ帰ろうとする決断の原動力は何なのか、聞いてみてください。例の、「ああ現象」現象なのか、それとも十五年にわたってその犬を好きでい続けるという思慮深い判断なのでしょうか？　私は親犬を見て、気に入るかどうかわかるまで、子犬を見ないようにしています。なぜなら、甘い息をする、ベルベットのお腹を持つ子犬を見てしまったら、イチコロだからです。一度、グレート・ピレニーズの子犬を見に行ったことがあります。ブリーダーは雌犬を別の部屋に連れて行くあいだは外にいてくれと私に言いました。母犬が「子犬に対して少し神経質になっているから」という理由でした。子犬の近くに来る見知らぬ人を信頼しない母犬は、私が求める遺伝子を持っていませんから、私はブリーダーに礼を言って、車で走り去りました。素晴らしい牧羊犬を育てているそのブリーダーは、私が子犬を見ようともしなかったことに驚きを隠せなかったわけですが、一旦見てしまえば、ホルモンの言うことを素直に聞き、連れ帰るべきでないタイミングで一匹連れ帰ってしまうことがわかっていたのです。

このようなアドバイスをお伝えしていますが、それでも子犬を販売しているペットショップ（とか、それ以外の場所）に行き、どうしても一匹連れて帰りたいと思うのならば、販売者に、その子犬がどこから来たのか、その場所に行って見学させてくれと強く求めてみて下さい。私が知る限り、ペットショップの店員は誰でも、パピーミルから子犬を仕入れることは決してないと断言します。

でも、素敵な店の素敵な販売員さんたちは、次々と素敵なことを言いますが、それが完全な真実だとは限らないのです。子犬を産んだ親犬と、子犬を育てた人たちに会いたいと強く求めて下さい。子犬を育てているあいだ、母犬がどのようにして暮らしているのか、どうしても見せて欲しいと希望して下さい。犬を診察している獣医師と直接会って話をしてください。すべて問題ないというのなら、それでいいでしょう。子犬を買って下さい。もし問題があるのなら、ペットショップに苦情を伝え、動物愛護協会に電話をし、地域の議員に連絡を入れ、せめて、知っているのに知らないふりをしないでください。可哀想な母犬と父犬を地獄から救いだして下さい。彼らが幼い子犬でないことが、あなたの助けが必要でないという意味にはなりません。

とってもかわいい

子どものような特徴に惹かれてしまうことのもう一つの問題は、子どものような顔立ちの犬を繁殖する、比較的最近の傾向です。体の一部が不均衡なだけではなく、平らな顔立ちが若い哺乳類の特徴です。子犬はまるで小さなマックトラックのように四角くて、正面が平らな顔で生まれてきます。成長すると、肉を捕まえて、食べることができるようにマズル（口吻）が伸びていきます。現代の犬種の多くは（驚くほど新しい犬種が多く、歴史はたった百年程度です）、テディベアのような風貌に犬を作り出そうとする人間の努力の結果生まれたものです。大きな目、大きな額、平らで子犬のようなマズルです。しかし平らな顔がかわいいからといって、それが犬に良いとは限りません。潰れた鼻を持つかわいい犬、例えばブルドッグやパグは、顔の骨を極端に短縮した結果であり、それは短頭症と呼ばれています。人間では重度の障害と考えられており、呼吸や脳を正しい温度に保つといった、生命維持に重要なプロセスを妨げる突然変異が原因です。その顔を愛らしいと考える人もいるでしょうが、犬の健康は損なわれています。ブルドッグのような犬は、単純に普通の呼吸ができず、それは夜間のいびきを聞いたことがある飼い主や、一緒にジョギングに行こうとした飼い主が証言しています。マズルや顎を短くすることで、全ての歯を口にしまうのがやっとという状態です。

特定の犬種を非難するつもりはありません[09]。なぜなら私たち人間の「若さに惹かれる」という傾向だけが犬をトラブルに巻き込んでいるわけではないからです。人間は珍しいものにも惹かれます。人間は、派手な動物、大きな動物、小さな動物を好むのです。例えば、北米のプレーン・インディアンが、一色の馬よりも、まだら模様の馬を好んだのもそういうことです。同じ時代に、ヨーロッパの犬のブリーダーが犬の大きさに与えた影響は驚くべきものです。人間の手を入れずに繁殖していたら、犬の体重は十二キロから十五キロ内に収まったとされますが、最近生み出された犬種の多くは五百グラムから九十キロを遥かに超えるサイズまであります。

人間による、極端な形やサイズを作ろうとする衝動は、私たち人間がどこまでも子どもっぽく、好奇心を抱いており、年齢を重ねた動物に特徴的な安定に惹かれるよりは、若者の多くがそうであるように「新しいこと」や、波瀾万丈なドラマに惹かれる傾向があることに繋がっているのでしょう。好奇心旺盛で違うものに惹かれる傾向は多くの意味で私たちにとっては良いことかもしれません。新しい環境に順応できるからこそ、人間は今ほど成功を収めているのかもしれません。大人であるのに若者の好奇心を持っていることは、新しい食材の発見、困難な手術で生命を救うこと、健康で幸せな子どもを育てるための理解まで、多くの場面で私たちを進歩させています。しかしこの新しいもの、他とは異なるものへの好奇心が、常に犬の命を守ることはありません。とても大きくて九年から十年程度しか生きられないだとか、あまりにも小さくて困難な手術を受けなければ出産ができないだとか、快適に呼吸することができないような身体的な障害を持って生まれてくる犬がいるのです。とある人たちの間で盛んに行われているように、ブリーダーやブリードクラブを批判することは簡単ですが、誰かのせいにすることだけでは有益な物事に繋がりません。愛犬家を防衛的立場に立たせるよりも、まず、なぜ私たちがそのようなことをしてしまうのかを理解し、次になにをやるべきか思慮深い決断をすることが、犬のためになるのです。

犬を巨大にしたり、とても小さくしたり、顔を平らにする人たちが、犬を愛していないわけではないのです。これは愛の話ではありません。まったく違います。私は、犬と暮らし、繁殖し、犬で競技をする人たちと生涯を過ごしてきました。私を信じて欲しいのですが、彼らは愛すべき人たちです。しかし行動に関する美徳は、特定の状況下では、トラブルとなります。美しく、新しい被毛の色や、かわいくて小さな顔を作るために繁殖することへの興味は魅惑的ですが、極端な解剖学的構造につながり、それは単に犬にとっていいことではありません。「なにごとも、ほどほどに」という言葉は、ブリーダーにとって良いアドバイスとなるでしょう。私自身も、「悪徳は過剰な美徳」という言葉を思い出しています。犬がその形になったのには理由があります。そして人間が犬の解剖学的構造を操ろうとする傾向は、控えめであれば美点となり得るけれど、過剰であれば犬の健康を損なうことになるでしょう。痛いなあ。この見解はぐさっときますよね。でも、家庭犬に対して何世紀も私たちがそうしているように、神のように振る舞うのであれば、私たちのその力が知恵を上回らないようにしなければなりません。だって、私たちって犬の「親友」であるべきでしょう？

第七章　支配的立場の真実

社会的地位が人間と犬にどのように関係しているのか

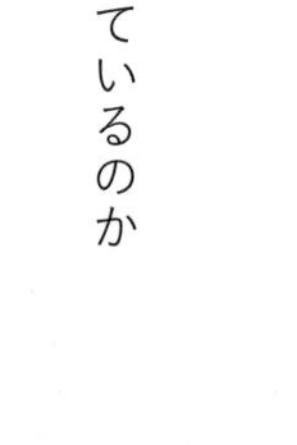

雄のチェサピーク・ベイ・レトリバーは胸幅が広く、筋肉質で、肋骨を強めに叩かれることが好きなタイプの犬だ。極寒のチェサピーク湾で鴨の猟師と働くために、氷を砕くほど強靭な肉体を持つ犬として繁殖された彼らは、タフで独立心があり、少し頑固なことで知られている。とはいえ、犬種をステレオタイプ化することを避けているのは、向き合っている犬の本当の気質が見えなくなってしまうからだ。私のオフィスに入ってきたチェスターは、まさに古き良きチェサピークの雰囲気を身にまとっていた。人間も、犬の場合でも、大きくて四角い頭は多くのテストステロンを放出していることを示す（繊細な顎をした美しい女性と、しっかりした顎を持つ古典的ハンサムな男性を想像してみてほしい）。ウェイトリフターのような筋肉質の体を持ち、まるで小柄な牛のように強靭に見えた。

私は背を伸ばして座り、深く呼吸をして、彼のなにが問題なのかと飼い主に訪ねた。「支配的な攻撃性です」と、飼い主のジョンは言った。獣医がそう判断したという。チェスターはジョンのしつけを快く思っていなかったようだ。家の中でジョンがチェスターに「ダメ（No）」と言うと、チェスターは寝室に走って行き、ベッドに飛び乗り、ジョンが追いかけてくるのを待ち、そしてジョンを睨み付けながら、足を上げて枕におしっこをするらしい。

ジョンと会話をスタートさせて数分経過したところで、私は通常の評価をスタートさせた。犬と向き合って、何か情報を得られるかどうか観察してみるのだ。評価のひとつは、私のハンドリングに対して、冷静で、鋭い目つきで直接私を見ながら反応するかどうかを確認する。冷たい目線は高い地位にある犬が自分以外の存在に警告を発しているときに現れる視覚的表示のひとつだ。「下がれ。さもなくば、警告を続けるぞ」という翻訳は、悪くないのではないだろうか。チェスターのような体格の犬がピクリとも動かず、火打ち石のような目であなたの目を真っ直ぐ睨み付けていたら大変なことになると理解するのに、博士号は必要ない。しかし、その目がどれだけ冷静であるかにかかわらず、直視はなぜ犬がそれをやっているのかという理由を説明する重要な視覚シグナルだ。そこで私はチェスターに向き合い、情報を引き出せるかやってみた。

雄であれ、雌であれ、地位を求める犬であれ、従順な犬であれ、人間に前足を触られることが好きな犬はいない。これに関して、人間と犬の間には大きな隔たりがある。私たち人間は手を繋いだり、手をマッサージされたり、マニキュアを塗られたりするのが好きだ。雄犬は特に、後ろ足を触られるのを嫌がるので、後ろ足をそっと持ち上げるだけでわかることはたくさんある。そっと持ち上げれば、あなたの手を舐める犬もいるだろう。不安になって体を硬くし、口角を引き上げて恐怖の表情をする犬もいるだろう。筋肉を緊張させ、冷たく、硬い鉄のような目であなたを見る犬もいる。あなたがプロの訓練士や、極端に扱いの難しい犬を飼っていない限り、この表情を見たことはないはずだ。私はウルフドッグに、その目を見たことがある。弾丸のような目で私を睨み付け、そして私の手に牙を食い込ませた（彼が噛んでいた骨から一・五メートルほど離れた場所から、私は肉の固まりを投げた。床に落ちたおやつを彼が食べている間に、骨を拾い上げ、それを彼に手渡した。すべて、誰かが彼の「宝物」を手にしたとしても、大丈夫と教えるためだった。〇・五秒もかからず、彼は私の手から骨を取り上げると、激怒した目で私を睨み、骨を勢いよく吐き出し、骨を渡したほうの手ではなく、もう一方の手を、強く、深く噛んだ)。

通常、あの視線は本気の警告で、怪我を回避するために与えられる時間は四分の一秒程度だ。私がその視線に反応すれば、犬が警告を続ける必要はなく、危険はほとんどない。犬が行動に移さなくてはならなくなるまで、私は愚かにも彼にプレッシャーをかけることはしない。私は静かにチェスターの後ろ足を手にしながら、目の端で彼の表情を窺う。口のなかに骨が入った状態の犬がいる方向に手を伸ばして、表情が変わるかどうかのテストをする。あるいは犬が引こうとした前足を、やさしく握ってみる。このようなテストでその犬について多くを学んでいる。犬にとって少し嫌なことにどのように反応するか、犬にとっての宝物を私が取るときに、どんな反応をするかを見るのだ。犬の反応のひとつに、じっと動かず、「ギロリ」と睨むというものがあって、その視線は純粋な攻撃と関連している。恐怖が原因の防御的攻撃でも、服従でも、受動的無力感でもない。一歩も譲りたくない犬や、見せたばかりの威嚇を続けるつもりだと示している犬に見られる視線だ。「支配的な攻撃性」を持っていると明確に判断できるウルフドッグのような雑種犬の、「二度とやるな」という視線であり、強く、一度噛むことで私をしつけ、意志を通す犬が持つ視線だ。

チェスターの後ろ足に手を添え、優しく持ち上げたとき、チェスターが一瞬のうちに、今までのところフレンドリーな犬から、攻撃的な犬へと変わる準備はできていた[01]。しかしチェスターの目は少しも変わらず、柔らかく潤ったままだった。彼は肩から背中まで、全身を揺らすように振っていた。口は開けられ、リラックスしており、彼が私の顔を舐めているあいだ、尻尾は低く、ゆったりとしていた。私は彼に伏せるよう声をかけた。彼は伏せをし、元気よく尻尾を振っていた。あまりに強く振るから、体が前後に揺れるほどだった。私は優しく彼を仰向けにすると、彼はその大きくて、かわいい舌で私の両手を舐めた。私は彼を立たせ、チーズを詰めた骨を渡し、そして手を伸ばしてそれを取り上げようとした。彼は私を見上げて、私の手を舐め、そして骨に視線を戻した。私は自分の手を骨のところまでしっかりと伸ばして、骨を取り上げた。彼は笑顔を見せながら、私にそれを許してくれた。

チェスターはプロレスラーのように育てられたのかもしれないけれど、私のオフィスでは支配的な犬のような態度は見せなかったし、彼が家でそのように振る舞っているとは思えなかった。ジョンはチェスターをいつでも撫でることができるし、グルーミングもできるし、尻尾に絡んだ植物の種子を取ることもできるし、おもちゃを取ることもできるし、フードボウルを取ることもできるし、ベッドから下ろすことも問題なくできるということだった。チェスターは来客を大歓迎した。子どもがおもちゃで遊んでも怒らず、子どもがチェスターを大喜びで抱きしめても大丈夫だし、床に寝たチェスターの上に子どもが座っても大丈夫だった。実際のところ、ジョンの考えるチェスターの問題というのは、彼にダメを言うときだけ発生しているのだ。すべてが謎だった。私は基本に戻って、ジョンにもう一度、問題がどのようにして起きていたのかを聞いた。ジョンは、チェサピークは頑固で勝手な犬になることがあると注意されたことがあり、常に彼らの優位に立たなければならないと教えられていた。チェスターがはじめて家にやってきた日、彼は生後七週間の子犬で、ジョンは彼に正しく、そしてきつくしつけをしなくてはと硬く心に誓っていた。彼は「ダメ！」と叫び、チェスターのところに走って行き、ブリーダーから教えられた通り、首根っこをつかんで強く揺さぶった。それから数日間、こんなことが続いた。ジョンは「ダメ」を徐々に強くし、その度に強く揺さぶった。タフな狩猟犬を甘やかすことはできない。子犬であってもダメだ。翌日、ジョンが「ダメ！」と大声を出しチェスターに近づいたとき、怯えた従順な犬がそうするように、チェスターは失禁した。しかし、チェスターが耳を畳み、仰向けになって排尿したときに、ジョンはやり過ぎてしまったことを悟り、すぐにチェスターに向かっていくのをやめた。このジョンが「ダメ！」と叫び、チェスターのところに突進し、チェスターが怯えて失禁するというシナリオが、その後数日にわたって何度か繰り返された。

ここにヒントが隠されている。チェスターはジョンが「ダメ」と叫んだ時に排尿すれば、ジョンが攻撃的な行いを辞めることを学んだのだ。その後、チェスターは排尿を、楽しい鬼ごっこに結びつけ、ジョンにその遊び方を教えた。ベッドに飛び乗り、枕に向かって片足をあげることだ。ジョンに対するチェスターの視線は冷たい脅迫ではなかったはずだ。チェスターは単にジョンが次に何をやるのか見ているだけだったに違いない。私の推測だが、チェスターは若者がそうであるように、年上の人物がイライラして怒っているのを観察するのが大好きで、ジョンを怒らせる完璧なスイッチを見つけただけなのだ。チェスターはここで、可哀想な被害者というわけではない。彼は学んだことを生かして、ジョンをしっかりと怒らせたが、それは支配的な攻撃性とはほど遠いものだ。結局、どこに攻撃性があったというのだろう？　チェスターはジョンに一度としてうなり声を上げたこともなく、もちろん、傷つけようとしたこともなかった。ジョンがしつけのことばを「ダメ（No）」から「違うよ（wrong）」に変えたことで、チェスターの行動は変化した。チェスターは「違うよ」を言われたときにやっていたことをやめると、何かいいことが起きると学んだのだ。チェスターはこの新しいゲームが大好きになり、最後に連絡があったときには、ジョンはチェスターのせいでシーツを変えなくなってから、もうずいぶんになると言っていた。

支配力?

チェスターの行動は、支配的な攻撃性とは全く関係のないものでした。それは飼い主の誤った攻撃的なしつけへの対処法を学んだ、賢い犬からの反応だったのです。このケースでは深刻な事態にはなりませんでした。それは、飼い主が誤った診断や友人たちからの悪いアドバイスに従う前に、助けを求めることを知っている思慮深い人だったからです。しかし家庭犬に対する誤った支配的な攻撃性という指摘や、あまりにも一般的になっている「犬の優位に立たなければならない」といった間違ったアドバイスは、時に心を引き裂かれる結果に繋がってしまうのです。

私は一生、決して忘れることはないでしょう。スクーターという名の、大きな目をした生後六週間のゴールデン・レトリバーの子犬の映像を見た日のことを。スクーターをひと目見れば、思わず家に連れ帰って、思う存分抱きしめてあげたいと思うでしょう。大きな目と、太い前足を持つ黄金色の子犬です。でも、時すでに遅し。スクーターは死にました。支配的な攻撃性が理由で、生後四ヶ月で安楽死させられたのです。訓練士から、善意の飼い主に与えられた恐ろしいアドバイスによる結果です。スクーターは、レトリバーの多くがそうであるように、物に強い執着がありました。おもちゃが大好きで、家に迎えられた日は、胸を張って家のなかを歩き回って、口のなかに入れられるものはなんでも入れていたといいます。善意の飼い主はスクーターを、子犬のしつけ教室に連れて行き、スクーターが洗濯室から靴下を盗んだら、リモコンをコーヒーテーブルから盗んだら、クロゼットから靴を盗んだらどうしたらいいかと訓練士に尋ねました（それはいつの時代も犬のお気に入りですよね）。「オオカミがやるように叱るんですよ！」と、訓練士は言ったそうです。「犬のところに行き、首根っこをつかんで、顔を正面から見て下さい。そして「ダメ！」と、厳しく、大声で叱りつけるんです。あなたが主導権を握っていることをわからせなければなりません。あなたが支配者です。盗めば許されないことを教え込むのです」。

飼い主はその通りしました。私は彼らの取り組みをビデオで見ました。初期の治療の様子では、スクーターは困惑して怯えているように見えました。口のなかにおもちゃをしっかりとくわえ、飼い主が（スクーターと同じように困惑した表情で）首根っこを強く摑み、「ダメ！」と叫びながら、激しく彼を揺さぶっていました。「ダメ！」と、何度も繰り返して言っていました。しかし、スクーターはおもちゃを口から落としませんでした。そうしようとは思わなかったのでしょう。スクーターがその時理解していたのは、飼い主が攻撃してきたということだけです。彼は筋肉を緊張させ、両目を閉じて、妥協策を探し、飼い主が離れていくのを待ちました。しかしもちろん、しっかりと結ばれた口からおもちゃを落とすという結末には結びつきませんでした。だから飼い主はより大きな声を張り上げて、スクーターの顔の数センチ前に自分の顔を突き出し、彼を揺さぶったのです。録画が続きます。スクーターは、宝物に飼い主が近づこうとすれば、徐々に飼い主にうなり声を上げ、突進するようになりました。口の中におもちゃが入っていなくても、そうなったのです。

ラストシーンは当然のように恐ろしいシーンです。目をむいたスクーターが、飼い主が足元に転がっているおもちゃの近くに手を伸ばそうとすると、うなり声をあげるのですが、そのような状態であったとしても、彼の死を考えると私は気分が悪くなります。スクーターは小さな天使ではありませんでした。彼の物に対する執着は極端なもので、幼い子どもと一緒に家に滞在させることはできないと私でも判断するでしょう。しかし、このケースの最終段階で呼ばれたという獣医師に聞くと、子犬は他の状況でうなったことはなく、家族の一員である小さな男の子を愛していて、服従訓練のクラスでは優秀だったそうです。多くの犬が厳しい罰や脅迫に反応するわけではありませんが、飼い主に与えられたアドバイスがスクーターの独占欲を悪化させ、最終的に彼を殺したのです。このケースで悲しいのは、物に執着する犬だとしても、他のことでは聞き分けのいい犬は、正しい治療を行うことで、その行動を改善する可能性が極めて高いということです。そして生後三ヶ月の子犬であれば、優しく口のなかにあるものを渡すように、教えることはできます。あなたが犬とその宝物に手を伸ばせば、代わりに特別に素晴らしいものを与えてもらえると犬が理解すれば、すぐに交換することを学びます。数ヶ月も訓練すれば、暴力ではなく、ポジティブな行動の強化を行えば、ほとんどの犬が穏やかな声かけにより口のなかの物を落とすようになります（あなたの手の中におやつがあろうとなかろうと）。生後五ヶ月のボーダー・コリーに、腐敗したウサギの死体というご褒美をあげたことがあります。それを見た人たちは驚いていましたが、当のボーダー・コリーはうっとりし、それ以来、完全に私を信頼してくれました。

スクーターやチェスターのケースが珍しければよかったのですが、そうではありません。「鞭を惜しめば子はだめになる」と教えこまれてきたように、人間は長い間にわたって、「犬よりも支配的な立場でいなければならない」と教え込まれ、支配的になることは、多くのケースで犬の攻撃性に繋がってきたのです。ニュースキートの修道士による『犬が教えてくれる新しい気づき――人が犬の最良の友になる方法　ニュースキートの修道僧たちによるスピリチュアル・ドッグ・トレーニング』（私も多大な影響を受けましたし、影響を受けた飼い主は何百万人といるでしょう）のなかでさえ、飼い主はオオカミのように振る舞うべきで、「アルファ・ロールオーバー」をするよう指示しています（Monks of New Skete, *How to Be Your Dog's Best Friend*. Boston: Little, Brown and Company, 1978（伊東隆・伊東いのり訳、ペットライフ社、一九九八年））。それは、犬を仰向けにして押さえつけ、人間がリーダーであることを犬に認めさせることとされます。本書の主な著者であるジョブ・マイケル・エヴァンスは、このようなアドバイスを書いたことを心の底から後悔していると後に語っています。

しっかりと社会化された健康な犬は、他の犬を地面に倒したりしません。服従的な個体は、自らその姿勢になります。その姿勢は、一匹の動物から別の動物に与える感情を表すシグナルであり、妥協のシグナルで、レスリングのような行動の結果ではありません。犬を強制的に「服従」させ、顔に向かって怒鳴りつけることは、防衛的攻撃性を引き出す最高の方法でしょう。犬が噛む、少なくとも威嚇を行うのは仕方がないと言えます。彼らの社会的枠組みのなかでは、あなたの行動は異常です。それだけではなく、成熟したオオカミは、口に何かが入った幼いオオカミを決して攻撃しません。間にある物から幼いオオカミを離すためにうなり声を上げることはあるかもしれませんが、一旦、幼いオオカミがそれを口にくわえたら、成熟したオオカミは幼いオオカミの好きにさせます。成熟したオオカミは驚くほど幼いオオカミに寛容で、彼らがおもちゃを盗んでも、尾を噛んでも、情け容赦なく攻撃しても平気です。オオカミは新生児の胎盤を食べたり、他の群れからやってきたオオカミを殺したりと、私たち人間が見習う理由のないことをしていますので、オオカミがやっているから人間もやるべきと単純に勧めることに説得力があるとは言えません。それに、犬はオオカミの行動を再現しているわけではありません。これを根拠に、あなたの犬にアルファ・ロールオーバーをさせるべきではない理由を四つあげます。そもそも、犬はオオカミの複製ではありません。オオカミは、他のオオカミをしつけるためにアルファ・ロールオーバーをしません。その行為は防衛心を引き出し、時には攻撃性も引き出します。犬にあなたへの不信感を植え付けます。

威嚇することで犬を支配するというアドバイスは、驚くほど蔓延しています。世界中の犬の飼い主も、訓練士も、それを正しいと考えています。獣医師、警察犬の訓練士、そしてあなたのご近所さんもそうです。子どもを決して叩かない人が、とてもあっさりと直感に反してまで「エキスパート」と呼ばれる人間のアドバイスを聞き入れ、暴力を使ってまで、なぜ犬の「優位」に立とうとするか、その理由を考えることは有益だと思います。その理由は、すべての人間が漫然と、不正確にではあるものの、本質的に理解している真実に基づいているのではと私は疑っています。社会的地位は、人間にも犬にも大事だということで、それは誰もが知っているのです。

どんな人間も、社会的スキルが乏しい人であっても、見知らぬ人が大勢いる部屋に入っていき、そのなかから社会的地位が最も高い人をあっという間に選ぶことができます。他の人がその人の周りに集まり、その人が注目の的になっているからです。人々はその人物に食べ物や飲み物を運び、ドアを開けてあげ、その人の注意を引こうとします。誰が、誰に触れるのかも確認することができます。社会的地位が高ければ高いほど、許可なくその人物に触れることができる可能性は低くなっていきます。王族のメンバーに会ったときの、自分の行動を考えてみましょう。走り寄ってハグする可能性はあるでしょうか。アメリカにやってきたイギリスの女王を、ニュージャージーから来た女性が、女王の腕を勢いよく叩きながらアメリカ式のハグをしたのを覚えているでしょうか？（一九九一年にアメリカの治安の悪い都市を訪れたエリザベス女王を歓迎した住民のアリス・フレイザーがカジュアルに抱きしめ、世界的ニュースとなった）イギリス人は驚愕しました。でも、女王がハグを求めていたのであれば、彼女からハグをしたでしょうし、誰もそれには触れなかったでしょう。[02]

人間は様々な方法で高い地位を得ることができますが、その方法がどうであれ、公平であろうとなかろうと、高い社会的地位を持つ人間は、他の人ができないことでもやってしまえるのです。世界的に有名なオオカミの研究者のひとりエリック・ツィーメンは、非常に地位にこだわる種について『世界のオオカミ』のなかで、「二種の動物間の支配関係は、遭遇する際に各動物が自身に許す、社会的自由の度合いで表現される」と記しています。確かに、力を持つ者に対する社会的制約は、私たちの種でも他の種でも存在しますが、その社会的制約は力を持たない者に比べて少ないのが事実です。最近、ミネソタ州知事ジェシー・ベンチュラが、速度制限は好きなときに破っており、時速二百三十キロで運転しても、交通違反の切符を切られることはないと自慢しているのをテレビで見ました。知事という社会的地位が、私たちには許されない自由を自分に与えているという安心感があるのでしょう。速度違反（そしてそれを自慢すること）が好ましいか好ましくないかにかかわらず、私たちは知事が私たちの大半より高い社会的地位を持っていることを知っています。通常、それは妥当だと考えられます（一流の科学者が普段着で集まって、大学院生であれば絶対に言おうとしない冗談を口にする動物行動学会を思い出します）。

社会的地位の重要さは犬同士の交流でも明らかで、それが彼らにとってどれだけ重要か、私たちに日々思い出させてくれます。挨拶の儀式でランク付けを明らかにするチンパンジーのように、犬は同じような姿勢をとって社会的地位のやりとりをします。二匹の犬が挨拶をする際の尻尾に注目すれば、犬が別の犬に対して自分をどのように考えているかがよくわかるでしょう。どちらが尻尾の根本をあげ、どちらが尻尾を下げるでしょうか（重要なのは尻尾の先ではなくて、根本です）。ペアによって違いは極端で、一匹の尾が旗のように上がっていて、別の一匹の尾が服従的にお腹の下に入り込んでいる場合もあります。別のケースでは、尻尾の位置の違いはわずかかもしれませんが、体全体の姿勢にヒントが隠されています。一匹がもう一匹よりも前傾姿勢であったり、より高く、真っ直ぐ立っていたり、耳を引いているというよりは、前に出していたら……それはより高い社会的地位を持つ犬です。両方の犬が尻尾を高くあげ、体を硬直させて立ち、まるで鏡に映されたようにそっくりな姿でいたら、犬の間に入って、互いのことではなく別のことを考えさせたほうがいいでしょう。どちらの犬も、高い社会階級を主張しています。社会的地位を求める二匹が顔を合わせたらいいことなんてありませんので、そこで解散です。お疲れ様でした。

犬は特定の順序で尿をすることで序列への注意を表します。より高い地位を持つ犬が、他の犬の尿の上にマーキングするのです。わが家では、これが毎晩目撃されています。階段を登ってベッドに行く前に、私は犬たちを最後のおしっこのために外に出します。この習慣を始めた直後は、トーテムポールの一番下のピップがまずは腰を下ろし、ラッシーとチューリップは彼女が済ませるまで待って、ピップの尿の上に済ませるべく、ラッシーが続き、最後にチューリップが済ませていました。これがオオカミの間に見られる順番で、高い地位の個体が低い地位の個体の尿の上にマーキングをします。犬の群れがいるなら、特に同性の犬の群れであれば、どの犬がいつ行くのか、ある犬が他の犬の尿を予測通りにマーキングしているかどうか、観察してみましょう。最近、私の犬たちの習慣に変化があったのは、昨年の冬、私が夜の十時に四匹の犬がシマリスの最新ニュースを嗅ぎ回るのに疲れ果てたからでした。彼らがトイレを済ませるやいなやおやつをあげて、スピードアップを図ったのです（効果絶大）。今となっては、どの犬が最初に行くかより、おやつに注意が向くようになったわけですが、それでもラッシーが残した水たまりにピップが尿をするのを見ますし、ルークが上から尿をかけられるようにラッシーが済ませるのを待つのは確実です。

遊びのなかで社会的地位の差の多くは無視されますが（私たちの種でも同じです）、社会的地位は遊びのなかでも明らかで、意味のないことではありません。チューリップはピップからボールを奪いますが、たとえ先にボールを取ることができるとしても、ピップはチューリップを先に行かせます。ピップほどボール遊びが好きな犬を飼ったことはありませんが、女王チューリップはピップより多くの社会的自由を持っていて、それはボールが欲しければ手に入れるのは彼女という意味なのです。チューリップがボールを欲しがらないときがあります。なぜなら他の女王と同じで、何が、いつ重要なのかはチューリップが決めるからです。

人間と犬は集団生活のなかで必然的に発生する衝突を解決する方法が必要だという理由で、階層的な社会システムを持つ傾向にあります。このような潜在的衝突には、誰が先にドアの外に出るか、誰が最も良い寝床を得るか、あるいは誰が誰と交尾するかなどに関係しています。私たち人間は良く知っていることですが、このような衝突を解決する方法の一つが、戦うことです。しかし、日中に繰り返し起きる衝突に対して、戦いは最善の解決策ではありません。多くのエネルギーを消費しますし、危険です。集団のなかで各個人が既定の階級を持つという社会的階層システムがあれば、衝突が起きるたびに戦うことを回避できます。集団生活において避けられない衝突を回避するための、妥当な解決法に違いありません。なぜなら、社会的動物の世界では衝突は偏在しているからです。個人の階級は変化する可能性があり、平等な社会では非常に流動的で、各個人の地位はどの時点においても物理的な存在と同様、実在しています。

客観的に見る

社会的地位に関する話題は、正直なところ触れたくはありません。なぜなら、犬の訓練の世界で、この話題は論争を巻き起こし、感情的なので、この話題を持ち出すことは電子首輪による犬の矯正に相当する危険を冒すことだからです。社会的地位という包括的概念を見るのではなく、犬の訓練で注目されてきたのは「支配的立場」で、支配的立場は攻撃性と同一視されてきました。犬にとっては不利益なことです。二つはまったく異なることですが、支配的立場と攻撃性の混同はあまりに一般的で、とある集団のなかで語られるこの支配的立場という言葉は不適切と言えます。博士号を持つ行動学者、獣医学行動学者、そして訓練士の一部は、支配的立場という言葉を使うことさえ反対しています。とある専門家会議で、その言葉があまりにも偏って用いられたために、獣医学行動学者のウェイン・ハンタウンゼンと私は冗談めかして「かつて支配的立場と呼ばれていた概念」と、まるでどこかの国の王子のように気取って言いました。この言葉を使うことに反対する人たちに共感しています。この言葉はあまりにも間違って使われており、語彙から完全に削除したくなってしまいます。

しかし、人間も犬も、注意深く組織された社会的システムのなかで生きる動物から派生した事実を無視することはできません。私たちと犬との関係は、二つの種の社会的システムがどのようにして組織化されたのか理解しようと努め、その理解が犬に対する私たちの行動にどのような影響を与えるのか考えることで、最も良い結果を導き出すのです。

Photo courtesy of Frans de Waal

どちらが支配的で、どちらが服従的なのか、一目瞭然ですね。社会的種の多くでは、高い地位にある個体が背を高くして立ち、できるだけ大きく見せることで、服従的な個体は低く、小さく見せることで、それぞれの社会的地位を表します。

このような複雑な問題の全体像を見るためには、様々な種が互いにどのように関係しているのか考えるといいでしょう。私たちに最も近い種と言われているチンパンジーとボノボから始めましょう。チンパンジーの社会では、多くの社会的エネルギーが雄による階級に費やされています。チンパンジーの世界は雄が優位で、雌よりも高い地位にある雄がより多くの社会的自由を持っています。アルファ雄のチンパンジーは最も良い食料にありつくことができ、最も妊娠しやすい時期に雌と性交することができます。[03] 高いランクにいる雄は最も注目を集め、グルーミングを受け、移動するときは他のチンパンジーが従います。低いランクのメンバーには、人間にもわかりやすい服従の姿勢で迎えられます。低いランクの個体は高い個体に手を伸ばしたり、地面に頭を下げたり、服従的に頭を下げて屈んだり、性器を見せたりします。

雄のチンパンジーの地位が特に興味深い理由は、それが一匹の個体では達成できない、支援する雄の集団なしでは維持できない連合の構造に基づいているからなのです。雌のチンパンジーも、雄の重要な権限委譲において役割を担っています。動物行動学者のフランス・ドゥ・ヴァールは著作『チンパンジーの政治学』で、この様子を記述しています。権力を得たばかりの雄が、完全にそのリーダーシップを受け入れていない他のチンパンジーから嫌がらせを受ける様子です。集団が彼に刃向かい（チンパンジーは巨大な歯を持っているので、互いを酷く傷つけることがあります）、権力を得たばかりの雄は木の上に登り、そこに留まり、恐怖で顔を歪ませ、叫び声を上げました。すると最も年長で高いランクにいる雌が木に登り、彼にキスをして一緒に木を下りて、彼の横にいることで地位を受け入れるよう皆を説得しました。彼は最終的に集団を率いることになりましたが、それも活発な雄の連合が彼を支え、最年長の雌の更なる介入がなければ成立しませんでした。集団のなかの最年長の雌が、雄の集団のなかで起きた衝突の仲裁に、非常に重要な役割を果たしました。多くのこういったケースで、年長の雌がライバルである二匹の雄の和解を円滑に進め、キスとグルーミングをすることでなだめ、一匹の手を取りライバルの横に座らせます。そして二匹の間に自分が座ると、緊張が和らぎ、直接顔を合わせても問題がなくなるまで、和解を促すのです。このように特定の雄を雌が支援するという役割と、ライバル関係にある雄同士の和解を促す行動は、チンパンジー社会では一般的なことです（なんだか覚えがありませんか？）。

ボノボも同じく、多くのエネルギーを社会的地位のために費やしますが、彼らはチンパンジーと二つの重要な点で異なっています。力関係の争いが起きると、チンパンジーは頻繁に枝を振り回したり、叫んだり、突進したり、時には深刻な戦いを起こし、威嚇をします。シェイクスピアはチンパンジーを愛したでしょうが、プレイボーイチャンネルはボノボを選ぶでしょう。チンパンジーに比べてボノボに関する自然番組をテレビであまり目にしないのは、ボノボがアメリカのゴールデンタイムのテレビ番組にふさわしくないと考えられているからでしょう。チンパンジーとは違い、ボノボは衝突をセックスで解決するからです。[04]

「オールセックス、オールタイム」の種であるボノボは、まるで私たちが握手をするように自由に性交します（ただし、私たちと同じように近親との性交は避けます）。彼らは異性間セックス、同性間セックス、正面の（顔を見合わせての）セックス、オーラルセックス、リンゴと交換のセックスをします。それも朝食前の話です。ボノボのモットーは「戦争じゃなくてメイクラブ」です。なぜなら彼らは社会的な緊張や衝突を威嚇や攻撃ではなく、セックスで解決するからです（私たち人間は、もしかして、チンパンジーとボノボの極端なタイプを合体させた生き物なのではないでしょうか。なにせ威嚇されるとすぐに攻撃的になるし、セックスにも執着しています。こんなことを考えると、私は人間という種に驚かされます。まあ、常に驚かされるのですが）。チンパンジーのように、ボノボにも強い社会的階級の感覚がありますが、ボノボの重要な階級制は雌の間にのみあり、雄の間にはありません。

この社会的階層の重視は、霊長類の世界だけに限ったことではありません。[05] 資源を巡る内部競争の可能性を持つ種の中で階層が多数存在しています。ワスプ（スズメバチなど）、ハイエナ、そして私の小さな羊の群れにも明らかなリーダーがいて、社会的階級が見られるのです。[06] 映画『ベイブ』から飛び出してきたようなハリエットは、年寄りで賢い雌羊ですが、彼女は群れをいつ、どこに動かすのか決定しています。牛も同じく階級があり、多くの初心者の酪農家が「誤った」順番で牛を小屋に入れようと奮闘して、そのことを学びます。牛自身が、どの牛が最初に入るのかを決め、賢い酪農家は牛の社会的慣習の重要性を理解し、彼らにすべてを任せるのです。羊と牛は、誰が誰であるかに多くの注意を払っているので、牧羊犬は羊の群れを見たことがなくても、数秒で群れのリーダーを理解することができます。羊の後ろに回り込むために、経験豊富なボーダー・コリーが大きな円を描いて走るとき、彼女は数秒ごとに羊の群れをチェックしています。ボーダー・コリーのハンドラーは（私もそうですが）、犬が自らの動きに対する羊の反応を確認し、どの羊がリーダーなのかを見極めていると考えています。羊に近づく犬が集中すべきなのは、そのリーダーです。なぜなら、いつ、どこに動くかはそのリーダーが決めているからなのです。

ときには、リーダーにあまりにも集中するために、残りの群れの横を素通りしてしまうことがあります。私の八歳のボーダー・コリーのラッシーは、今でも時々我を忘れてしまい、リーダーにレーザーのような視線を送りながら、はぐれた動物をそのまま行かせてしまうことがあります。この結果として、三十頭の代わりに一頭の羊を連れて戻ってきたので、彼女にはすべての羊を連れ帰るように伝えなければなりませんでした。彼女は足を止め、周りを見渡し、背後にいる羊の群れを二度見して、そして先頭の雌羊をもう一度見ました。彼女が何を考えていたのかはわかりませんが、でもきっと、「ああ、わかってますよ、でもこいつが一番大事な羊なんですって！」とかなんとか、考えていただろうと想像しています。

「大事な羊」というコンセプトは、人間である私たちも直感的に理解します。なぜなら、私たちは、意識的であれ無意識であれ、社会的地位というものを認知しているからです。

食べ物であなたは作られている

犬の訓練の世界では、地位や階級が犬の行動に与える影響について、混乱が起きています。家庭犬は、村で残飯を食べていた犬が派生した生き物であり、オオカミのような群れで暮らしていなかった可能性があるという理由で、オオカミのような群れの階級は犬に関係ないと主張する人たちがいます。鳩やネズミもそうですが、犬が人間の残飯を食べるという歴史的イメージは、あまりロマンチックではありませんが、これは素晴らしい議論であり注目に値します。[07] こういった村に住む犬は、世界中の集落にも住み着いています（「パリア（のけ者）」犬と呼ばれています）。オオカミよりも小型で（体重は約十三キロから十五キロ）、オオカミほど見知らぬ物事に対して内気ではありません。しかしこの犬について最も重要なのは、彼らが必ずしもオオカミのように密接な群れの形で生活していないということです。村の犬に関する限られた数の観察によると、彼らは一匹で暮らしているか、緩い繋がりを持つグループで暮らしていることが示唆されています。オオカミは鹿やヘラジカのような大きな獲物を主に狩るため、集団としての狩りの調整と、継続的に発生する獲物を巡る戦いを避けるために、団結した群れのシステムに依存しています。各個体は彼の、あるいは彼女の社会的地位を他のすべてのオオカミに対して持っています。

残飯を漁る村の犬の社会的関係性がオオカミの群れの社会的構造とは違うらしいという理由で、犬の訓練士の一部は社会的地位と階級はペットである犬には関係ないと主張しています。しかしそれは、私たちの持つ犬の行動に関する知識から判断すると、直感に反していると言え、環境と行動がどのように作用しているかの理解が欠けていると思います。家庭犬の社会的構造に関しては、科学者による研究が驚くほど進んでいないにもかかわらず、[08] 野生動物の社会的構造の形成については多くがすでに知られていますし、その知識を使って犬と人間の関係を理解することができます。

本質的に社会的な種の多くがそうであるように、イヌ科イヌ属は相互作用の構造において幅広い柔軟性を持っています。例えば、ワイオミングのコヨーテは、ヘラジカの死体を主食とする冬の間は群れで過ごしますが、高品質な食料が近くで手に入らない時期は群れから離れ、単独で、小型哺乳類、トカゲ、ベリーなどを食べて生きるのです。手に入るわずかな食料が広範囲に散らばっているとき、集団で暮らす意味はありません。餌の分布が変わることで、同じような社会的構造の変化が霊長類を含む多くの種で起きます。「選択的社会性を持つ種」は食料が少なくなると個別に生活しますが、食料が調達可能になるとすぐに集団生活に戻ります。低品質の食料（トカゲやベリーはコヨーテや村の犬にとってはゴミです）が均等に分配されると、通常、社会的構造は緩やかなものになります。集団でゴミの山から食料を探す価値はなく、同じような食料が周囲の環境にあるのなら、廃棄された骨や空のスープ缶を巡って争う意味がありません。しかし、同じ個体がそのような食料源を離れ、食物の質は高いが均等に分配されていない環境に住み始めると、群れのなかで勝ち組となりやすく、そして集団は戦利品を巡る深刻な衝突を回避する社会的メカニズムを必要とするようになります。

このような社会性の流動的性質は、ペットの犬が、社会的階級が重要であるかのように行動する理由を説明してくれます。たとえ彼らが、社会的リストの追跡に興味がなさそうな村の犬から派生したとしても、です。残飯や廃棄物を漁って生活している犬は、夏のコヨーテのような生態的地位《ニッチ》に存在しています。しかしそういった犬を、食料がとても美味しく、中央にある一箇所から必ず配給されるような集団のなかで住まわせると、すべてが一気に変わります。北アフリカや中央アメリカから「レスキューされた」元野良犬を何頭か見たことがありますが、飼い主のエアコンの効いた部屋で暮らし、チキンと羊肉のオーガニックドッグフードを食べた後の彼らは、階級を理解できない動物のようには振る舞っていませんでした。空のカートンや人間の排泄物を漁る以外ない動物とは違い、私たちの犬は、グルメフードから毎晩の無料マッサージまで、紛れもない金鉱の上に座っているのです。それが競うに値しないのだとしたら、一体なにが値するのでしょうか。

納得のいく仮説があります。社会的地位は犬にとって非常に重要ではありますが、オオカミほどそれに執着してはいないという説です。犬はどちらかというと、成熟しているというより若いオオカミのような存在で、成獣に比べて社会的階級に無頓着とされます。エリック・ツィーメンのオオカミ研究には(『世界のオオカミ』)、「階級の違いは高い階級にいるオオカミにとって最も顕著であり、低い階級ではそれほど目立たず、若いオオカミ、生まれたばかりのオオカミには存在しない」と記されています。もちろん、人間の世界では物事はより複雑ですが、私たちの種でもこれが当てはまると言えないでしょうか。若い子どもは、階級など一切こだわりません。私たちは成長しながら、一部の人間は他の人間と不平等である〔特権を持っている〕と学ぶ必要があるのです。

アメリカの家庭犬というカテゴリのなかでさえ、その社会システムに関して、本格的で厳密な調査を行えば、犬がどのように生活しているかによって、地位の重要性のレベルが変わることがわかるのではないでしょうか。犬小屋に住んでいる犬、裏庭に鎖で繋がれている犬に比べ、屋内に住んでいる犬には地位に関わる問題行動が多いように感じられます。ですから、「犬」の社会的行動を語るときには気をつける必要があります。なぜなら、同じ犬でも環境によって行動が変わる可能性があるからです。

支配的立場の真実

社会的地位を理解することが最も重要な理由は、「支配的立場」への誤解が、恐ろしいほどの虐待行為に繋がっているからです。オールドファッションな服従訓練を要約すると、「言われた通りにやれ。そうでなければ痛めつけてやる」です。人間が言うことを犬はするべきだ、なぜなら人間がそう言うのだからということです。結局のところ、私たちは人間で、彼らは犬で、当然人間は犬よりも高い社会的地位を持つのです。もし犬が服従しないというのなら、それは飼い主の社会的地位に挑んでいるということであり、その地位を守るために強制的に服従させる必要があるということなのでしょう。残念なことに、物理的な力を使って犬の優位に立つ方法は効果があるケースも存在します。特に、明るい性格のタフな狩猟犬などはそうです。スタミナと「不屈の」闘志を持つよう育てられた犬種では、多くの犬が荒々しい矯正と「支配的立場の誇示」を受け入れます。しかしこのアプローチが多くの犬を恐怖に陥れ、犬は飼い主を恐れるようになり、あるいは常に攻撃されていると錯覚して、防衛的、攻撃的になる場合もあります。

数年前、二人の女性が、キャトルドッグの雑種犬がまったく言うことを聞かず、支配的な態度を取るとして私の元にやってきました。その犬が支配的だと考える理由を私が尋ねると、「アルファ・ロールオーバーに絶対に従わないんです」と答えました。私は二人にデモンストレーションをお願いしました。犬を観察するためでした。一見とても親切で、優しそうな一人の女性が犬の首を摑むと、空中に勢いよく持ち上げ、犬を背中から地面に叩きつけました。地元の訓練士から指示さ

Photo by Cathy Acherman,
courtesy of the Coulee Region Humane Society

大きさがこれだけ違えば、人の最も優しい挨拶さえも犬にとっては支配的立場の誇示に見えることがあります。

れた通り、パニックになって息も吸えない状態の犬に覆い被さるように立ち、犬の顔に向かって彼女はうなり声を上げました。あまりにもあっという間に起きてしまって、止めることができませんでした。気の毒な犬はどう考えていたでしょうね。私自身、呆然としてしまって何もすることができませんでした。幸運なことに、飼い主は「アルファ・ロールオーバー・スラムダンク」をレパートリーから外すことを喜んでくれました。助言通りにやらなければと考えてはいたものの、二人とも、とても嫌だったそうです。

可哀想なキャトルドッグの話は、毎年、世界中で犬の訓練と称して身体的虐待を与えられている何百万頭もの犬のなかの一例に過ぎません。多くの人間が「支配的立場」を「攻撃性」と同一視して、欲しいものを手に入れるためならあっさりと攻撃を利用しようとします。まったく皮肉なのは、支配的立場とは実のところ、攻撃性を減少させるためにデザインされた社会的構造であり、それを助長するために作られたものではないということです。階層的な社会的システムは個人が争うことなく対立を回避することを可能にしてくれます。社会的地位が本当に高い人物は、強制する必要がないほどの力を持っています。強制は実際には、本物の力の欠如を表していると言えるでしょう。なぜなら、真の力があれば、強制など必要ないからです。あなたに対して、椅子に「座って動かないで」と言えますし、あなたに対して私が十分な社会的地位を持っていれば、私は言葉だけであなたを従わせることが可能なのです。もし私に地位に関係する力がそれほどないのなら、銃の力を借りるか、あるいはより悪辣な方法を選ぶとしたら、私の四頭の犬をあなたの家のなかで一週間放し飼いにします。言い換えれば、十分な強制を発揮する方法を見つければ、あなたを従わせることができますが、それは、そもそも自分が無力の場合だけなのです。

「地位」、「支配的立場」、「攻撃性」はそれぞれ完全に違うもので、私たちがそれを混同したら、犬にとって何もいいことはありません。地位とは社会におけるポジション、あるいは階級で、一方で支配的立場は各個人のなかの関係性を表すもので、特定の状況において、一方が他方よりも高い地位を持つという意味です。攻撃性とは必ずしも支配的立場の一要素ではありません。攻撃性は、生物学者の定義によれば危害を及ぼす行為であり、一方で支配的立場とは階級のなかのポジションであるということです。君主が殺害されるような血が流れる暴動は人間の攻撃性の一例ですが、一方で、君主が存在したという事実は社会的階級の一例です。その君主、大統領、群れのリーダーは過去の君主との家族関係があった、あるいは選挙によって暴力なしで選ばれたのかもしれません。このように、攻撃性とその脅迫は高い社会的地位を獲得するために使われることもありますが、それは必要のない場合が多いのです。

犬の訓練士の友人ベス・ミラーは私のルークを「生まれつきのアルファ〔群れの第一位〕」と呼び

ます。ルークは静かで自信に満ちた犬で、自分の居場所に満足しており、自分自身を誇示する必要がないようです。訪ねて来た犬を友好的に迎え入れ、尾を上げて、耳を前側に倒し、農場でナンバーワンの雄だという姿で歓迎して見せます。[09] 彼は犬対犬の攻撃性の治療のケースで、ほぼ毎週私を手伝ってくれていますが、相手の犬が彼に対して挑んでくることが、これまで数え切れないぐらいありました（身体的な怪我に繋がるリスクに晒すことはありません。ご心配なく）。しかし、ルークが社会的地位の高い犬であり、「支配的立場」を他の犬に対して見せているとしても、それは彼が攻撃性を持っているという意味にはなりません。犬が吠え、彼に向かって突進すると、ルークはシンプルに顔を背け、緊張をそらし、その犬に対して一切エネルギーを払わない、それだけのことなのです。ルークが唯一許さない行為は、他の雄にマウントされることです。犬が発情期でない限りマウンティングは社会的階級の表明であり、セックスの意味ではありません。もし犬がルークにマウントし始めたら、ルークは短いうなり声を上げるか、うなりながら突進して、挑戦してくるのであれば受けて立つ意志を表明します。犬はルークの階級の誇示を受け入れ、問題なく彼に従います。[10]

かつて支配的立場と呼ばれていた概念

もし支配的立場が攻撃性と同じでないのなら、それは一体なんなのでしょうか？　数十年前、動物行動学の分野で初めてこれが議題に上がったとき、支配的立場という言葉は二匹の動物間の関係性だと説明されていました。支配的立場は、「望ましいとされ、限られた資源への優先的なアクセス」と定義されていたのです。それ以下でもなく、それ以上でもありません。それは地面の一本の骨を、二頭の個体が欲しがり、そして手に入れるのはどの個体なのかということです。それは、二匹の雄のうち、どの雄が雌のチンパンジーと繁殖ができるのかという話です。好まれる（本当に手に入れたい）、限られた（分配するには足りない）、資源（最良の食べ物、最高の寝床、最高のオフィス、その他たくさん）への優先的アクセス（私が先に取る）なのです。

支配的立場の解釈で飼い主にとって重要なのは、社会的自由がそれについてくるということです。撫でてもらうためにずっとしつこくしてくるのに、ドッグベッドに寝ているときに手を伸ばすと唸ったりする犬がいます。階級を求める犬、自分の序列が高いと感じている犬は、あなたに触れる自由を感じ、撫でられたいときにはそう求めますが、あなたがその社会的自由を得ると警告を発するのです。[11] 次の章では犬と私たちとの間の、階級に関係した相互作用の実用的意義を説明しますが、今は社会的階級の動物行動学に着目する価値があるのです。

人間は社会的階級と支配的立場を混同します。なぜなら、とある犬は常に先に骨を得るけれど、他の犬は先にドアから出るといったように、犬には一貫性がないように感じられるからです。しかし支配的立場や高い社会的階級とは、ある個体がいつ何時でもすべてを手に入れられるという意味ではありません。支配的立場にいる個体は、常にすべてを最初に手に入れる必要はありません。疑問を挟む余地はなく、チューリップは私の農場で最も高い地位にいる犬です。どのボーダー・コリーも、彼女の足元に転がっている骨や死んだウサギを本気で奪おうと企てることはしません。しかし、チューリップにはそこまで大切ではないものもあって、階級が低いピップは社会的順位を崩すことなくカウチに寝ることができます。なぜなら、チューリップもカウチで寝ることが大好きですが、ご褒美の骨ほどカウチについて関心がないからなのです。支配的立場にいる個体は、彼らが享受している社会的自由の一部として、何が重要かを宣言することができるのです。

社会的階級とは、最も強い個体が主導権を握るという意味だけに留まらず、より複雑です。高い階級の個体は、通常グループ内の他の個体の支援に頼っており、それなしで地位の維持はできません。支配的な雄のチンパンジーは、支持するチンパンジーの連合があってはじめてその地位を維持することができるのです。独裁的な支配的立場のオオカミは、群れの一致団結によってその地位をひっくり返されることがあります。人間である私たちにとっては見慣れた光景ですが、高い階級にある人間は境界線を越えることで我を忘れ、その権力を失うのです。

社会的階級のある動物にとって、集団は「支配的な」個体と「集団の残り」で構成されているわけではないと認識することも重要です。典型的な社会的階級は三つのカテゴリで構成されています。第一は「アルファ」、あるいは支配的な個体です。そして第二は「ベータ」で、常に階級を求めて地位の向上を目指している個体の集まりです。第三の「オメガ」は単に競争から脱落している個体の集まりです。例えばオオカミの場合、オメガの集団が常に子オオカミや若いオオカミを受け入れていますが、リーダーにはなりたくないという成熟したオオカミが含まれる場合もあります。リーダーになるということは、どんな動物の種であっても責任とリスクを負うことで、それは人間の場合と同じです。こういったすべての証拠から、「トップ」になりたいと求める気持ちは、多くの種の動物の個体差によることを示唆しています。すべての犬が支配的になりたいと思っていないことは確かですが、訓練士の一部は、彼らはそう思っていると判断しているようです。多くの犬が、多くの人間と同じように、出世を目指し、常に社会的に登り詰めることを目指し、他者からどのように見られているかを気にしているのは事実です。このような犬の多くは、地位を向上させられるならば何でもしますし、その結果群れのなかで行き着いた場所を受け入れます。しかし、社会的自由を完全に得ようと、それを求め続ける犬にも遭遇したことがあります。こういった犬は珍しいですが、求めるものを手に入れるためには何でもしますし、あなたを傷つけても気にもならないので、とても危険です。

人間であろうと、犬であろうと、あまり物事に執着しない個体は存在します。集団の重荷を背負いたくない個体だっているのです。地位を向上させようと多くのエネルギーを費やす人がいることも知っていますし、九時から五時の仕事を喜んでする人もいますし、庭の手入れや子育てを楽しむ人もいますし、階級がもたらす注目と力の奪い合いは他人にお任せという人だっているでしょう。どちらの視点が正しく、間違っているかなんてことはありません。私たちの社会はきっと、スムーズに機能するためにそのような多種多様な人間を必要としているのでしょう。もし誰もが委員会のトップになりたがり、会社のトップを目指していたら、とんでもないことが起きるかもしれませんし、その一般的原理は、犬でも人間でも真実なのです。

しかし、極端に服従を示す犬（そして人間）に騙されてはいけません。犬があっさりと服従の姿勢を他の犬に見せたからといって、それは彼、あるいは彼女が階級を常に狙う犬ではないという意味にはなりません。極端な服従的姿勢を見せながらも、時が経つにつれて、あるいは群れの構成が変わると、トップを取る可能性を持つ犬（特に雌犬）を私は多く目撃してきました。たとえ足元のひれ伏していようとも、ソーシャル・クライマー（社会的に登り詰めたいという人）が誰なのか私たちにとっては明確なように、他の犬たちはこういった個体が隙を狙っていて、そのタイミングがやってくるのを待っているだけだと、完全にわかっているでしょう。服従的な振る舞いに必死になる人に限って、最も階級を意識し、最も階級を求める人であったりします。昔、大学で私のところにやってきては、私が学生たちに伝えた叡智についてひれ伏すように褒め称える生徒がいました。従順な、なだめる言葉で私を囲うようにしつつ、彼はどんどん近くに寄ってきて、他の生徒が想像もしないような特別な注目を私から得ようとしてきたのです（彼は授業の終わりに私に会いたがり、授業の内容を彼にひとつひとつ、繰り返して聞かせることを望んでいました）。彼のこの行動は、懐柔と自己主張の見事なコンビネーションで、これを表すために、私は新しい言葉を作ってしまいました。それは「攻撃性のある媚び」です。犬を表現するときにも使うようになりました。

ベスという名のボーダー・コリーの雌を飼っていたことがあり、彼女は農場にやってくる犬を、高い地位にいる者に典型的な姿勢で出迎えるのでした。耳から尻尾まで、体全体を伸ばすようにして背筋を整え、意味ありげに、自信たっぷりに新入りの方に小走りをして向かうのです。新入りはすぐに、自分が彼女のテリトリーに訪問していること、彼女には自分たちにはない権利があることを受け入れ、そのシグナルを送ります。頭を低くし、尾を下げ、体を後傾させ、ベスに好きなように自分たちの体の匂いを嗅がせたのです。しかしある日のことです。がっちりとした体格のハスキーの交配種がやってきて、ベスは同じ程度の地位の犬に初めて出会うことになったのでした。訪問者に向かって自信たっぷりに走って行ったベスを、ハスキーはじっと立ったまま、尾を上げ、頭を上げた姿勢で待ちました。ベスが足の下の匂いを嗅いだときに、ハスキーは怒ってうなり声を上げました。四分の一秒もかからず、ベスは後ろ足を開いた状態で地面にひれ伏し、「鼠径部呈示」と呼ばれる状態になり、前足を畳み、頭を横に向けたのです。このとき、訪問してきた犬が匂いを嗅ぎ、ベスは週末をかけてハスキーを王族のように扱ったのです。

二匹は一緒に遊び、一緒にうろつき、一緒にウサギを追いかけましたし、リビングルームのラグの上で横に並んで寝てはいましたが、高い階級のベスが、あっという間に誰よりもおべっか使いに変身し、女王ハスキーの口を舐め、お辞儀をしていたのです。ある日の朝、私は他の犬たちと一緒にベスがひれ伏す様子を観察していました。数分後、犬たちと私はちらりと視線を交わしました。人間の友人ともよくやることです。彼らが何を考えていたのかはわかりませんが、それでも私と同じぐらい楽しんでいたのではないかと思わずにはいられません。ハスキーの近くにいるベスしか見ていなかったら、きっとベスを最高に服従的な犬だと考えたでしょう。ですから、ベスとハスキーの話を思い出して欲しいのです。服従的な態度を示すすべての犬が生涯にわたって従属を望んでいるわけではないのと同様、攻撃性のある媚びを売る人が、社会的階層の底にいつまでも留まりたいとは思っていないということを。

アルファになりたい（アルファ・ワナビー）

特定の個人が地位を求める人間かどうか知ることが重要な理由は、多くの種の社会的階級のなかで最も攻撃的な個体が存在するのはベータグループで、地位を求める個体は支配的立場を獲得しておらず、しかし地位を争っている状態だからなのです。例えば、支配的な雄のオオカミは群れの中間の地位にいるオオカミが群れの生け贄を攻撃してもそれに加わることは滅多にありません。このようないじめはオオカミの群れではよくあることで、通常はアルファの次の順位の「ベータ雄」によって行われます。エリック・ツィーメンは、アルファの地位にある雄のオオカミはほぼ常に「桁外れの寛容さを示す」と記しています（彼はベータ雄が他の階層のオオカミに比べて三倍の攻撃性があるとしています）。

社会的地位のベータのカテゴリに当てはまる個体の攻撃性は、社会的階層のある多くの種で一般的で、それには人間も含まれます。社会学者なら誰でも、会社のなかで最も緊張感を持ち、あからさまに攻撃的なのは中間管理職だと言うでしょうし、類人猿や猿を研究している霊長類学者であれば同じことを言うでしょう。確かに、権力闘争をしている人間の行動を考えれば、直感的に理解できることです。ワシントンDCは大統領と、地位のないフォロワーで構成されているわけではありません。常に権力と地位を争う巨大なベータ集団が存在し、アメリカの首都からの最新ニュースを見る限り、そこでの争いは激しいものになるようです。多くの人たちがベータのトップとなりたがり、支配的な人物の恩恵にあずかろうとします。それがアルファ雄であろうと、アメリカ合衆国大統領であろうと、君主への自由なアクセスを得るためです。私はこれをキッシンジャー〔ヘンリー・キッシンジャー。元アメリカ合衆国国務長官〕現象と呼んでいて、犬の世界でもよく目撃しています。

地位の重要性は、個体の順位次第でもあります。例えばオオカミでは、階層の違いはより高い地位のオオカミの間では顕著で、より低い地位のオオカミたちの間では曖昧です。私たちの種のなかでは、個人の社会的階級が上がれば上がるほど、地位はより重要になるように思えます。オリンピックで金メダル、あるいは銀メダルを取ること、同じ競技で二十三位になることと、二十四位になることでは、どちらの名誉がより意味を持つでしょうか。もし私が金メダルを取ったのに、銀メダルを取ったと祝福されたら、私は相手を正すでしょう。でも、二十三位と二十四位の違いだったら、私は相手を正すかどうかわかりません。資源の価値も関係してきます。小規模の牧羊犬の大会で起きた不手際が原因で一位を逃したことを寛大にも許す人たちが、大規模な大会で一位を逃した場合、躊躇せずに激しく抗議するのを見たことがあるのです。

二つの異なる種が同じ群れに入ることができますか？

人間にも犬にも階層は重要ですが、それが互いの関係にどう影響を及ぼしているのでしょうか？二つの異なる種の個体が、例えば人間と犬が、異なる階層性のなかで異なる地位を維持しながら、ひとつの社会的ユニットに統合されることが可能かどうかは、完全には明らかになっていません。この疑問は科学者からもっと注目されてもいいですし、犬の訓練士からも、愛犬家からも、もっと注目されるべきだと思います。とある夜、カクテルを飲みながら、同じ動物行動学者のジョン・ライトと、犬が人間を彼らの社会的階層の一員と見なしているかどうかで大いに議論を交わし、私はそれを心から楽しみました。彼はノーと言い、私はイエスと言い、二杯目のジントニックを飲む頃にはどちらが正解なのかはどうでもよくなりましたが、それが素晴らしい問いであることには同意したのです。私の意見としては、犬と人間が一つの社会的階層で共存できるのは、支配的立場と社会的地位の定義が理由です。もし支配的立場が「資源への優先的なアクセス」であり、他の個体より多くの社会的自由を得ることなのだとすれば、資源に溢れた家に一緒に住んでいる個体同志が、群れを作る動物と同じ問題を共有するのは理にかなっていると思うからです。自分と犬の間にポークチョップを落としたとすれば、あなたは、自分がシェアしたくないものを欲しがる二個体のうちの一体なのです。

私は家族のなかの誰かに挑む犬をよく見ますが、彼らは人間を下の階層だと考えています（小さくて、優しい声をしていて、面倒見のよい女性は特に）。しかし、家族のなかでより権威のある家族には決して挑みません。それに加え、犬たちは人間に対して、同じ種を出迎えるときと同じ視覚シグナルを使って出迎えます。頭を上げ下げし、尻尾を伸ばしたり、振ったりするのです。ほとんどの犬が、別の種に対してそのようなアプローチをしません。彼らは興味の対象として匂いを嗅ぎ、おもちゃのように遊びます（チューリップが子羊にそうするように）。あるいは獲物のように扱いもします。もちろん、それには例外もありますが、犬が人間以外の動物を社会的な仲間のように出迎えることは、その家で一緒に暮らしていない限りは、稀なことなのです。犬は私たちを、あたかも彼らの社会的輪のなかにいる生き物と理解しているように行動しますし、彼らがそう考えていても不思議ではありません。私たちは異なる二つの種ですが、私たちは一緒に暮らし、寝て、食べ、そして資源を巡って対立しているのです。

犬がうなり声を上げたり、噛んだりする多くの深刻なケースで支配的な攻撃性はあまり関係していませんが、社会的地位が問題を引き起こした一つの要素となったケースはあります。犬が必ずしも支配的でなかったとしても、社会的地位が無関係という意味ではありません。同じ家に住んでいる犬同士の喧嘩の多くが社会的地位を争っているものだと私は疑っていますし、飼い主を噛んだケースでは社会的秩序を巡る衝突があったのではと考えています。家庭内で起きる犬の喧嘩は同性同士（オオカミ、羊、馬、そして多くの霊長類で性別による序列があります）で起きます（怪我も重症です）。喧嘩は若い個体が成熟する時期、そして地位が関係する時期に頻繁に発生します。そして喧嘩は主に食料、スペース、そして注目といった資源を巡って発生します。しかし犬と人間がいる家の中では社会的階層が複雑なため、最も甘やかされている犬であっても人間がドアを開けるまで、犬のフードを出してくるまで、あるいはリードを持って来るまで待たねばなりません。地位を求める犬はベータカテゴリで高い地位にあると考えているか、アルファの地位を狙って飼い主に対して複雑で流動的な交渉をしているのではないかと疑っています。もしあなたの犬がそのようなタイプであれば、次の章では、犬が忍耐強く礼儀正しくなることを学ぶ間に、あなたが慈悲深いリーダーとなれるアイデアを紹介しています。

私欲のない正直者（で、賢い者）が最後は勝つ

犬と暮らす人間が理解しなければいけない社会的構造の要素がもう一つあります。そしてピップがそれをよく表しています。ピップは疑いようもなく、農場内では最も低い地位にいて、衝突を何より恐れている犬です。彼女はお腹が減っていても、骨を巡ってチューリップに挑もうとはしません。しかし昨夜、リビングルームに座る私の周りで犬たちが寝転んでいたとき、チューリップのガムをピップが盗んだのです。部屋の中心で寝転んで骨を噛んでいたチューリップから、三メートル程度離れたところで寝ていたピップは、チューリップを見ながらニヤニヤと笑いつつ、尻尾を振ってトントンと床を鳴らし始めました。頭を低くし、服従的に口を引き、彼女はもじもじしながら床を横切って、ゆっくりと、しかししっかりと、チューリップに近づきました。最終的に彼女はチューリップの真横まで移動し、チューリップの口をしつこく舐めつつ、頭を下げ、尻尾を振り続けました。このような行動は能動的服従と呼ばれますが、宥和を促す表現であり、礼儀正しい犬の社会では攻撃を抑止しますので、チューリップはピップに唸らず骨を噛み続けたまま、ピップの長くて濡れた舌を無視しようと努めていました。ピップはとにかくチューリップを執拗に舐め続け、どんどんスピードを上げ一生懸命に舐め続け、とうとうチューリップは目を閉じて彼女から顔を背けたのです。チューリップは、私たちが誰かにとにかくどこかへ行って欲しいときにするように、遠い

Photos by author

初対面でチーリップはコディに覆いかぶさり、コディはチーリップに気に入られようとできるだけ体を小さくしようとしています。

目をしていました。しかしピップが服従的だからといって、彼女にスタミナがないわけではないのです。ピップはとにかく諦めず、身をくねらせ、ひれ伏し、女王チューリップがとうとう立ち去るまで、彼女を舐め続けたのです。勝ち誇ったように、ピップはゆっくりと骨を堪能することができました。一方で私は、口をあんぐりと開けて、地位が低いのにもかかわらず欲しいものを手に入れるピップのその能力にただただ驚いたのです。ピップのこの成功が明確に教えてくれているのは、社会的地位が、欲しい物を手に入れる唯一の方法ではないということです。すべての犬の飼い主が理解しておく必要のある二つの重要な原則を、ピップの行動が示してくれています。まず、社会的地位は人間と犬の関係において重要ですが、私たちと犬との相互関係における多くの側面のひとつでしかありません。特に、地位を追い求めないタイプの犬の場合、支配的立場に向けられる注目の大きさは、その関連性に比べて不釣り合いなものです。次に、社会的地位が重要な犬に対して、決して飼い主がやってはいけないことは、厳しい、罰を目的とした訓練テクニックを使ってしつけることです。こういった方法はほとんど必要ではなく、容認できないと考えるべきです。妻や子どもを殴ることが決して容認されないことと同じです。あなたの犬が住む可能性がある家は三タイプあることを忘れないでください。まずは、人間が愛犬を服従させるために力と威嚇を使う家庭、犬がすべての社会的支配権を持ち、欲しい物は欲しいときに全て手に入れる家庭、あるいは賢く、慈悲深いリーダーであるあなたが導く、平和で、調和の取れた家庭です。あなたは選ばなくてはいけません。犬が選べないことを忘れないでください。

コディはピップのように服従的な犬には身を屈めることはしません。コディは立ったままで、ピップが身を小さくしています。

コディがおじぎをした後に身を伏せると、ピップは首をすくめてコディよりも小さく、低くあろうとします。

第八章　辛抱強い犬、賢い人間

辛抱強くなること、礼儀正しくいることを教え、あなたが慈悲深いリーダーのように振る舞えば、あなたの犬はより幸せになれる

雄のボーダー・コリーのドミノが小走りで私のオフィスに入ってきて、私の手の匂いを嗅ぎ、次に部屋のなかを嗅ぎ回った。彼がそうしている間、私は飼い主のベスになぜ彼女が私のところにやってきたのか、理由を聞いていた。彼女の腕の紫で黄色い内出血の跡にヒントは隠されていた。彼は一度のみならず、彼女を繰り返し噛んでいた。噛み傷は深くはなかったし、内出血した腕はすぐに治ったけれど、彼女がかつて愛犬に抱いていた信頼は、深く傷ついたままだった。

先週、ベスは窓のところで吠えているドミノを止めようとしたが、言うことを聞かなかった。彼の吠え方は、人々が犬を連れて家の前を通るたびに、どんどん攻撃性を増した。あまりにも興奮するので、ベスはドミノが窓を突き破るのではないかと恐れた（彼女の恐れは馬鹿げているわけではない。実際に私の二名のクライアントが経験している）。窓に向かって吠えるのを辞めるよう、ドミノにベスが大きな声で言っても、ドミノは一切耳を貸さなかった。だからベスは彼の首輪を手にして、窓から放そうとした。直後、彼は振り返って、彼女を噛んだ。一度ならず、三度も。そしてもう一度吠えるため、窓に戻っていった。ベスはショックを受け、傷ついた。ベスはそれまでずっと犬と暮らしていたが、攻撃されたことは一度もなかった。ドミノは明るい子犬で、一年以上、彼女の最愛の存

在だった。美しい若犬へと育っていたドミノだったが、彼女はドミノへの恐怖心を募らせていた。彼女が首輪を摑むと、ドミノは刃向かい、怒りを爆発させたことが数回あったが、今となっては噛むようになっていた。昨夜、彼はカウチから降ろそうとした彼女にうなり声を上げた。かつては親友のようだった犬の態度の変化に、ベスは裏切られたような気持ちになり、怖くなった。セッションの聞き取りがちょうど終わったタイミングで、誰かがオフィスの窓の前を、楽しそうなバセットハウンドと一緒に歩いた。ドミノは一瞬身構えると、窓に向かって吠えかかった。あまりの声の大きさに、耳が痛くなるほどだ。ベスはまるで数センチほどのサイズに縮んでしまったように見えた。私は「あら、よかった！」と言った。なぜなら、ドミノの行動を見ることができたからだ。私はドミノの方に歩いて行き、両手をしっかりと自分の体の横につけた状態で、窓に突進しているドミノを静かに観察した。ベスは大げさではなかった。ドミノは本当に「制御できない」状態だった。彼女が制御できないだけではない。彼はあまりにも興奮しており、彼自身も自分を制御できない状態だったのだ。ここで首輪を摑めば、彼はうなり声を上げ、先週ベスの手を噛んだように、私を噛むのは間違いなかった。彼の両目は大きく見開かれており、瞳孔は完全に開いていた。肩から腰にかけて逆毛を立てていた（正しくは、「立毛」）。これは犬の高い興奮状態を意味する。口は大きく開かれ、呼吸は短くて早く、体全体が少なくとも三方向に同時に動いているかのように落ち着きがなかった。彼を見ているだけで疲れてしまう状態だ。私は彼の好きなようにさせ、ドアの前を人が通り過ぎてからドミノが落ち着くまで、どれぐらいの時間がかかるのか、好奇心の赴くままに観察した。少なくとも一分間は吠え続け、呼吸が元に戻るまでには五分程度かかった。

あなただったら、ドミノの状態をどのように説明するだろうか？　誰かがベスに、腕を噛むというのは明らかな「支配的な攻撃性」の例だと言ったそうだ。でも、犬が噛んだからといって、彼らが「支配的」という意味にはならない。それは前の章でも説明した通りだ。別の友人は、家の前を犬が歩くとヒステリックに吠えることから、ドミノは他の犬に対する深刻な攻撃性の問題を抱えていると言った。しかしドミノはドッグパークでは友好的で、近所には犬友もたくさんいる。ベスはドミノが他の犬に唸っているところなど聞いたことがない。窓際にいるときだけそうなってしまうのだ。ドミノは訓練にもよく反応し、ベスは服従訓練では最も優秀な飼い主だった。ドミノはベスのことが大好きなようで、どこにでもくっついて行き、彼女と同じように優しい犬で、彼女が耳の後ろを掻いてやると、彼女の手を舐めるような子だ。結末を導き出すのにはより多くの情報がいるため、ドミノと直接関わってみることにした。

ドミノが落ち着いてから、私はテニスボールを手に取った。ドミノはすぐに典型的なボーダー・コリーのストーキングポーズを取り、数分間にわたって私と激しいフェッチゲームをした。そこで私はわざとボールを隠して、彼から視線を外してベスを見た。ドミノは、それでもゲームをやめようとはしなかった。彼は私のところにやってきて、腕を軽く押してきた。私はわざと彼を無視した。彼はもう一度私の腕を軽く押し、そして吠えた。私はベスと話を続け、彼女に動かずにドミノを無視するように伝えた。ドミノはもう一度吠え、そして何度も吠えた。ドミノは立ち上がり、真っ直ぐに私を睨み、短く吠えた。何度も、何度も、何度も吠えた。犬があなたの注意を引こうとするときの吠え方だ。私が彼に好き勝手にさせたのは、私が彼を訓練するのではなく、評価していたからで、私が介入しなかった場合、何が起きるか見てみたかったのだ。彼の吠え声はより速くなり、声は低くなり、一方で彼は私を睨み続けていた。犬の心はわからないが（もちろん、人の心もわからないが）、ドミノはその時とても怒っているように見えた。一方、ベスはとても怯えているように見え、彼にボールを投げるよう私に頼み続けた。ドミノはどうしても遊びたくて、そして彼女はどうしてもドミノに幸せになってほしかった。彼女は家のなかで彼を運動させる唯一の方法がボールを投げることだったと説明した。それがテレビを見ながら、コンピューターを使いながら、あるいは電話で誰かと話をしながらできることだったからだ。ボールを投げろと彼女に吠え始めると、彼女は自分の声では止めることができなかったが、平和と静寂はボールを投げることで戻って来ると彼女は学んだのだ。結果として、ボール遊びが終わるのは、ドミノが疲れたときになった。健康な一歳のボーダー・コリーは疲れたという言葉をあまり理解していないので、ベスはまるでメジャーリーグのピッチャーのようになり、ドミノは求めるままに、毎晩、ボール遊びをするようになった。

ドミノが手に入れられるのはボール遊びだけではなかった。彼がベスにお手をすると撫でてもらえ、キッチンの棚に吠えるとおやつをもらうことができた。ドミノは夕食の前にデザートが欲しいと言って駄々をこねる子どものようだった。困った親は子どもを黙らせようと、仕方なくそれを与えることになる。ドミノは失礼で強引なやり方で命令すれば、要求が通ると学び、もし一回目に成功しなかったら、とにかくやり続ければ最後には手に入った。結果として、ドミノは成長期に欲しい物をほとんどすべて、欲しいときに手に入れられるようになった。

自動販売機を蹴ること

人間であれ、犬であれ、欲しい物を毎回必ず手に入れて育つと、フラストレーションへの耐性がない個体へと成長します。結局のところ、フラストレーションとは期待から導き出されるものなのです。例えばスロットマシーンのように、何か挑戦したときに必ずご褒美が与えられると期待していないときは、最初の挑戦でなんの反応が起きなくても、私たちはフラストレーションを感じることはありません。しかし、缶ジュースを買おうと自動販売機に一ドルを入れた場合、反応がなければフラストレーションを感じます。数年前に、コーラの自動販売機をショットガンで撃った人物のニュースを読みました。お金を入れたのにコーラが出てこなかったのが理由です。私は優しそうな人が自動販売機を蹴っているのを何度も見たことがあるし、私も蹴りたくなったことがあります。一度か二度（はい、一度は蹴りました）。フラストレーションは攻撃性の元になります。家庭内暴力のケースを扱っている人に聞いてみて下さい。私たち大人のほとんどが暴力を振るうことはありませんが、攻撃性に繋がるようなフラストレーションは身近な感情です。

窓に向かってヒステリックに吠えるドミノのケースもフラストレーションが原因です。窓の外に犬を初めて見たとき、ドミノは決して攻撃したかったわけではないのです。彼はただ、外に出て一緒に遊びたかっただけです。だから彼は自分の欲しいもののために吠えたのです。いくら強く吠えても、それでも欲しいものが手に入らなかったドミノは、もう耐えることはできませんでした。ドミノは自動販売機を蹴り、ベスが癇癪を起こしているドミノの邪魔をしたというわけです。

人間と犬が感情のコントロールを失うことに対する受容性は年齢によって異なります。二歳の子どもが、アイスクリームがコーンから歩道に落ちてしまって赤い顔をして癇癪を起こしていてもそれは危険ではありません。しかし子どもが成長すれば、フラストレーションや落胆といった感情をやり過ごす方法を学ぶだろうと私たちは考えます。十二歳の子どもが二歳の子どもと同じように癇癪を起こしていたら、あなたはそれに注目しますし、それが三十歳の男性だったら、子どもを脇に抱えて車へと急ぎます。フラストレーションが溜まると無性に腹が立つかもしれませんが、私たちのほとんどがそうならないのは、感情のコントロールを成長期に学ぶからです。もし犬が家族の一員として暮らすなら、彼らもそうしなければなりません。人間から独立して暮らす犬は、自分の欲しいものが手に入らなくてもそれに対処する方法を学びます。生きることの難しさが彼らにそれを教えるのです。しかし私たちの一部が、私たちの犬に対する愛情が、犬を存分に甘やかし、それが原因でフラストレーションに耐えることを学ばなくさせるのです。

私たち人間のお世話に犬がどのように反応するかは、彼、あるいは彼女の個体としての性質に関係しています。犬は人間のように、生まれ持った性格がそれぞれ違います。そして他の犬よりも、フラストレーションに耐える方法を学ばなくてはいけない犬もいるのです。生涯、優しくて我慢強い犬もいます。しかし、賢くて経験のある飼い主が、それまで全く犬と問題がなかったというのに、チャーリーというフラストレーションにほとんど耐性のない犬がやってきて、家族全員の人生と、彼自身の生涯を惨めなものとしたケースを目撃したことがあるのです。ですから、問題を起こすことなく甘やかすことができる犬もいますが、人間と同様、ほとんどの犬がフラストレーションに対処する方法を学ぶ必要があるということを心に留めてください。

失望に対して忍耐強くあることを犬に教えることは、飼い主にとって常に楽しいものではなく、それは子どもを育てることが大変な仕事であることと同じです。多くの私のクライアントが、子どもを育てた、あるいは今現在忙しく育てている人たちですが、彼らは犬をまるで孫のようにかわいがって、境界線を決めるとか、ルールを決めるといった大変な仕事を抜きで、ただ愛したいと考えています。おねだりをする犬にノーを突きつけるのは、特に大変なことです。潤った茶色い目と、かわいらしいふわふわの顔です。犬が人間から引き出す「世話をしてあげたい」という原始的な感情は、注意を引こうとおねだりする犬を否定することを特に難しくしてしまいます。それに、世話をするスイッチを押す見た目の特徴を持っているだけではなく、犬は私たちの家に住み、私たちに依存しなければ生きられず、コミュニケーションを取るための言葉を持たないのです。乳幼児のように、常にケアが必要なだけでなく、彼らが必要とすることを私たちが推測し、できる限り与えなくてはなりません。しかし子どもが成長すると、私たちの手がそれほど必要ではなくなり、それは犬でも同じなのです。しかし一部の人は、犬が何歳になっても幼いままでいるかのように、撫でたり、おやつを与え続けたり、犬がやってきて注目が欲しそうにすればそれにすぐに応じたり、犬の要求をすべて叶える人がいます。こういった人たちの大半が、同じことを子どもに対してはやりません。家族の礼儀正しいメンバーとなるよう、子どもを注意深く育てているのです。もしあなたが犬のお世話をするのが好きではないタイプの人であれば、そうする人を笑いたくもなるでしょう。しかし、私たちの「世話をしたい」という傾向は、軽視できるものではありません。それがなければ、私たちは絶滅してしまうでしょう。しかし、何に対しても言えることですが、もしそれが見当外れで、過剰であれば、問題が起きる可能性があるのです。

愛犬が三歳になれば、社会的動物には必須の完璧な感情のコントロール能力がある成犬となっていると知れば、過剰な愛犬の世話をやめることが楽になるでしょう。とあるクライアントは、何年にもわたって世話を焼き続けている犬のラサ・アプソは、いつまでもすねかじりをしている三十五歳の男と一緒だとお伝えすると、あまりの恐怖に立ち上がっていました。彼女の膝の上で寛いでいたふわふわの中年のお友達は、怒って（しかし害はなく）、床に飛び降りました。この犬は、裏庭で見つけたラップを口にしようとした彼の首輪を引っ張った飼い主を噛んだのです。彼はフラストレーションを溜めて、欲しいものが手に入らなかったと癇癪を起こしたのです。犬には犬のフラストレーションの表現があり、イライラとした感情に飲み込まれそうになると、彼らは口で攻撃します。人間の子どもは犬が口を使うように、手を使います。大人にとって幸運なのは、手に歯がついていないことです。

犬がフラストレーションや失望に付き合う方法を教えるのは簡単です。犬がやってきて、食べ物や注目を与えて欲しいとねだるときは、大人の友人が歩いてやってきて、「おい！　おまえだよ！　そこの人間、今すぐ撫でろ！」と言っているのだと想像しましょう。私は犬におやつをやるなとか、注目するなと提案しているわけではありません。私だって自分の犬が、撫でて欲しそうにしていたら一日に何十回となく撫でます。でも、それ以外選択肢がないと考えるのなら、やめておきましょう。あなたには選択肢があります。あなたの犬は、時折あなたがそれをやってくれることを必要としています。成長するときに学ばなければいけなかったことを考えてみましょう。あなたがアイスクリームを欲しかったからといって、それを手に入れられたという意味ではありません。今すぐにマッサージして欲しいからって、友だちが自分のやっていたことを放り出して、あなたの横にやって来るわけではありません。ですから、犬をすぐに撫でたいと思わなくても、罪悪感を抱く必要はありません。犬は大丈夫です。本当に。もし我慢できないのだとしたら、撫でること以上にダメな反応はありません。

どう犬に反応するかは、犬の年齢によります。それは人間と同じで、若い犬は感情と欲望のコントロールの仕方を学んでいないために、人間が手助けしなくてはなりません。若い犬の多くは撫でられたり、注目されたりすることよりも活動を求めていますし、飼い主のところにやって来るのはゲームを始めたいからです。もちろん、多くの飼い主がここで外に出て一緒に遊ぶのではなく、犬を撫でます。私たちは疲れていますし、ようやく腰を下ろしたのだし、すぐに立ち上がりたくはありません。だから、私たちは代わりに犬を撫で、徐々に必要な運動はできないけれど、少なくともマッサージは人間から引き出すことができるというわけです。解決法はシンプルですが、簡単というわけではありません。若くて、健康な犬であれば、特に一日中クレートで寝ているような犬であれば、あなたは外に出て犬と運動をするか、あなたの代わりにやってくれる誰かを探すべきです。

私がこう主張する理由は、多くの問題行動の原因が退屈に関連しているからなのです。皮肉なことに、私たちが犬をたくさんケアし、外で自由に走らせなくなったことで問題は深刻になりました。私が成長期だった一九五〇年代、犬のファッジを朝、ドアを開けることで運動させていました。ファッジは近所の家まで走って行き、ラフコートのコリーを遊びに誘います。二匹はもう一匹の犬と合流して朝の見回りに出発、スクールバスに乗る子どもたちを見送り、ゴミを収集する男性を驚かし、ウサギやトカゲを追いかけ、いろいろなことをしていました。ファッジが夕方に家に戻ってきても、誰がファッジに運動させるかなんて話題になることもありませんでした。自分で運動して戻ったからです。当然、犬同士の喧嘩や車に跳ねられて犬が死ぬといった悲劇はありましたので、今現在はドアを開け放って外に出して、犬に放浪をさせるなんてことは、子どもの頃に比べてやらなくなりました。それは犬にとってあまりに危険ですし、他の住人や彼らの所有地に迷惑をかける行為です。しかし、日中のほとんどと、夜間のすべてをクレートの中で過ごし、リードをつけた十五分の散歩が一日のハイライトになっている犬に、行儀良く振る舞うことなんて期待できません。[01]まずは大事なことから始めましょう。犬に悩まされたくなかったら、悩まされる前に犬が必要なものを与えるのです。しかしどれだけ犬に運動が必要だとしても、すべての犬がフラストレーションに耐える方法を学ばなければなりません。感情のコントロール方法を学ぶことができる、簡単で優しい方法を紹介します。

おしまい（Enough）

私のすべての犬が、「おしまい（Enough）」を知っています。何をやっていたとしても、それを辞めるという意味で（例えば飼い主に撫でて欲しいとねだり、ボールを投げて欲しいと頼み続けることです）、それ以降は私に平安がもたらされます。教えるのはとても簡単で、あなたが犬を愛していたとしても、飼い主の暮らしは大切だという意味を教える素晴らしい方法なのです。あなたがやらなくてはいけないことは、低い、静かな声で「おしまい」と言い、そして頭を軽く二回ポンポンと叩くだけです。もし犬があなたの側を離れないのなら（これをやってもほとんどの犬が最初の数回はあなたのところを離れません）、立ち上がり、犬を数メートルカウチから歩かせて、ボディ・ブロック技術を使って犬を遠ざけます。腕を組み、顔を横に背け、もう一度座ってください。あなたが座ったところに犬が戻ったら、犬の頭に優しく「ポンポン」をもう一度やって、ボディ・ブロックを使って犬を遠ざけます（二回目）。犬が戻ったら、必ず「顔を背け」、アイコンタクトを取らないようにします（私たち人間が犬に向こうに行けと言うくせに、アイコンタクトをとり続ける様子はとても愉快です。この間、犬は必死になってあなたの顔を見ているでしょう。あなたが何を言おうとしているのか、一生懸命ヒントを探そうとしています。犬から顔を背けることは、あなたとの交流は終わったとの意味で、多くの犬がこれを理解し、側を離れます。もしあなたが犬を見つめ続け、そしてあっちに行きなさいと言葉で伝えても、犬はあなたを見つめ返し、何か重要なことを視覚的に伝達しようとしているはずだと確信して、あなたの顔を見ながらそれを必死になって探すでしょう）。

私がお勧めしている二度の優しい「ポンポン」は、重要なシグナルの一部です。私の家にやってくる訪問者は、まず膝に押しつけられる四頭分の大きなマズルの歓迎を受けます。私は自分の仲間が直ちに使うことができるアクションを探していました。訪問者には別の「おしまい」（あっちに行っての意）のシグナルを試してもらいましたが、どれもうまくいきませんでした。犬は合図を学びましたが、どれだけ犬に離れて欲しいと思っていても、当の訪問者がそれを使わないのです。最終的に私は、「おしまい」と言い、頭を軽く「ポンポン」と叩くことで、訪問者全員が快適に犬の息を顔に浴びる時間を終了させることができると学びました。訓練のクラスにいる犬たちでさえ、飼い主が頭をポンポンすると引き下がりますが、不運な飼い主はたいてい、より良い技術を習うまで、正しいことをやった犬を褒める努力を続けているのです。

犬の頭を軽く叩くという霊長類的傾向のある行為は有効な成果を得ていますので、その利点をうまく利用したほうがいいでしょう。完璧なシチュエーションはこれです。人間は頻繁に犬の頭頂部を軽く叩きますが、犬はこれがあまり好きではありません（ポンポンと叩くパッティングは撫でることとは違います。多くの犬がマッサージのように撫でられることを好みます。それは人間と同じです）。とあるオオカミのハンドラーがこのテクニックの有効性を強化しました。彼女ともう一人のハンドラーが、オオカミの頭頂部を二回、あるいは三回軽く叩くことで、彼らがハンドラーにしつこく絡むことを辞めさせたと私に教えてくれたのです。これは攻撃的でも、脅迫でもありません。優しいアドバイスなので、犬もオオカミもどこかへ行ったのです（横に座っている誰かにやってみてもいいかもしれません！）

私の姪っ子たちは、このポンポンを「ハッピー・スラッピーズ」と呼んでいます。アニマルプラネットチャンネルで放映中の動物行動学に基づくアドバイス番組「ペットライン」の録画をわが家に観に来て、その言葉を考え付いたようです。私は元夫のダグ・マコーネルとこの番組の共同司会を務めていました。姪っ子たちは撮影セットにやってきて、ゲストの獣医師がラスベガスのショーガールのような服装で登場したのを恐怖に怯えながら見ていました。彼女は小さな犬をラグの上に置き、犬はすぐにおしっこをして、そのうえ排便したのですが、「アフリカミツバチ」の衣装に着替える際には、ゲストとして来ていたオカメインコを死なせそうになりました。黒と黄色のストライプの衣装を身につけ（最終的にプロデューサーが彼女に衣装を変更させました）、彼女は犬の歯を磨くデモンストレーションのためにルークを貸してくれと言い出しました。ルークは勇ましい犬なので、私はいいですよと答えました。

ディレクター、四人のカメラマン、そしてアシスタントプロデューサーの群れが撮影準備をしている間、テーブルの上でルークは座り、じっとしている必要がありました。とうとうカメラを回す時間になりました。私たちのゲストの獣医師は観客に犬の歯を磨くことの重要性を語りかけ、そして言葉かけや優しい触れあいなしで、夏の暑い日にバッグの中からなかなか見つからない財布を取り出すかのように、いきなりルークの口を摑むと、乱暴に開きました。ルークは両目を見開き、私は声を出さないようにして、「グッドボーイ、グッドボーイ」と言いながら、カメラの後ろから両手を使って「ステイ」のサインを送り続けました。ルークの口の中を数分間にわたって乱暴に扱うと（私の歯科医がそこまで失礼だったら、私は噛みつくでしょうね）、彼女はルークを見て、頭を二回乱暴に叩いて、彼に礼を言いました。彼女は私たちが、犬の多くは頭の上を叩かれるのが嫌いだと（それもちょうど彼女がルークにやったような方法で）説明する場面を撮影したことなど知る由もありませんでした。クルー全員が腹を抱えて笑い、私たちはもう一度収録しなければならなくなりました（頭を叩くのはなしで）。可哀想なルーク。彼の忍耐強さ、そして慈悲深い心が救われますように。

翌日、私のクリエイティブな姪っ子のアニーとエミリー・ピアットは、この番組を風刺した脚本を書きました。服従したことを褒めるために犬の頭を叩く機械式パンケーキターナーを考えて、それを演じたのです。二人はこの機械をハッピー・スラッピーと呼びました。ですから、私はフレンドリーな犬にどこかへ行ってもらうために、ハッピー・スラッピーを使うようアドバイスしています。知らない犬、あるいは人見知りの犬にはやってはいけません。内気な犬にとって人間が頭の上に手を伸ばすことほど、恐ろしいことはないと覚えておいて下さい。しかし、とてもフレンドリーでお茶目な犬があなたの目の前にいて、少し休憩したいのであれば、「おしまい」と低い声で言って、頭を軽くハッピー・スラッピーです。何度かボディ・ブロックを使ったり、顔を背けたりしなければならないとは思いますが、最も効果的な方法です。

犬に注意を払わないようにと提案しているわけではないことを理解して下さい。私は自分の四匹の愛犬に対しては、熱々のコーンにバターを塗るように溺愛しています。でも、やるべきときにはやりますし、マズルを私の腕に当ててきたときに、無意識に彼らを撫でることで、失礼で押しつけの強い行動を強化したりはしません。それは簡単なことではありません。だってルークは人間の注目を集めることが大好きなうえに、彼はプロなのです。ルークの大好きなイベントは宴会で、彼はおべっかを使って部屋中を歩き周り、紳士のような立ち居振る舞いと、胸のあたりのエレガントな白いふさふさの毛のおかげで、すべてのテーブルからチキンやマッサージをもらうことができるからです。彼はまるで舞踏会でのレット・バトラー〔『風と共に去りぬ』〕で、豪華な晩餐会によく似合います。鼻を擦りつけることで、マッサージを辞めた食事客にマッサージを続けさせることができると彼が学ぶまでに時間はかかりませんでした。鼻を擦りつけてもダメなときは、脇の下にマズルを入れて、ぐいっと引き上げるのです。このテクニックを使うと客が飲み物をこぼすし、ナイフやフォークが飛んでいきます。食器が空高く飛んで行ってしまえば食事が難しくなるわけで、客らはまずくて硬いチキンを諦めて、代わりにルークを撫でるのでした。

ルークはこの技術を家にまで持ち帰ろうとしましたが、これは私が一番彼に奨励したくないことです。ルークは今現在十一歳で、成長した雄で、子犬のように振る舞う必要はありません。でも、私が人間でなかったら、もっと楽だったでしょう。終わることなく別の個体を手入れし続け、蛾が明かりに向かうように触れあうことを求める霊長類でなかったら……。多くの人がそうであるように、私も犬を可愛がるのが大好きです。私が霊長類だからという理由だけではなく、私は特別にハグが好きな個体だからです。私の胸の上で喉を鳴らす愛猫のアイラを撫でながら眠りにつきます。夜は床に犬たちと座り、できるだけ彼らの体に触れるように時間を過ごしています。映画を観ながら手を繋ぐのも大好きです。でも、欲しいものを手に入れようと図々しくなる犬はいりません。常に注目と要求が必要な弱々しい幼児のように扱いたくはありません。だから、ルークが私を押したら、彼を撫でません。彼が図々しい態度ではなく、礼儀正しく私に接したら、彼を撫でるようにしています。時々マッサージをしてほしくて私にくっついてくるときがありますが、私は顔を背けて、バレー・ガールがするように鼻をつんと上げて、遠慮がちというよりは、拒絶の表情をするように気をつけます。本当は撫でてあげたいのに、彼の機嫌が悪いときは、彼に「お座り（Sit）」とか「おじぎ（Bow）」など、何かを頼むことにしています。悪い行動よりも良い行動の強化のために撫でることができるからです。

他にも、犬に食べ物を詰めたおもちゃを与えることで、あなたにしつこく何かをせがむことを辞めることを学ばせ、一人で楽しい時間を過ごすことができるようになります。犬があなたのところにやってきておもちゃをせがんでも、すぐに音の出るおもちゃを与えるのはやめましょう。人間に対してせがむことが、考えていたよりも生産的だと犬に教えてしまうことになるからです。それよりも、彼があなたの足を引っ掻いたとき（あるいは、あなたの愛犬が要求を通そうとするときの行為）には「おしまい」と言い、ボディ・ブロックを使います。一旦犬が寝て、落ち着いたら、立ち上がります（静かにやりましょう。話す必要はありません）。そして、あなたがこの瞬間のためにキッチンに用意しておいた、おやつを詰めたおもちゃを与えます。犬が立ってあなたを追って部屋を出たとしても、犬が落ち着いていた場所のすぐ近くにおもちゃを置きます。これであなたの犬は、あなたをスロットマシーンのように動かすよりも、床に落ち着くほうがいいことが起きると学ぶのです。

この方法は、自分の感情を抑えきれない若い犬に対して特に有効です。レストランで食事をするあいだ、小さな子どもに何か手で遊ぶことができるものを与えるのと一緒です。賢い親はトラブルが起きるまで待つなんてことはしません。賢い親は子どもが親の注意を引きたいがために悪いことをするのを待つのではなく、彼らに適切なことを与えてトラブルを未然に防ぐのです。これと同じことを犬にもできますし、そうすればリラックスした時間を増やすことができます。

玄関でのマナー

訪ねた先で、ドアから走り出して来た子どもに倒されたら、驚きますよね。でも、私たち飼い主の多くがそれを犬にやらせています。活発な犬が嫌いというわけではないのです。好きです。ただ、私たちが子どもに全てのものごとにはＴＰＯがあると教えるのと同じで、犬も同じように振る舞うよう期待するのは理にかなっています。もし犬が私たちの「家族」の一員になるというのなら、そのときは犬を礼儀正しく育てなくてはなりません。[02] 彼らが人間の子どもではなく、犬だからという理由で、錯乱している状態をかわいいと考えることはできません。もし犬が私たちと暮らすというのなら、犬は衝動のコントロールと、正しい、昔ながらの忍耐を学ばなくてはなりません。自然界では彼らの家族がそのマナーを教えるのですから、年長者としての責任を放棄して、成犬となった愛犬に赤ちゃんのように振る舞うことを許してはいけません。

ただし、忘れないで欲しいのは、このエクササイズの重要性は、あなたの犬の性格により左右されるということです。とても穏やかで、極端に服従的な犬はあなたの目の前でドアから飛び出したりはしません。もしあなたの犬がそういうタイプであれば、この本を一旦置いて、犬のところに行き、その子がどれだけ特別であるかをお伝え下さい。正直なところ、多くの犬が、そうではありません。アメリカン・フットボールでクリッピング（背後から、腰から下に行うブロック）がルール違反な理由を示すのが好きな犬が多いです。多くのクライアントがドアから突進してきた犬に倒されて酷い怪我を負っています（膝の手術三回、骨折二回、脳震盪一回）。野球の試合で興奮しすぎたファンのように、ドアの周辺で酷い喧嘩をした犬のケースを多く目撃しています。玄関から飛び出して、数時間から数日行方不明になった犬は、何十頭もいます。このような犬の一部は、車に轢かれて死んでしまったり、頭の痛い訴訟の原因になったりします。ですから、玄関でのマナーは、犬にとっても、彼らを愛する飼い主にとっても些細な問題ではないのです。

玄関で行儀良くする方法を犬に教えるのは簡単です。出入り口が犬にとって特別な意義を持つ理由は、彼らがドアでの正しい振る舞いを簡単に理解できるからです。一方で、ヒーリング（足元につく）のようなエクササイズが定着するには数ヶ月かかります（犬にとってヒーリングは特に意味のあることではありません。私の独自の見解は「飼い主の膝のあたりで嫌になるほどゆっくり歩きながら、すべての興味深いものごとを無視する」が、犬目線での理解です）。食べ物やおもちゃを使って訓練する必要はありません。なぜなら、外の素晴らしい世界へのアクセス自体がご褒美だからです。犬が礼儀正しく振る舞えば外に出ることができますし、そもそも、彼がやりたかったことは外に出ることなのです。もし彼が外に出たくないのなら、外には出ません。シンプルです。そしてシンプルさとは、人間と犬の両方が何か新しいことを学んでいるときには、とてもいいことなのです。

まず、玄関で止まってもらうために使うシグナルを決めることからはじめましょう。私たちは「待て（Wait）」を訓練クラスでは使っていますが、私は「気をつけて（Mind）」（"Mind your manners"（マナーに気をつけて）の短縮版）を使っています。なぜなら、「待て」という言葉は群れに対するシグナルに似すぎているからです。他のシグナルと同じように聞こえない言葉を選び、一貫性を持たせましょう。静かな、そして低い声で、質問ではなく声明のように、その言葉を口に出すことを覚えておいて下さい（「待って？（Wait?）と、質問のように言えば、「待ってもらえるかしら？　私の言うこと聞いてくれる？　どう？　おねがい？」と聞こえてしまいます）。

安全のため、もし訓練に実際のドアを使い、そのドアがフェンスのないエリアに繋がっているのなら、犬を必ずリードに繋いでおくことを忘れないでください。しかし、リードを、犬をドアから引き戻すためには使わないで下さい。そうすることで、犬がよりいっそう力強くドアの方に進む原因となります。もしあなたがリードを常に引いているのであれば、犬が前方に引っ張らないよう訓練している意味にはならないのです。あなたはむしろそれを奨励しているのです。ですから、ドアのところで訓練しているときは、常にリードは緩く持つようにしてください。しかし、私はそれが常に簡単だと言っているわけではありません。手に持っているリードは引っ張りたくなるものですから、あなたがドアの前で「待て」を教えているときは、誰か他の人にリードを持っていてもらうのがいいでしょう。リードを階段の手すりや、小型犬であればベルトに結びつけておくのもいいでしょう。そうすればドアから犬を引き離そうとリードを引くことはないはずです。ドアから飛び出して行く犬を止めるのは、リードではなく、あなたの体であるべきです。

ドアのところまで行ったら、自分は犬の前に立ちます。そうすることであなたはドアと犬の間に立っていることになります。犬の方を向いて立ち、ドアに背中を向けます。そうすることで犬が何をしているのかが見えますし、それに反応することができます。もし犬が後ろ足で立ち、ドアに這い上がろうとしていたら（ほとんどの犬がそうします）、直接犬の方向に動いて、ボディ・ブロックを使ってドアから後退させます。静かに、そして穏やかに、前方に小さくて静かなステップで動き、犬が後退せざるを得ないようにします。もし犬があなたの周りを走り回ろうとしたら、素早く右、あるいは左に動いて犬を体でブロックしましょう。自分の役割はボールをゴールに入れないことだと考えて下さい。静かに、そして穏やかに、犬をドアから一メートルから一・五メートル後退させることができたら、あなた自身がドアの方向に後退し、「気をつけて」あるいは「待て」というシグナルを、低く、平坦なトーンの声で言い、そしてドアを一部開けます。

次にやることは、あなたの犬の行動によって決まります。多くの犬は、開いたドアを見ると前方に突進します（あるいはあなたがドアの方に振り返っただけでそうします）。ですから、ドアまでの経路を体でブロックする心構えをしておいて下さい。言葉によるシグナルを繰り返さないよう気をつけながら（最初はこれにも練習が必要なのです、もちろん）、体だけを使って犬が前方に行くことを防ぐことだけに集中しましょう。体を使って犬を止めるのではなく、犬が通ってしまう前にドアを閉めたいという人もいます。それは犬に、ドアから出ようと突進すれば、ドアはそこに到達する前に閉まるけれど、そこに座って大人しく待っていれば、あとでドアは開くと教えます。この方法を使うのであれば、ドアを勢いよく閉め、犬に叩きつけないよう注意してください。その状況を目撃したことがありますので、私は自分の体を使ってドアまでのスペースを塞ぐのを好みますが、どちらの方法でも効果はあります。犬が動きを止めたら（前方に進む動きを止めた、理想的に動きを止めて、あなたの方を見上げた）、ほんのわずかな時間でも止まったら、「オーケー」と言って、犬をドアから出してあげてください。ここではタイミングがすべてです。ドアのプレッシャーから解放された瞬間を強化することがとても重要ですから、犬を注意深く見て、ほんの少しでもいいですから、彼女が動きを止めた瞬間にドアを開けてあげてください。時間が経つにつれ、犬はどんどん忍耐強くなりますが、最初は観察に徹し、あなたが犬に求めていることに近づいたら、すぐにでもドアを開けられるように準備しておいて、犬に勝たせてあげるようにしましょう。

あなたがこの訓練を行う一方で、ドアを守るために自分の体を覆い被せるという人間らしい衝動と戦って下さい。あなたは犬に自分で選択させることを学ばせたいのです。犬は待つことと、ドアから脱走することの結果を学ぶ必要があります。ドアまでの道をクリアにして、その真横に立ち、必要であれば動くことができるようにしてください。犬が待つことを選んだら（なんていい子なんでしょう！）、歌うように軽やかな声で犬の名前を呼ぶか、「オーケー（OK）」とか、「行っていいよ（Free）」と声をかけてあげましょう。もし犬がドアから飛び出そうとしたら、体を使ってブロックして、動きを止めるチャンスをもう一度与えましょう。礼儀正しく待つことで外に出ることができるし、突進すれば止められるということを、多くの犬は驚くほどあっという間に学びます。

人間がやってしまう最もよくある間違いをお知らせします。いま理解していれば、避けることができます。

・何度も何度も言葉のシグナルを送り続ける（チンパンジーを思い出そう）。一度だけ言うことに集中して、残りの作業は自分の体でやるようにする。

・犬を止めるために、自分の体ではなくリードを使う（人間らしい行動。手に持ったリードで何もやらないのは不可能）。リードではなく、自分の体を使うこと。

・犬がすでにドアの方に行く動きを止めているのに、犬のいる方に歩いたり、身を乗り出したりすること。ボディ・ブロックはとても強い視界的シグナルだということを思い出し、犬が前傾姿勢と、ドアの方向にプレッシャーをかけるのを辞めた瞬間に（犬を触れていなくてもわかります）、あなた自身の前方への動きを止めて反応する。前方に進み続けたり、前傾姿勢になってプレッシャーを犬に与え続けることで、それ自体が問題を引き起こすことになる。

「待て（Wait）」と「ステイ（Stay）」を混同しないで下さい。「ステイ」は、解放されるまで一箇所に留まり続けることを意味しますし、「待て」は解放されるまで、前方に動くことができないことを意味しています。もしあなたが「待て」と犬に言い、犬がドアに背を向け戻ってきたら、それはまったく問題はありません。「待て」は基本的に「指示があるまで前進するな」の意味です。ドアの前で「ステイ」を使ってもいいですし、ドアに突進する犬を止める良い方法ではありますが、コンセプトが違います（「言うまで動かない」）。私はこの場合では「待て」を使って教えるのがいいと思います。なぜなら、私たちがすべての決断を犬のために行うのではなく、犬自身が衝動を抑える方法を見つけ出すほうがいいと思うからです。

だってすごくフレンドリーなのです

愛犬に激しい歓迎をさせなくてもいいと思います。あなたを出迎える犬がジャンプするのが好きだというのは問題ありませんが、あなたが倒れるほど歓迎するのはいいことだとは思いません。犬は他の犬に対して決してそのような失礼な振る舞いを許しませんから、あなたも許すべきではありません。私が初めて訓練をした犬たちのなかに、デュークという大型で耳の垂れたドーベルマン・ピンシャーがいて、イーディスという女性が番犬として飼っていました。デュークは生まれてから一年で成長し、愛情深い犬に育ちましたが境界線を理解せず、私が彼に初めて玄関先で会ったとき、彼は立ち上がって巨大な前足で私の肩を叩きました。ほとんど倒されそうになったあと（デュークはイーディスの年配のお友達を何人か完全に倒したことがありました）、デュークはリビングルームに入って行き走り回りました。テーブルを飛び越え、椅子を飛び越え、ランプを倒し、本を倒し、大喜びで、ようやく落ち着くとカウチに座る私の膝の上に乗り、再び大きな前足で私の肩を押しながら、私の顔を舐め回していました。一方でイーディスは涙を流して笑い転げ、デュークのフレンドリーさが大好きなのだと言いました。でもデュークがこの歓迎の儀をドッグパークでやったとしたら、数秒のうちに犬社会からは追放されていたでしょう。愚かな子犬は年長の犬たちに、誰かの体に飛びかかってパーソナル・スペースを無視することは失礼だと教えられるものです。犬があなたのパーソナル・スペースを尊重することを学ぶのは当然のことと言えます。

大人が部屋に入るたびに、子どもにお辞儀をさせるのが嫌なように、私は犬が人間を迎え入れる度に強制的に座らされ、ステイさせられるのを見たいとは思いません。しかし社会的動物はすべて周囲との間にパーソナル・スペースを意識し、成長するにつれ、興奮しているときであっても他者の目の前に現れてはいけないという礼儀をわきまえなければいけません。実際のところ、あなたを出迎えるとか、カウチの上で一緒に時間を過ごしたいとき、犬に礼儀正しくあることを教えるのは難しいことではありません。あなたが人間のように振る舞わなければいいだけで、犬のように動く方法を学べばいいのです。フレンドリーだけど失礼な犬があなたに迫ってきたら、第二章で紹介したボディ・ブロックを使ってパーソナル・スペースを確保しましょう。あなたが椅子に座っていて、デュークが部屋を光の速さで横切って来たとします。三歩で彼があなたの膝に飛びかかるのは明らかです。毛玉ミサイルを避けるために体を後ろに倒すという自然な反応をするのではなく（それは犬がやってくるためのスペースを作ること）、前屈みになって胸と肩を突き出して彼が半分ぐらいまでやってきたところで迎え入れるのです。顔を逸らして、お腹の前で腕を組むようにして、肩と胴体を使ってあなたのスペースに入り込む犬をブロックします。膝に登ろうとするのを諦めたら、撫でてあげて、褒めてあげて、おやつをあげて、遊んであげて、それを強化してあげます。四本の足が床に落ち着くようになるまで、通常、数回はボディ・ブロックを繰り返さなければならない必要があるとは思いますが、驚くほど多くの犬が飛びつくことを辞めるようになります。人間の上に飛び乗るのを止めることに、罪悪感を抱く人がいます。成長した人間がやりたいと思ったときに誰かに飛びつくことが許されていない限り、犬もそうすべきではありません。あなたを出迎える犬がジャンプしてくれることが好きだというのなら、いいでしょう、そうさせてあげてください。しかし、犬が安全やパーソナル・スペースを考慮することなく人間に組み付くことができるかのように行動させるのはやめましょう。それはフレンドリーではなく、無礼なのです。[03]

サウンド・オブ・サイレンス

犬が家族の礼儀正しいメンバーとして行動できるよう、私たちにはできることがまだあります。それは、犬の訓練に関係していることではありません。犬よりも人間の訓練のほうが難しいのは訓練士だったら誰もが知っていることですが、少し覚えおいてほしいことがあります。それは本当にシンプルなこと。「黙れ」。これだけです。

多少ぶっきらぼうかもしれませんが、実際、私たちは犬に言葉をかけすぎています。それは犬を混乱させるだけではなく、過剰に刺激し、時には怖がらせているのです。もしかしたら、私が失礼だと思われているかもしれません。それならば、私が犬の周辺で静かにしていることで物事がうまくいく人たちのカテゴリに、自分も当てはまると思って書いていることを是非理解して下さい。私たち人間は常に言葉を発し続ける霊長類で、犬にひっきりなしに話しかけてしまう愚か者になることが私も時折あるのです。最悪なことに、私は声を荒らげて、自分が思ったように犬が動かないと大声を張り上げ、はっと正気に戻り、まっとうな犬の訓練士に戻るなんてこともあるのです。年々、犬に対して静かな声を使うことができるようになってきていますし、そうすべきでないときに声を張り上げるようなことはめったにありません。それでも、時には大きな声をあげることもあります。なぜなら、それはフラストレーションを感じたときに大声を出すのはとても人間的な行いであり（それについては一章で説明しています）、これは私たちととても良く似ているチンパンジーと共有する特徴です。チンパンジーのマイクの場合は缶をドラマチックに叩き、徐々に音を大きくして支配的立場に立つことができたかもしれませんが、大声を出すことで、犬に忍耐強く礼儀正しくなることを教えることはできません。

犬に反応してもらいたいときは、静寂を保ちつつ、低いピッチの声を使うことに価値があると説明してきました（第三章）。今度は、犬に対して大声を出すことが、あなたに対する犬の認識にどう影響するのかについて説明したいと思います。教室内の生徒たちの注意を引くのと同じように、大声を出すことで犬の注意を引くことはできるでしょう。しかし、大声を出すことで、あなたについて犬にどのようなメッセージを送るでしょう？　怒鳴るあなたは恐ろしいですし、コントロールを失っているように見えます。犬の注意は引くでしょうが、落ち着いた、冷静なリーダーには見えず、あなたが犬に望む行動のモデルにもなりません。短期的に見れば犬の状況を悪化させるでしょうし、長期的には犬からの信頼を失う原因となります。私は経験からそう言っているのです。先に述べた通り、私が牧羊犬の訓練を始めた頃、物事がコントロールできなくなったように感じると私はすぐに不安になりました。そしてそれは九十五パーセントの確率で起きました。高いピッチの不安な声は火にガソリンを注ぐようなもので、私が初めて飼ったボーダー・コリーのドリフトは歯を食いしばって羊に向かって突進するのです。私は一夏をかけて、羊飼いとして興奮しても、落ち着いた穏やかな声を使うよう自分自身を訓練しました。今となっては九十パーセントの時間で（もしかしたらもう少し高い確率かもしれませんが）落ち着いて話ができるようになりました。でも、羊がコントロールを失い、犬が羊に飛びついて食いつきそうになっていたとしても、そしてその騒動が忙しい高速道路の真横で起きていても、犬に落ち着いた声をかけられるハンドラーもいます。このような人たちは私にとっては神のような存在ですし、私は彼らの側で少しでも長い時間を過ごすことで、少しは学ぶことができないものかと思っています。

犬は静かで、クールで、落ち着いた人間を好み、そういった人の横に座るのを好みます。私たち人間でもそれは同じで、堂々として、静かな力を内に秘めた希有な人に惹かれます。そんなオーラを持つ人のひとりがジュリー・シンプソンで、彼女はイギリス国際牧羊犬協会で、女性で初めてシュプリーム・チャンピオンシップを獲得した人です。彼女は犬に対してほとんど何も言いませんが、言うときは常にソフトな語り口なのに、内に秘めた平和と自信が放たれているようです。彼女の訓練所では、百メートルほど離れた場所で静かに話しても、犬は彼女の言葉を聞いていました。ジュリーのように尊敬を引き出せることはできないかもしれませんが、それでも、大声を出し続けるのではなく、静かで自信に満ちた雰囲気を身にまとうことができれば、あなたは犬の注意を集めることができるでしょう。

犬に何を言うかよく考えて、遠くから大きな声で呼ぶのではなく、犬に近づいて注意を引くよう練習しましょう。ガンジーやダライ・ラマを想像するのです。はい、呼吸して。笑って。優秀な教師がそうであるように、境界線を設定することに慣れましょう。静かで自信のあるリーダーとしてあなたを尊敬し、慕う犬を飼うということは素晴らしい気分ですし、あなたを愛する犬を持つことと同じぐらい素敵なことです。私たちは幸運なことに、あなたをリーダーとして尊敬し、愛する犬を飼うことができます。より多くを言わず、より少なく言う方法を学ぶだけです。

慈悲深いリーダーシップ

犬の訓練において、リーダーとはよく使われる言葉です。支配的立場の概念はあまりに間違って使用され、そして誤解されているため、リーダーシップという言葉さえ使用を避ける団体も存在します。社会的動物の多くが賢いリーダーの知恵によって利益を得ているというのに、とても残念なことです。慈悲深いリーダーのように振る舞いながら、犬に辛抱強く、そして礼儀正しくあることを教えることは、飼い犬にトラブルを抱えた飼い主たちを何百人も救ってきました。社会的関係性が問題だったのか、犬のフラストレーションに対する耐性のなさが問題だったのか、クライアントによっては判断がつかないことがありましたが、この章で紹介する提案は、どちらのパターンでもポジティブな影響を与えることができるでしょう。もしかしたら犬は無礼で押しつけがましい存在となるより、辛抱強く、礼儀正しくなることで求める物が与えられることを学ぶかもしれません。攻撃的になることなくコントロールを失うことなく、フラストレーションと向き合う方法を、もしかしたら犬は学ぶかもしれません。

私は、それは犬次第だとお伝えしたいと思います。どんな犬もそれぞれ違うのです。一部は心から地位を求めていますので、飼い主がリーダーシップを提供すればうまくいくこともあります。感情を制御することができず衝動を抑えられない犬は、辛抱強さを学ぶ必要があります。私が目撃する最も深刻な問題を抱える犬は、その両方のコンビネーションの場合が多いです。簡単に興奮し、感情をコントロールできない犬は、社会的地位に対する挑戦と認識するとすぐに反応します。一方で、とても温厚な犬もいます。私が「人間のお墨付き」と呼んでいるタイプの犬たちです。何をしたって彼らは失敗などしません。あなたがそんな犬を飼っているのであれば、この章の残りは興味深い知識訓練として読んで、普通の犬を飼っている私たちを眺めて困惑しつつ微笑んでいてください。

この家は誰のもの？

過去、訓練士たちは社会的地位の重要性を軽視してきましたが、ケースによっては今でもそれは重要だと言えます。社会的交流をすべて管理しようと目論む犬を持つ飼い主がクライアントになったことがあります。飼い主が電話で会話をすると吠え、他の犬が挨拶に来ると注意を引こうとし、いつ遊ぶのかを決め、いつ撫でられるのかを決め、そしていつ食べるのかを決めるのです。どのようにして、いつ犬が人間の注意を引くかは、単に忍耐強くあること、フラストレーションへの耐性を持つことを学ぶだけでは決まらないのです。要求に応じて注意を引くことができるのは、社会的階級のなかの彼らの地位によって決まるため、同時に、社会的関係性の重要な側面でもあるのです。いくつかの種を挙げると、高い地位のチンパンジー、ボノボ、人間、オオカミは、常に群れの視覚的注目の中心にいます。下位の個体からの社会的接触の勧誘に応じるかどうかを決めるのは、高い地位にある個体です。下位にいる個体は頻繁に接触を求めますが、高い地位にあるものが、いつ、あるいは、接触をするか否かを決めます。低い地位のピップは常に女王チューリップのマズルを舐め、足元にひれ伏すことで注目を引こうとしています。たいていの場合、チューリップは顔をそむけ、ピップに挨拶をさせようとはしません（私の友人のベス・ミラー曰く、同じようなシナリオは全米の公園で見ることができるということでした。クールな子どもが、そうでない子を鼻であしらうのです）。非対称的な社会的交流が家で起きることを想像してみて下さい。犬がすべての注目を集め、すべての交流を管理し、あなたの行動を群れのなかで高い階級にある自分を支援していると解釈している可能性があるのです。誰が自分を、いつ触るのか、コントロールしようと譲らない犬もいます。このような犬は飼い主のパーソナル・スペースに対して一切敬意を払わず、膝に飛び乗り、好きなときに飼い主の「邪魔」をします。様々な種におけるグルーミングをもう一度考えてみましょう。社会的種のほとんどで、低い地位にいる動物は高い地位にいる動物のグルーミングをします。逆はありません。もしあなたの犬が、あなたがやっていることをすべて放り出して撫でろと要求できるのなら、心のなかで、その日の晩にあなたが床にうっかり落としたポークチョップを取り上げる筋合いはないと思われているはずです。

地位を求める犬は家のなかのすべての物に対して（ベッドも同様に）、所有権を主張する場合があります。家のなかでベッドは人間にとっても犬にとっても大切なもののひとつだからです。動物行動学者として働き始めるまで、夜中にトイレに行ったあとに、ベッドに戻ることができない人がこんなにも多いとは知りませんでした。トイレに行ったあと、妻の犬がベッドを占領してしまい、困って夜中に家のなかをうろついている夫が全米に溢れているなんて誰が想像したでしょうか？　まるでスタンダップ・コメディのように面白い光景ですが、この脅迫が噛みつきに繋がったら面白くもなんともありません（それでもまだ、面白いと考える人もいます。妻の犬のラサ・アプソが夫に噛みついたとき、大笑いした妻を見て驚いた夫の表情を忘れることができません。彼女はそれが大笑いできることだと思っていたようですが、夫の腕は生焼けのハンバーグのようになっていました。私も彼も、まったく面白いとは思いませんでした。私の最初のアドバイスは結婚カウンセラーに会うことでした）。

支配的な攻撃性は通常、犬に起きていることの説明としては正しくないと考えていますが、社会的地位が関係しているケースもあります。私が目撃する問題は、犬が「支配的」というよりも、誰が誰なのか混乱している状態で暮らしているパターンです。犬が社会的な自由を十分持っているようにも見えるし、人間がそう見える時もあります。もしこれが真実なのだとしたら、もし家のなかに明らかなリーダーが不在の場合、人間と犬の間の社会的関係性を明確にすることに価値があるのです。もし犬が、高い地位にありながらも緊張感の高い「ベータ」のカテゴリにいると推測している世界に住んでいるのなら、私たちが知っている社会的階級に照らし合わせてみると、犬は常に地位を求め、その世界で上を目指す可能性があります。

地位を求めている犬を扱うときに私が気に入っている方法があります。それは、家庭内で社会的地位はそれほど重要じゃないと教えることなのです。なぜなら、図々しく、地位ばかりを考えることなく、忍耐強く、礼儀正しくしていれば、求めるものはなんでも手に入るからなのです。飼い主自身が、人間も犬も愛されていると感じることに、社会的地位なんて関係ないと理解すれば、犬が大事にされていると感じられる調和の取れた家庭を築くことができますし、犬も階級のなかでの自分の位置を常に考える必要がなくなります。中間管理職にはストレスがつきものですから、このような犬の頼みは聞いてやり、矛盾したメッセージで混乱させないようにしましょう。これは地位を求める犬にのみ適用されると覚えておいて下さい。多くの犬が社会的リストの上を目指そうとはしません（それをレバーの煮汁に浸したとしても）。この章に記された提案にしっかりと注意を払い、成長過程にある犬が忍耐強く、そして礼儀正しく暮らすことを学ぶよう期待すれば、地位を求める犬が引き起こす問題のほとんどを回避することができます。

鞭を惜しめば子はだめになる

犬から尊敬を得ようと腕力を使う必要はありません。もしそんなものを使えば、あなたは犬に本物の力がないこと、そして力と威嚇以外の選択肢は無いというメッセージを送ることになります。どの犬種であっても、その訓練の内容から身体的な怪我の脅威をこれほど長い期間において取り除くことができていない現状は、とても悲しいことです。脅迫することで犬を服従させることはできるかもしれませんが、ほとんどのケースで、あなたの犬はあなたを恐れる犬になります。攻撃的になることで自分を守ろうと学習する犬がほとんどなのです。攻撃はよりいっそうの攻撃を生み、噛む犬の多くが自己防衛の結果なのです。しかし、喧嘩好きな犬もいて、あなたが「勝負の日」を作るのを待ち構えている場合もあります。このような犬との喧嘩には勝つことができるかもしれませんが、戦争に勝つことはありません。そもそも、リビングルームに戦場が欲しい人なんているのでしょうか?

必要のない暴力を訓練において使うのは、それだけで十分最悪なことですが、それが特に問題になる理由は、犬がそれをしつけと認識しないことなのです。犬は年長の犬によって、一瞬の、コントロールされたマズルへの噛みつきによって行いを正されます。これは決して真似しないようにしてください。私を信じて下さい。十分な速度で行うことはできませんし、他の犬がやるような強さで噛むこともできないでしょうし、あなた自身が噛まれることになるでしょう。それに、口の中に犬の毛がたっぷり入ってしまいます。犬は他の犬を、首の皮を噛むことでしつけたりはしません。そのあたりを噛むことは、階級に対する挑戦か、バーでの乱闘のようなものです。首の皮を掴むことで犬によっては効果的に矯正することができますが、それはあなたがやるべきだという意味にはなりません。犬に対して肉体的な懲罰をいつ、どこで与えるのかは、犬の訓練において最も難しい学びで、訓練の経験が浅い人間が最もやってはいけないことなのです。

犬に対して「支配的な立場になる」という神話のせいで、多くの人々が腕力を使います。しかし、犬に対して怒鳴り声を上げ、首輪を摑み、体を揺らすことは、霊長類に特徴的な行いであり、犬はそれを本質的に理解できません。犬はあなたを恐れるでしょうし、あなたに注目するかもしれませんが、あなたが犬にやって欲しいことを彼らが学ぶことはありません。犬の首輪に強い力をかけるということは、学校で子どもが問題の答えを間違えたときに、手のひらを叩くような行為です。子どもは答えを間違えることを恐れるようにはなりますが、正しい答えを子どもに教えることにはなりません。一部の犬のケースで攻撃性が功を奏することもあるため、あらゆる状況下で、すべての犬に対して過酷な調教を行うことを正当化する人がいます。しかし、本来は正解ではなく、残酷なことが時に成功するからといって、それを推奨する理由にはなりません。人間を拷問し、威嚇して自分の思い通りにすることはできますし、あなたが十分な力と管理を使えば、それは効果を生み出すでしょう。しかしそれが容認されるわけではないのです。

犬を矯正するということ

私の経験では、犬が何か「間違い」をすると、人間は犬に暴力を振るう傾向にあります。クライアントの多くが犬を叩いたり、揺さぶったりします。正直なところ、何をしていいのかわからなかったのでしょう。代替手段を提供せずに、犬に乱暴なことをしないようにと人間に言っても仕方がありません。ほとんどすべての犬に有効で、ほとんどすべての人間にとっても有効な手段をお伝えしましょう[04]。

あなたが犬にやって欲しくないことを犬がやっている場合、仕事は二つあります。まず、犬を驚かせて、やっていることを辞めさせます。犬を傷つけたり恐怖を与えたりする必要はありません。音を出して、哺乳類の驚愕反応を引きだして中断させます。壁やテーブルを叩く、本を落とす、あるいは小銭を入れた缶を床に落としたりすることで、犬は一瞬顔を上げて、音に注目するはずです。その瞬間、稲妻のように素早く、犬の注目を利用して、あなたが犬にして欲しい行動へと導くのです。例えば、生後八ヶ月のラブラドールがコーヒーテーブルを噛んでいたとします。あなたの仕事はその行動を辞めさせ、瞬間的に犬の行動を適切なものへと向け直すのです。例えば昨夜大枚を叩いて買った音の出るおもちゃを齧らせたりするのです。低い、静かな声で「ダメ（No）」と言い、直後に音を出して犬を驚かせます。犬がそちらを見たまさにその瞬間に、「いい子ね（Good girl）」と言い、求められていない行動を辞めたことを褒め、舌で音を出すなどしてあなたに注目させ、そしてその注目をより適切なものへと向けさせるのです。

重要なのは、犬が見上げたときに得られる、その〇・五秒（あるいはもっと短い時間）の注目を利用する準備を整えておくことなのです。長くはありませんし、初心者は次に何をすればいいのか考える間に犬を凝視してしまうことで、その瞬間を失ってしまいます。犬は面白いことが起きていないと判断すれば、コーヒーテーブルの脚に戻ることにしますよね？　ですから、犬が見上げたそのわずかな瞬間に動くことができるように準備しておけば、これが魔法のように効力を発揮することがわかっていただけると思います。簡単なことのように思えるかもしれませんが、犬の訓練のすべてがそうであるように、練習が必要です。なぜなら、あなたの反応のタイミングを犬の行動と合わせる必要があるからです。犬の行動に対して、できるだけ早く反応できるよう練習を重ねてください。オリンピック選手ほどのタイミングを摑めていなかったとしても、基本をきちんとおさえていれば、有利な状態を維持することができます。問題行動を中止させ、直後に別のことに注意を向けさせるのです。

しかし犬が何かに本当に夢中になっているとき、例えばあなたの犬をからかうのが大好きな近所の雑種犬に対して窓の近くで吠えているとき、犬の注意を引くことができる音は存在しないでしょう。このようなケースでは、部屋の隅からどんどん音を大きくして注意を引こうとするのではなく、犬に近づくようにしましょう。私はこんなとき、犬の鼻先におやつを持って、まるでロバをニンジンで誘うように犬を興奮させる何かから遠ざけ、そこで別のことをやってもらうのが好きです。犬があまりにも興奮している場合は、静かにリードを付けて食べ物を使って引き寄せ、犬が注目している場所から引き離すといいでしょう。そこで、犬に「楽にして（Sit pretty）」とか「ボールを取っておいで（Go get your big ball）」とか「二階に行って○○を起こしてきて（Go upstairs and wake up ─）」（空白に、「犬を外に連れ出せ」と言ってあなたを起こす誰かの名前を入れましょう）。あなたの声が、より楽しいことが起きるサインだと犬が学び、上達することで、おやつでおびき寄せる必要もなくなります。

これらの提案は、完全な犬の訓練マニュアルや機知に富んだビデオ、あるいはもっと良いケースでは、あなたに教えてくれるコーチがついた素晴らしい犬の訓練クラスの代わりにはなりません。でも、あなたがやって欲しくないことをやっている犬の行動を止め、犬の行動をあなたがやって欲しいことにシンプルに切り替えることを習慣にすることができれば、あなたにとってもあなたの犬にとっても、生活はより幸せなものになるのです。ネガティブな言葉に固執してしまうのは、本当に人間らしいことです。「ダメ！（No!）」は私たちの口から、まるで呼吸するかのように簡単に出てきます。しかし否定することで、犬に対して何をすべきか教えることはできませんし、やるべきではないことに集中させるだけなのです。もし私が「赤のことを考えないで。いいですか、絶対に赤のことを考えてはいけませんよ！」と言ったとしたら、それは簡単でしょうか？　しかし私がもし、「赤のことを考えないで、青のことを考えてください。とても美しくて、クールな青です。青のことを考えて！」と言ったら、あの色のこと――あの色はなんでしたっけ？――を考えるのを辞めるのは、ちょっと簡単になりませんか？　犬がやってはいけないことをやる可能性は無限大ですが、正しいことをする可能性は少ないのです。ダメなことに対して犬にダメを言い続けることなく、正しいことを教えて楽に暮らすのはどうでしょう？

犬が何か間違ったことをやっているときには、静かな声で「ダメ（No）」と言い、注意を引くために何か音を出して犬を驚かせ、犬がすべきことに切り替えてあげるのです。肉体的に罰を与えるなんてことは考えないでください。教えるのです。古い犬の訓練で使われた赤く燃え上がるような攻撃性を、穏やかで、冷静で、博愛に満ちたスカイブルーに変えてあげるのです。美しい色だと思いませんか。

第九章　犬の性格

すべての犬は違うけれど、一部、特別な犬は存在する

ルークが命を失いかけた十分後の今、これを書いている。ほとんど起きかけてしまったことへの苦しみと、それが起きなかったことへの安堵を感じている。タイプするのもやっとだ。指が強ばって、震えだした。ルークが死ぬなんて耐えられないし、数分前に悲劇的な死を遂げそうになったことを知り、私はまるで壁に叩きつけられたかのように呆然としてしまっている。

わが家の農場から五百メートルほど離れた場所にある道路にいたルークを発見した近所の人が、彼を連れ戻してくれた。農場の横を登る幹線道路の右側レーンの中央を歩いていたそうだ。ルークは急カーブのすぐ後にある丘の上にいた。制限速度は時速九十キロだが、多くの住民はそれよりも速く車を走らせる。このあたりの視界は悪く、年に四回から五回は鹿を轢いてしまった人が、夜中の二時に私の家のドアをノックして、警察を呼び、ルークとチューリップが深い声で吠えるのを聞きながら、窓から外を覗く。この日の朝、道路はいつも以上に混んでいて、工事現場から行ったり来たりする砂利運搬するトラックの列を通常の朝の車列がかわしているような状況だった。

ルークは十一歳だ。彼も、他のボーダー・コリーたちも、それまで道路には一度も行ったことがなかった。ルーク、ラッシー、ピップを外に出して、何時間でも自由にさせることはできたし（それ

でも私はそうしなかった）、彼らはポーチでいつも丸くなっていた。彼らは道路から離れているように、細心の注意を払って訓練されていたし、訓練と彼らの性格のおかげで、道路に足を踏み入れようとはしなかったのだ。鹿が庭から飛び出して、白い尾を振りながら道路に飛び出し、犬たちがそれを必死に追いかけていたとしても、道路の手前で止まる。自転車に乗る人たち、ジョギングをする人たち、車も無視していたが、唯一、馬に乗った人が通ったときだけ、両目を見開いて吠えたことがあった。チューリップでさえ道路には近づかなかった。彼女の訓練には数年を要した。彼女はグレート・ピレニーズで、一頭で仕事をするようにデザインされており、これについては特に頑固な犬種なのだが、私が彼女と一緒にいれば、鹿を追いかけていたとしても、チューリップは道路の手前で止まるようになっていた。しかし、私は決してチューリップを一頭で外に出したことはない。なぜなら、彼女はどこかへ冒険に出かけてしまうからだ。単に、そのリスクを冒したくなかった。

グレート・ピレニーズとは違い、ボーダー・コリーは農家の犬として、納屋の近くで仕事を待つ犬の血を受け継いでいる。それは今朝までのことだった。私が想像する限り、ルークは家から出たのだ。普段は、納屋に行き羊の面倒を見る前に私がルークと他のボーダー・コリーたちを家から出し、用を足すようにしている。屋根を剝がして新しいものへの張り替え作業の仕上げのために、作業員たちが車でやってきた時、私はオフィスの電話で話をしていた。汚れるし、大きな音が出るし、それは大変な仕事で、私たち全員がやっかいな思いをしていた。毎日八時間も大きな音を聞くのは辛かったが、書斎の屋根から聞こえてくるのだからなおさらだ。悪いことに、この日、気温は三十二度、湿度は九十パーセントを超える猛暑日だった。あまりにも暑かったために子羊が一頭死んでしまい、犬を車内や納屋に残しておくわけにはいかなかった。代替案もないなか、私は自宅で作業をして、なんとかやり過ごせないかと考えていた。

大きな音が鳴り始めると、私は犬のためにボールを投げて彼らを陽気にさせて、おやつが詰まったおもちゃを与えた。彼らは明らかに騒音にイライラしているようだったが、それでも私が考えていたよりは、気にしていないように見えた。ルークとピップは少ししつこく、夜間は音に対して敏感だが、日中の騒音の間は、私の足元で大人しくしていた。ルークは大丈夫だと思っていた。私が間違っていた。そしてそれがルークを殺しかけた。

ルークは屋根職人たちが現れて、音を出し始めたときに庭を出たのだろう。ジョンとコニー・ムドール夫妻がルークを連れて数分後にやってきたとき、私は電話をしていた。彼が死んでいなかったのは奇跡だった。あんなに混んでいる道路を見たことがなかったからだ。

辛くなってしまうほど、私は犬たちを愛している。しかしすべての犬をどれだけ愛しているとしても、ルークへの愛はそれとは違う。彼が私の元にやってきた直後に恋に落ち、そして今でも、救われようのないほど彼を愛している。ルークは一生に一度会えるか会えないかの犬で、何百頭も知っている訓練士やブリーダーでさえ決して出会うことのできない特別な犬だ。時折、セミナーにやってくる人が私に話しかけ、彼らの飼っているルークのような犬について教えてくれる。あまりにも特別な存在だから、話をしながら目に涙を溜めている。彼のことを考えただけで、胸が一杯になってしまうような、そんな犬をあなたは飼ったことがあるのでしょう。そして今も、そんな犬を飼うことができているのでしょう。私たちはなんて幸せなのだろう。

ルークは私が今まで出会ったなかで、最もハンサムな犬だけれど、多くの問題を抱えた美しい犬と何度も会ってきたから、今となってはルックスにこだわることはない。ルークは『風と友に去りぬ』のハンサムなレット・バトラーのような顔をしているが、アシュリーのような行動をする。良心的で、優しく、道徳的なアシュリー。スカーレットがそのウェストサイズよりも大きな知識を持っていたら、結婚したであろう人物だ。ルークは気高く、純粋でシンプルだ。彼は人間が大好きだけれど、その熱意で人に突進するのではなく、彼はそっと近づき、尊敬の念を込め、仲間に入れてくれとばかりに人間の横に座るのだ。ルークはまさに禅ドッグで、常にそこに存在し、スピリチュアルな平和を体から発散させているような犬なのだ。犬版ダライ・ラマだと言える。

　ルークは他の犬に対しても丁寧で、子どもに対してはどんな時でも親切だ。彼は優秀な牧羊犬で、運動能力が非常に高く、ひたむきで、賢い。彼には卓越した「羊の感覚」が備わっていて、羊が何をするか私よりも深く理解していて、彼らが行動に移すずっと前にそれを感じ取っている。市場に出荷される子羊をトラックに乗せる際、最も信頼しているのがルークだ。攻撃的な羊が住む牧草地に行く際に、私が常に連れて行くのはルークだ。そしてある日、自分の命を危険に晒して、私の命を救ったのだ。

　コーリーンは気性の荒い角のある雌牛で、私を納屋の隅に追いつめ、私を殺そうとがむしゃらになっていた。気難しいスコットランドの黒い顔をした雌牛のコーリーンは[01]、子羊を産んだばかりで、私は納屋に入って彼女に穀物と新鮮な水を与えようとしていた。しかし産後の強い母性による防護性が燃えるような怒りに変わり、彼女は頭を低くし、まるで巨大で毛むくじゃらのフットボール選手のように、私を何度もセメントの壁に打ち付けようとした。突進してくるたびに私は横にかわし、彼女は壁に激突していた。彼女が激突する度に納屋が揺れ、屋根の垂木からは、パラパラとペンキの破片が落ちてきた。次に彼女が突進してきたとき、私は板を手にして彼女の頭と角に打ち付け、なんとかして彼女を後退させ、ゲートまで逃げようとした。その打ち劇は、彼女の分厚い頭蓋骨を砕き、私の肩に衝撃が走ったが、彼女はそれに気がついていないようだった。あの状態では気づくことはあまりなかったと思う。これは計算された攻撃ではなかった。コーリーンはただただ、爆発したのだ。完全のコントロールを失った攻撃的な犬の怒りと同じような怒りだった。

目を見開いたコーリーンは、私の方に突進し続けて、壁に衝突し、ペンキの破片が落ち、私は、左、右へと逃げた。私の苛立ちは恐怖となり、足が疲れ、膝が震えだした。逃げられないなんて、そんな馬鹿なと思っていた。攻撃的な犬と対峙してきた。大きな犬、小さな犬、人間を傷つけた犬、私を傷つけると脅した犬。オフィスで私を襲おうと、歯を剝き出しにして、両目を見開く犬を見てきた。私は何年にもわたって羊を飼ってきたし、ビーヴィスという名の、本来ならばバットヘッド(butthead：がさつなやつ)と名付けるべきだった攻撃的な羊だって飼った。ビーヴィスは身長百九十センチの友人を三メートルの高さまで吹っ飛ばしたのだ。でも、今回は違っていた。このゲームでは優位に立てず、ゲームを終わらせることもできなかった。コーリーンは立派な角《つの》を持ち、納屋の角に私を封じ込めていた。疲れ、人里離れた農場に一人でいたのだ。それは土曜の朝で、月曜の朝まで仕事に戻る予定はなかった。深刻な怪我を負った場合は、助けが来てくれるまで相当な時間がかかる。楽しみながら用事を片づけ、羊たちに笑いかける予定だったのに、地獄からやってきた怒り狂った雌羊に殺されかけていたのだ。彼女はとうとう、私を捕えた。私の右の太腿が裂けたのだ。コーリーンの突進の衝撃以来、すべてが静かだったのを記憶している。だからこそ、ルークの前足が仕切りの壁を叩いた音が、まるで今聞いているかのように、私の心に残っているのかもしれない。ストン。ルークの前足が木製の壁を叩き、私が考えるよりも前に、彼は私とコーリーンの間に飛び込んで来たのだ。コーリーンの頭に向かって、まるで弾丸にように、黒と白の縞模様が飛び込んだ。コーリーンは、今度はルークに向き直し、鼻を尻尾の方向に押し込むように低くして、顔全体を後方に引き込み、角の間の骨の部分を露わにして、ルークに向けた。今度は私ではなく、ルークを壁に打ち付けるつもりだ。ルークの体重は二十一キロで、セメントの壁に叩きつけたとしたら、その一発で彼の命はなかっただろう。しかしルークは稲妻のように速く、私よりも攻撃的な動物を扱う能力に長けていた、私と彼は囲いを横切りゲートへと向かい、そして安全な場所に逃げ込んだ。

私たちは一緒に納屋の藁の中に倒れ込んで、息を切らせて喘ぐように激しく呼吸した。ルークの横腹は呼吸のために膨らみ、口角は酸素が足りないためか、上側に引っ張られていた。歯茎の境目で折れてしまった二本の歯から、血が流れていた。囲いのなかに飛び込むことで、ルークは命を賭けたのだと私は考え始めていた。自分がやったことの危険性は理解していたはずだ。ルークには何年もの羊との経験があり、牧羊犬は状況把握が早く、危険か、そうでないかを学習する。ルークは羊飼いの物理的性質を理解するのに十分な回数、蹄により転がされ、壁に押しつけられた経験がある。傷つくことを恐れた様子は一度として見せたことはない。彼がボーダー・コリーだからではない。彼がルークだからだ。

ピップはボーダー・コリーだが、一生ステーキをあげると言われても、コーリーンの面倒を見ることはないだろう。ピップは肉体的痛みを恐れていて、爪を切られることは究極の勇敢な行動だと考えている。ルークの娘のラッシーはコーリーンに立ち向かうだろうが、彼女は心底恐れただろうし、あの日の朝、父が見せたような力と決意を見せることができたとは思えない。もしチューリップがあの場にいたら、怒った母熊のように突進してきただろう。それを私が確信している理由は、彼女は一度そうしたことがあったからだ。ルークが何度も頭に攻撃したにもかかわらず[02]、雄羊のビーヴァスが私を地面とフェンスの間に突き飛ばし、諦めなかったときに、彼女はそうしたからだ。チューリップは列車のように吠えながら、唸り、歯を剝き出しにした。雄羊は驚いた馬のように後退し、走り去った。穏やかな性格のチューリップだが、誰かが誰かを攻撃することは許さず、瞬きするよりも速く、完全無敵な戦士に姿を変える。しかし、平和維持の傾向のあるチューリップと、ラッシーの正しいことをしたいという傾向を考えたとしても、ルーク以外の犬が、一・五メートルの木製の壁を飛び越えて、喧嘩に身を投じるとは思えない。ルークは完璧ではないけれど、助けが必要だと思ったときに騎兵隊の音を響かせるような犬なのだ。

だから私はルークを愛しているのかもしれない。なぜなら、彼なら私を守ってくれると信じることができるからだ。いや、それは違うのかもしれない。それは自分の感情になんとかして理由を付けたいがために作り上げる説明に過ぎないのかもしれない。ルークを愛するように、それまで飼った犬を愛したことがない理由なんて、どうでもいいのかもしれない。ただただ、私はルークをそのように愛していて、納屋で数年前に起きたあの事故以来、私の彼への愛はどんどん大きくなっていっている。彼は私のソウルメイトで、世界中で三人の親友を挙げろと言われれば、彼の名前はリスト入りする。今朝、道路で彼が不必要に命を落とさなかったことを生涯感謝するし、すべての犬にはそれぞれの個性があり、人間と犬との間の愛がどれだけ深いものかにも、再び気づかされた。

すべての犬が個性を持つ

私のそれぞれの犬に対する愛が異なるのは、彼らはそれぞれが違う犬だからです。私の犬は各自が唯一無二の強さと弱さのセットを持っていて、それは二本足のお友達と同じです。私たちはそれを個性と呼び、私たち一人一人を定義する、心理的、行動的特徴を意味しています。しかし人間ではない動物の個性を認めることは一部の動物を刺激反応機械と見なす機械論的な考えにしがみついている人間にとっては過激なことのようです。昨年、とある大学生からメールを受け取りました。それには、彼女の哲学の教授が生徒に対して、動物は感情を持ったり、思考したり、学習ができないと発言したと書いてあり、私は愕然としました。十七世紀の哲学者デカルトを読むのもいいことですが、教養があるはずの大学教授が生徒に対して二〇〇一年に教えることとしては驚き以外の何ものでもありません。単細胞生物ですら学習するというのに動物が学習できないなんて、まったく馬鹿げています。犬や猫といった複雑な種の個体の行動の明らかな差を否定することも馬鹿げたことです。

ペットの飼い主は犬に個性があることを知っていますし、客観的な科学者の多くが同じ現象が野生動物にもあることを報告しています。動物行動学研究の大半が個体差で曖昧になり得る一般的な傾向に注目しているにもかかわらず（ハゴロモガラスの雄と雌は縄張りへ侵入してくる動物に対する反応に差があるのか？　年配のニホンザルは若い猿よりも新しい食物に興味があるのか、それともないのか？）、研究者は多くの種の行動の個体差について説得力のある発言をしています。優秀な科学者で数十年にわたりオリーブヒヒの研究をしているシャーリー・ストラムは、高い地位にあるペギーという個体について、「強く、穏やかで、社会的な動物で、物怖じしない。図々しくなく、説得力を持つが、専制的ではない」と述べています。この発言の少し後に、彼女は著書である『オールモスト・ヒューマン』（Shirley C Strum, *Almost Human*. New York: Random House, 1987）のなかでペギーの娘のティアについて「実際のところティアは、意地の悪い雌だった。群れのなかでの地位は母に次いで二位だった。そして彼女はそれを専制的に利用した。ペギーであれば叱責や睨み、あるいは接近し、欲しい物を待つことで穏やかに鎮圧するような問題であっても、ティアは理不尽なほど攻撃的になり、他の雌を萎縮させた」と書きました[03]。

スティーブン・スオミは霊長類学者であり、アカゲザルの個体にはそれぞれ性格があるとはっきりと言っています。それは彼の数十年に及ぶ調査の焦点となってきました。彼と同僚は、生後一ヶ月の個体であっても、アカゲザルには一定した性格の違いがあるということを発見しました。サルに見られる性格の違いの多くは、人間や犬の性格の違いに一致しています。アカゲザルの一部はまるで人間や犬のように、慣れないシチュエーションや目新しい物の周辺では引っ込み思案で、一方では怒りっぽく、自制心を失いやすい個体もいます。このような特徴が興味深く、人間の性格調査が導き出した結果と良く似ているのは、性格は誕生直後に出現し、成熟した動物でも安定している一方で、成長段階の初期での経験がその動物の行動に生涯にわたって影響を及ぼすことです。

例えば、引っ込み思案は犬と人間には普通ですが、実はアカゲザルの個体でもそうなのです。これには遺伝的、そして環境的要素があると考えられています。内気な犬の子犬は内気な傾向があることは、長年知られています。ジョン・ポール・スコットとジョン・L・フューラーの犬の行動の遺伝学的基礎に関する古典的研究によると、内気であるということは、遺伝により最も影響される行動特性のひとつだということです[1]。良きブリーダーは内気な二頭を繁殖させることで、極端に内気な子犬が生まれることを知っていますが、常にそのように単純というわけではありません。子犬たちは、とても内気な数頭と、適度に内気な数頭、まったく内気でない一頭、あるいは二頭というように生まれてきます。

研究者らは人間の内気さについて、養子縁組をした赤ちゃんを観察し、遺伝的要素と環境的要素を器用に分けた調査を行っています。陽気な養父母によって育てられた内気な幼児と内気な実の母の間に、相互関係があることを突き止めました。他の種においても、内気であることについて遺伝的要素が介在しているという証拠は多数あります。スティーブン・スオミによると、数種の霊長類で、十五パーセントから二十パーセントが、見知らぬ物事に対して他の個体よりも恐怖を感じていることがわかっているそうです[2]。内気であることは、生物学者が「保守的」な特質と呼ぶもので、その特質は集団のなかで一定数存在し、同じような頻度で引き継がれていく傾向があることがわかっています。内気なアカゲザルは、特定の状況においては、大胆なアカゲザルよりも成功を収めるとスミオが発見したことから、それはもっともだと言えます。例えば、若い雄のアカゲザルは成熟の早い段階で生まれ育った群れを離れ、別の群れに移らねばなりません。それはサルにとってはとても危険な状況で、この過程で約半数の雄サルが命を落とします。最も成功を収める雄は体格の良い雄で、内気なサルはより慎重だという理由で、同世代の雄よりも遅い時期に他の群れを目指して自立します。群れを去る時に年を重ねていることから体格も大きく、皮肉なことに、勇敢な同世代よりも成功を収めるのです。

しかし研究者は環境による影響を示す有力な証拠も発見しています。スコットとフューラーは、社会化の初期の段階で人間と交流した経験のない子犬は、見慣れない人間がいると不安になり、緊張する成犬に育つことを突き止めました。猫の行動に関する研究者は、勇敢な親から生まれた子猫は、若いときに人間との接触がないと、初めて会った人に対して内気な態度を取ることがわかりました[3]。内気なアカゲザルの子どもは遺伝的に内気であるにもかかわらず、養育能力があり、子どもに安全を与えつつ、他の個体とかかわりを持つよう促す雌と一緒に育てられることで、外向的になることをスオミは発見しました。

複雑な動物の多くに、その証拠があるのです。個体の性格は、遺伝的な要素と環境的な要素の相互作用の結果なのです。ですから、この大変重要な認識においては、私たちも犬にとてもよく似ており、犬も私たちにとてもよく似ていると言えるのです。私たちのどちらかの行動が「遺伝的」なのか「環境的」なのかを尋ねるということは、パンが材料によって形作られるのか、それとも材料を混ぜる過程によって作られるのか聞いているようなものです。小麦粉を混ぜる前の卵を加熱したら、いくらすべての材料が揃っていても、パンと呼ばれるものはでき上がりません。

犬と人間の性格に何が影響したとしても、この二者は美しいハーモニーを奏でることもあれば、黒板に爪を立てたときのような音を出すときもあります。人間と犬が仲良くやっていくか、犬が「従順」だと思われるかどうかは、それぞれの性格が合うかどうかによるのです。すべての関係は、その中にある各自の性格の魔法によって左右され、それは人間と犬の関係においても、そして私たちと他者との関係においても、同じ意味を持っています。ほとんどの人間とほとんどの犬は、外交的、控え目、信じやすい、疑い深い、気分屋、楽天家、悲観的、能動的、受動的など、性格の一般的なカテゴリに収まります。

愛犬家にとって幸せなことは、愛犬が、あなたが好む性格を持っていることです。陽気な楽天家で、元気がよくて、世界を楽しみ、静かで、従順で、カウチポテトで、部屋でくつろいで古い映画を観るのがあなたと同じぐらい大好きな犬。そんな犬です。この先は、犬の性格について、そしてあなたが一緒に暮らして幸せになれる犬、あなたと暮らすことで幸せを感じられる犬を探すためのアドバイスを紹介していこうと思います。

ゴールデン・レトリバーが噛むとは思わなかった！

飼い主の多くが愛犬にははっきりとした性格があると言いますが、逆説的に、多くの人々は犬種によってその行動は決まっていると思いがちです。犬種を処方箋のように考える人たちがいて、まるで犬をケースに入った錠剤のように、すべての犬が同じ成分で出来上がっているかのように考える傾向があります。この考えがどれだけ広く蔓延しているか、攻撃性のある犬に会うようになって理解しました。「なぜあの犬がここに？　ゴールデン・レトリバーが噛むなんて思わなかった！」こんな言葉を何百回も聞いたことがあります。ラブラドール、雑種、コッカー・スパニエルなどの「犬種」は、問題行動など起こさないと考えられています。口を開いて、閉じることができるなら、犬は噛みます。「従順」だと考えられている犬種の個体なのに、歯の使い方でトラブルを抱えたケースを多く見てきました。ゴールデン・レトリバーの多くが甘えん坊で優しいかもしれませんが、一部の個体はハンマーみたいに頑固なのです。

ルーク、ピップ、ラッシーはボーダー・コリーですが、遺伝的背景が似ている私と他の人間が違うように、彼らもまた、それぞれが違います。ピップは居眠り好きな私のボーダー・コリーで、ちょっとまぬけでラブラドールのような顔をしていますが、彼女は伝統的な牧羊犬の血を引いています。ピップの優しい性格は、他の犬を恐れ攻撃的になる犬を何百頭もリハビリすることができました。ピップは吠えて、うなっている犬たちから六メートル程度離れた場所で寝て、自分は敵ではないと彼らに伝えるために、必要な時間をかけて説得しました。彼女は犬たちの防御的なうなり声を無視し、やがて彼らがうなり声を止め、落ち着くと、友だちになるのでした。ピップと遊び始めた愛犬を見て、涙を浮かべる飼い主を何十人と目撃してきました。攻撃的だった犬が、別の犬と遊ぶのを初めて目撃したからでした。

ルークの娘であるラッシーは、多くの人たちが愚かにも手に入れようとしてしまう犬です。彼女がどれだけ珍しいのかも知らずに。彼女が私の犬となった日から、ラッシーは私が頼んだことはなんでもしてくれました。初めて私が彼女を呼んだとき、彼女は犬の群れと一緒に全力疾走していたにもかかわらず、私のところにやってきました。そういったレベルの従順さは通常、何年もの訓練が必要ですが、ラッシーにかかれば、そんなものは必要ありませんでした。わが家にやってきたその日から、彼女は求められていることを常に理解し、驚くことに、それを喜んでやってくれるという素晴らしい犬なのです。ラッシーのような犬は、特に何をしなくとも、私のような訓練士を優秀に見せてくれます。「ラッシー、町まで行って保安官を呼んでくるのよ、そしてここから北に一・六キロ程度の場所にある古井戸まで連れて行って！」なんていうコマンドをすべて理解できる、あの天才犬にちなんで彼女をラッシーと名付けたのはそれが理由です。ラッシーは熱心で、感情が豊かで、犬のなかでの地位を求めるが人間との間には求めず、私のあとをずっとついてきて、しつこいぐらいに従順です。ピップはゆったりとした性格で、従順で、賢くて、衝突を嫌い、自らを危険に晒すことを嫌います。強情になって人を驚かすこともあります。ルークには気高さがあり、恐れを知らず、人には従順で、生まれ持ってのリーダーです。集中力は非常に高いですが、チームプレイヤーでもあります。彼らはボーダー・コリーで、多くのことを共有しています。運動神経がよく、羊の後ろに回り込むことを瞬時に覚え、私のところまで羊を戻してくれますし、まるでレーザーのように注意を向けることができます。そうであっても彼らは、あなたが同じ遺伝的、文化的背景をシェアしている他者とは違うように、他の個体とは大きく異なっているのです。

先週、二人のクライアントが長年にわたって雑種だと認識していた犬を連れてやってきました。獣医はダックスフンドとテリアの交配種だと考えたようですが、その犬はこの国でPBGV、またはプチ・バセット・グリフォン・ヴァンデーンとして愛されている犬の典型例でした。飼い主にとってはあまり意味をなさないでしょうが、「雑種」だと思っていた犬が、高価で珍しい犬種であり、その写真を飼い主に見せるのは楽しい経験でした。飼い主が愛犬の本当の犬種を知ったときに言ったのは、「あら、そうなんですか。それじゃあ次に飼う犬もPBGVにしようかしら。だって本当に優秀な犬なんですもの」でした。私は心のなかでビクッとしました。なぜなら、多くのPBGVは実に愉快で楽しい犬ですが、この特定の犬に彼らが惹かれる理由は、彼の従順さと、学習への意欲の高さなのです。飼い主たちが次に探すべきなのは、その性質なのです。もちろん、特定の犬種において、そのような性質を持つ個体が他の犬種に比べて多いということはあるでしょう。しかし、犬種そのものではなく、その中心的な性格の特徴に焦点を当てることが賢い方法です。犬が期待通りではなかったと不満を抱えてオフィスにやってくる飼い主たちが後をたちません。前に飼っていた犬が死ぬと、同じ犬種から別の犬を家族に迎え入れます。同じような、かわいくて、穏やかな犬を期待するのですが、最初の犬は従順だったかもしれませんが、次の犬は気が短かったり、犬A号は陽気だったのに、犬B号は無気力だったなんてことがあります。彼らの経験は、正しい犬種を選べば求めていた犬を手に入れられる確率は上がるが、それぞれの犬の個性を見極めることによって、その確率はより一層上がるということを教えてくれています。グループとして、それぞれの犬種にはそれぞれの、肉体的、そして行動的特性があります。結局のところ犬種とは、犬の遺伝子の小さなサブセットから選択された犬のグループです。その遺伝子とは、犬の身体的・行動的な性質の青写真を提供しています。現在、大半の犬種の選抜は、主に骨格、動き、コート（被毛）を基本としていますが、その結果として各個体が他の個体によく似ているという傾向が現れます。しかし犬種の大半は、そもそも求められる機能に合わせて繁殖されており、その犬種の犬がどのように行動するかについては、一般化することができます。レトリーバーの多くがボールで遊ぶことを好みますし、ビーグルの多くが頭を下げてウサギの匂いを嗅ぐのが好きです。ですから、各個体のユニークな個性を受け入れつつも、家族として迎え入れようと検討している犬種の行動素質を理解することはとても重要です。もし十四のビーグルのうち八匹がウサギを追うことに夢中になるという確立があるのでしたら、フェンスなしで裏庭に出すのが難しい犬であることを覚悟したほうがいいでしょう。

例えば、ボーダー・コリーは多くの家族にとっては最悪のペットです。典型的なボーダー・コリーをペットとして飼うことは、十分運転しなければ勝手にガレージでエンジンをふかしまくる、頭脳明晰なスポーツカーを持つようなものです。ボーダー・コリーは一部の人間よりも賢く、もし彼らがスポーツカーであれば、ガレージのドアを勝手に開けて、リビングルームに乗り込んであなたの気を引こうとするでしょう。私の物語を読んで、写真を見て、「この犬、完璧！」と思うかもしれません。もちろん完璧な犬です。安いおもちゃではなく、あなたが羊の農場を買うつもりであれば。あなたが吹雪の日に長い散歩に行くのが楽しいと考えるような人で、プロの犬の訓練士になるつもりがあるのでしたら。ボーダー・コリーの多くは、単に身体的なエクササイズが必要なわけではありません。彼らには精神的なエクササイズも必要で、新しい赤ちゃんを迎え入れるのに忙しいという場合であれば、ボーダー・コリーを飼うのはやめましょう。

ボーダー・コリーのように賢い犬というのは、多くの人に魅力的に映りますが、自分の犬が特別に賢いと言う人に対して私は、「あら、残念ですね」と返すようにしています。賢い犬はゴミ箱を漁りますし、あなたとあなたの夫を争いますし、南京錠をかけたつもりの棚を開けてしまいます。彼らはとても元気です(「おはよう！　ワオ！　朝だね！　最高じゃない？　ちょっと……牛が外に出た？　何？　朝五時？　うん、知ってる、もうそんな時間なんだね！」)。このセクションで先に述べたように、すべてのボーダー・コリーはそれぞれ違います。ルークと彼の娘は、私が知る限り最も大人しい従姉妹のピップよりは遥かに元気です。そうだとしても、犬を迎え入れる前に、興味を持った犬種の典型的な行動を注意深く調べることは重要です。私のとても仲のよい友人が、田舎にある家にいてくれて、彼女が飼っているニワトリにいたずらをしない犬を飼いたいと考えていました。私がその事実を知る前に、彼女は同腹のハスキーの子犬を二頭迎え入れ、残念なことに彼女のニワトリは驚くべき速さでその数を減らしています。

犬は本を読みません

犬の性格と犬種の一般的な特徴は、どちらも考慮すべき重要な点ですが、犬種の特徴を読む時には注意していただきたいことがあります。犬は犬種の説明について読むことはないということです。世界中には驚くべき数の羊の群れを追わないボーダー・コリーがいますし、スカートの影に隠れているドーベルマン・ピンシャーがいますし、わがままで、地位のことばかり気にするレトリバーもいます。すべての犬が違います。なぜなら、それぞれの犬の行動は、遺伝子と環境の唯一無二な組み合わせの結果だからです。世の中にもう一人のあなたが存在しないように、この世にルークは一匹しかいません。これが有性生殖の利点です。性別は多くの問題を引き起こしますが（それは人間だけの話ではありません）、二つの個体の遺伝子が混ざり、組み合わされ、その結果として生まれる子孫が唯一無二であることが保証されます。どれだけ優秀なブリーダーでも子犬がどのように生まれてくるかは予測できない理由がそこにあるのです。繁殖の度にブリーダーは、交配によって、その犬種の望ましい特徴や性格を持った子犬が生まれてくる確率に賭けているのです。私たちの誰もが知っているように、確率が高いからといって、どのような結果が出るのかはわかりません。ある犬種を百頭見るとしましょう。スタンダード・プードルです。多くのスタンダード・プードルが同じようなサイズで、体高があり、運動神経が良く、賢く、明るい性格になるでしょう。ただ、一部は、少ない数ではありますが、体高が低かったり、高かったり、あまり賢くなかったり、わがままで従順でない個体もいるでしょう。これは競馬のオッズのようなものなのです。オッズが高いという意味は、あなたの馬が十本のレースを走るときに、七本で勝利を収めることですが、次のレースがその勝利を収めた七本のうちの一本なのか、負けた三本のうちの一本になるのかはわからないのです。

正しい知識

興味のある犬種の行動傾向を知っておくだけではなく、ブリーダーが称賛する具体的な資質も知っておくべきでしょう。あなたが犬に求める資質はブリーダーが求めるものとは違うかもしれません。今現在、ほとんどのブリーダーがコンフォメーション・ショー（犬の品評会。各犬種の標準に基づいてその外見が判断される）を勝ち抜く犬や、フィールド・トライアル（狩猟を再現した競技会）で勝つ犬を繁殖させることで報酬を得ています。家族として安心して迎え入れることができる、優しくて、従順な犬を繁殖することで報酬を得ているわけではありません。犬の世界でブルーリボン（ドッグショーにおける審査で、グループ内で第一席に与えられる青いリボン）を取るために注目されるのは、身体的な特徴です。被毛のコンディション、正しい肩の角度、「自信」や「意欲」といった行動的特徴が重視されます。

コンフォメーション・ショーの審判は、「よく見せる」ことができる犬を好みます。それは、自信たっぷりで、積極的で、リング内を自分の舞台に仕立てて走ることができる犬なのです。フィールド・トライアルに狩猟犬を出場させるブリーダーは、驚くべき意欲とスタミナを持ち、凍った水や棘のある茂みにも怯まない気質の犬を必要とします。優秀な牧畜犬を必要とする人たちは、吹雪のなかで十二時間働くことができる犬を必要とします。しかしこのような資質は、家庭犬を求める多くのペットの飼い主にとって必要なものではありません。自信たっぷりで積極的な犬は、ショーのリングでは立派に見えるかもしれませんが、七歳以下の子どもが三人いる家庭では手に負える相手ではありません。決して諦めないレトリバーは、その意欲とスタミナを使ってゴミ箱を漁るでしょう。一日十二時間働くことができる牧畜犬は、リードをつけた三十分の運動では手が付けられなくなるでしょう。

多くのブリーダーが犬の気質について重視していますが、実際は、気が優しく、従順な犬を繁殖させることに対して具体的な努力は見えません。犬種のスタンダードにあった犬を繁殖し、ショーリングを走り、あるいはハンティングの演技をし、獲物の回収を行い、牧畜の仕事を行う犬を育てることで彼らは稼ぎ、ブルーリボンをもらい、一般に認知されるわけですが、訓練が簡単で子どもに優しい犬を繁殖することで稼ぐことはできないのです。「ペット品質」の犬は「ショー品質」の犬よりは安く販売されることがほとんどです。家族の生活を天国にも地獄にもする犬は、競技会でブルーリボンを勝ち取る犬よりも価値が低いかのようです。ペット品質の犬は、ショー品質の犬と同じく健康的な犬ですが、ブルーリボンを勝ち取るにはコートが標準とは違うとか、マズルが短すぎるといった理由で、彼らはペットとして販売されるのです。

犬を伴侶として家庭に受け入れる私たちにとって、一番大事だと私が考えるのは、犬が健康で、そして家族の誰をも傷つけないことです。ブリーダーの一部は、良い気質の犬しかショーでは勝てないと言いますが、残念ながら、長いドッグショーの歴史において、ショーでは礼儀正しい犬が、家庭ではそうでない例を多く見てきています。それでも、良い気質が最も大切だと考えるブリーダーは大勢いますが、従順さは注意深い繁殖に影響を受けると私たちが知っているにもかかわらず（キツネの従順さの実験を思い出してください）、彼らはあまり支持されず、信用もされません。必要な時には雄牛の鼻を噛むことができ、子どもには腹を出すような牧羊犬を繁殖しているブリーダーを知っています。ウェストミンスター（ウェストミンスター・ケネルクラブ・ドッグショー。毎年開催される、全犬種対象のコンフォメーション・ショーで、世界三大ドッグショーのひとつ）でいつか優勝したいと思いつつも、自分の孫を安心して任せられないような犬を繁殖しないコンフォーメーション専門ブリーダーも知っています。彼らはブルーリボンも、賞金も得られず、全国放送のテレビで放映されることもありません。それは美しい体でバランスの取れた歩きができる犬に与えられるものなのです。いつか、優しくて、従順な犬を育てるブリーダーを称える、きらびやかな夜が来るかもしれません。しかし今のところは、将来的に犬を飼おうと思っている人たちは、ドッグショーや競技会以外の基準を参考にして、良きペットを探すようにしなければなりません。

もちろん、犬の行動が遺伝によって影響を受けるのはほんの一部です。犬が成長する環境と、生活する環境が、犬が噛むか、そうでないかに大きな影響を与えています。ほとんどの犬が噛むように育てられますし、噛むこと以外の選択肢を与えられなかった、本来はとても良い犬の哀れなケースをいくつか見てきました。しかし私は、いいスタートを切った、良い人々と暮らしている犬が、それでも家族を歯を使って攻撃するケースを見てきたのです。生後八週間から九週間という若さで、人間に対して、うなり声を上げ、噛みつく子犬を、私のオフィスでは最低でも三十匹は目撃してきました。礼儀正しい口の使い方をまだ知らない、遊びのなかでちょっとだけ甘噛みをする子犬の話をしているわけではありません。攻撃をしようと真っ直ぐな視線を向けながら目を見開き、口角を前側に移動させて口を尖らせる子犬の話をしているのです。幼い動物がそのような攻撃性を見せるというのは恐ろしいことですが、こういった犬のなかにも安全に成長するようにハンドリングが可能な犬もいます。しかし、このような犬は最も家庭に持ち込んではいけないタイプの犬なのです。

ブリーダーとして、あるいは子犬の買い手として何をやろうとも、あなたが繁殖した、あるいは購入した（あるいは今、所有している）犬が決して噛まないと、あなたは保証できません。それは不可能なのです。犬の行動は多数の物事が複雑に絡み合っていて、[04] 完璧の予測を立てることは不可能なのです。あなたができることは、確立をあなたの味方につけることです。オフィスにやってきて「母犬や父犬の気質がわからないんです。吠えたりうなったりしていたから、近づくことができませんでした」と言う人が大勢いました。なんということでしょう。吠えたりうなったりすることはヒントにならなかったでしょうか？　子犬を購入する人は、その両親の行動に注意を払い、礼儀正しくない親犬の子犬は避けるべきなのです。親犬の行動は、生後七週間の子犬の行動よりも、その子犬の成長後の性質を大いに物語るのです。もしあなたが母犬を撫でることができないのなら、あなたが今まさに家に連れ帰ろうとしている小さくて可愛らしい子犬は、将来、家に来客を迎え入れなくなるかもしれません。　もちろん、もうすでに説明しましたが、親犬のように子犬が行動するとか、祖父母のように行動するとは保証できませんが、なぜ確立を味方にしないのでしょうか？

その方法の一つは、ブリーダーに具体的な質問をすることです。子犬の親、また、その親（祖父母）の行動についてです。[05] 夜、誰かが家に入ってきたら、父犬はどうするでしょうか？（防御的犬というアイデアは耳に心地よいかもしれませんが、家に入ってくる人物があなたの子どもを救助しようとしている消防士の可能性を考慮してください。）　小さな子どもが本物の骨を子犬の母親から奪い取ったら何が起きるでしょうか？　多くのブリーダーがその状況で何が起きるかわかりません。なぜなら、その状況が起きないようにしているからです。しかし、彼らがどう答えるかで、ブリーダーが犬の従順さについてどのように考えているのか、多くを物語ると思います。ブリーダーによっては、犬がそのような妨害に耐えられるとは思えないと答えるでしょうし、犬は瞬きもしないでしょうし、五歳の甥っ子が夕べまったく同じことをしたけれど、クイニーは甥っ子の顔を舐めて応えていましたよと応えるかもしれません。

子犬のブリーダーや、成犬の前の飼い主と話をするときには、質問すべきことがたくさんあります。尻尾についた草花の果実を取っても大丈夫ですか？　もしあなたが小さな子犬を見ているのであれば、母犬や父犬はグルーミングやハンドリングを許しているでしょうか？　爪切りはどうですか？　お気に入りのおもちゃを取り上げたらどうなりますか？　動物病院は？　他の犬とは？　知らない犬、知っている犬の場合は？　来客があった場合、窓に向かって数秒間は吠えますか？　それとも十分間にわたってノンストップで吠えますか？　唸ったこと、歯を見せたこと、急に怒ったこと、甘噛み、あるいは誰かを噛んだことが、どんな理由であれ一度でもありましたか？　その犬は、知っている人と知らない人に対して態度を変えますか？

具体的な質問をすることが重要なのです。両親はフレンドリーですか？　なんて一般的な質問はいりません。フレンドリーにはたくさんの意味があります。本当に優しくて、愛情一杯の犬だと人々が説明する犬に何百頭も会ってきました。このすべての犬が何度も人を噛んだ経験があったとしても、それでも飼い主にとって、彼らは素晴らしい性質を持っているのです。そしてそれはある意味、真実なのです。なぜなら、家族といるときは素晴らしい犬で、毎晩ティーンエイジャーの娘とカウチで一緒に座っているような子の場合があるからです。しかし見知らぬ人が家に入ろうものなら、気をつけなければなりません。このケースでは、犬は知っている人に対しては「フレンドリー」だけど、知らない人にとってはそうではないのです。だから、質問は具体的でなければいけないのです。人間と同じように、犬の行動は背景によって変化します。あなたが見ている子犬の本当の気質はどんなものなのを明確に理解するために、想像できる限り、様々な状況における犬の行動について質問する必要があります。結局のところ、ジェフリー・ダーマー〔連続殺人鬼。別名「ミルウォーキーの食人鬼」。チョコレート工場の作業員として勤務していた〕はチョコレート工場でいい人だと思われていました。

若い犬について質問をするときは、行動にその年齢が大きく影響していることを忘れないでください。人間と同じように、ほとんどの犬の行動は、若い時と成犬になったときで異なります。来客時に思春期の犬があなたの足の後ろに隠れるからといって、三歳になって同じことをするとは限りません。その時までに、犬は恐れを克服する、あるいは恐怖心を行動に移して、来客に向かって歯を見せるかもしれません。

運動はどうでしょうか？　繰り返しますが、この点についても具体的に話を聞いて下さい。なぜなら、人によってエクササイズの意味が違うからです。リードをつけての短い散歩を二回ではウェルシュ・コーギーにとっては準備体操にもなりません。一歳のラブラドール・レトリバーは、一日に二度か三度の長いランニングを終えてからでないと、考えをまとめることもできません。若いオーストラリアン・キャトルドッグは、五歳の男の子より座っていることができません。

質問のリストはどんどん長くなるでしょう。あなたにとって何が大切なのか、自分自身のリストを作ってみましょう。あなたが音に敏感な人であったら、よく吠える犬は欲しくはないでしょう。一方で、吠えてもまったく気にならない人もいます。一部の犬には、かなりのグルーミングが必要です。人によっては、それが問題になる場合があります。私自身、自分の髪をブラッシングすることがやっとなので、ラサ・アプソを飼ったら悲惨なことになるでしょう。あなたが犬を探しているのなら、あなたが何を欲しいのかについて、よく考えて下さい。書き出すことには大きな価値があります。何が重要かについて集中して考えることができるからです。もうすでに犬を飼っている私たちのような人間は、同じような質問を考えてみることで、自分がどんな動物と暮らしているのか明確に評価できるでしょう。リビングルームで研究者になってみてください。そしてあなたの犬の個性を客観的に描写してみましょう。驚くような発見があるかもしれませんよ。

外見よりも、行いの美しさ

数年前のこと、とある酪農家から電話をもらいました。彼は優秀な使役犬を欲しいと希望しており、私がボーダー・コリーを繁殖していると人づてに聞いたそうです。「耳に茶色い斑点がある犬はいるかい?」と彼は聞いてきました。優秀な使役犬の両親から生まれた子犬はいましたので、具体的にどんな犬を求めているのかを聞きました。「きれいな犬はいらねえなあ。仕事をやってくれる犬でいいんだ。若い雌牛をまとめて、雄牛を下がらせて、俺がいないときに農場を守ってくれて、孫に丁寧に接してくれる犬だな。そんないい犬が昔いたんだが、死んじまった。耳に茶色い斑点があった。だから、そういう犬を探してんだ」ということでした。これがデイブ・バリー〔アメリカの作家で、主にユーモアとパロディを得意とする〕のコラムだったら、「作り話じゃありません」と言う場面でしょう。私の子犬には、耳に茶色い斑点はありませんでした。しかし、優秀な使役犬になるポテンシャルがあること、子どもにも優しく接することができるだろうと伝えました。それでも、電話をかけてきた人に納得してもらうことはできませんでした。電話をかけてきた人は優秀な犬を飼っていたようですが、耳に茶色い斑点のあった唯一の犬で、彼はその茶色い斑点が犬の気質の良さの秘密と考えたようです。年寄りで物事を知らないように思える農夫をあなたが鼻で笑う前に、博士号を持つ人や医師を含め、私が出会う人々の多くが犬の見た目に大きな価値を置くことをお伝えしておきたいと思います。

何年にもわたって、私のオフィスにやってくる犬の飼い主に、なぜ多くの子犬のなかから、その子を選んだのか理由を聞いてきました。最初の基準は性別でした。大半の人が、どちらかの性別を強く望んだ結果でした。しかし性別を選んだあとは、八十五パーセントの人が行動よりもルックスで子犬を選んでいたのでした。白い被毛が多かった子犬だとか、前に飼っていた犬の模様に似ていたことが決め手でした。片目だけ青い犬を避けたり、片目だけ青い犬を好んだ場合もありました。ショートよりもロングの被毛が好きだったり、その逆だったりしました。垂れ耳よりも立ち耳、ピンクの鼻よりも黒い鼻。身体的特徴も普遍的に飼い主を惹きつけます（例えば、左右対称であること）。しかし、私たちそれぞれが、異なるルックスの犬に対して特別な反応を持っているのです。ドッグス・ベスト・フレンド社の本社に勤務する人々を対象とした調査では、私たちがそれぞれ異なる種類の犬に惹かれることがわかったのです。訓練士のエイミー・ムーアはふわふわした白い犬が好きです。オフィス・マネージャーのデニス・スウェドラングは白くてふわふわした犬はかわいいとは思うけれど、クリーム色のゴールデン・レトリバーに夢中だそうです。オフィスアシスタントのジャッキー・ボランドはショートヘアーのラブラドール・レトリバーが大好きで、動物行動学者のカレン・ロンドンは遊び好きで若い犬が好きだそうです。好みのタイプは様々ですが、私たちが犬に惹かれる際に、見た目は大きな意味を持つようです。

私たちがルックスにこだわるのは驚きではありません。人間が視覚的な種であることを考えれば、見た目は人との関わり合いにおいて大変重要なのです。外見が美しい人は、そうでない人に比べて雇用されやすく、昇給しやすく、万引きをしても捕まらず、そう魅力的ではない聡明な人に比べて、より聡明と判断されやすいのです。このような遺産を持っているのですから、私たちが犬の見た目にこだわるのも納得といったところです。しかし美しさに惹かれることで、子犬の買い手はトラブルに巻き込まれやすくなります。人間が将来のパートナーを見つけようとするときにも、同じようなトラブルが起きます。美しい見た目とハンサムな顔は、二人の関係の初期段階では強い影響がありますが、長期間において私たちを幸せにするものではありません。犬の口の中から骨を取り出すときに、犬の耳がかわいいかどうかは気になりません。「外見よりも、行いの美しさ」は、人間の場合と同様、犬にも当てはまるのです。最高だと思っていたデートの相手が、実は嫌な人だったことってありませんか？　一番かわいい子犬を選ぶことで、同じ結果が出るかもしれませんから、他の人たちが見向きもしない地味な黒い犬をもう少し見てみてもいいのではないでしょうか。その子が一番いい子かもしれませんよ。

でも、家では絶対にしないんです！

人間は、犬が場面によって行動を変えると驚く生き物のようです。「なんてことだ、いつもは本当にいい犬なのに」と、近所の家の犬と喧嘩になったスパニエルとアキタの雑種の飼い主は言いました。しかし、その犬はそれまで、知っている犬としか付き合いがなく、一度も会ったことがない犬とは遊んだことがありませんでした。それまで知らなかった犬と会うということで、彼がそれまで育ってきたコッカー・スパニエルとラグを共有している状況とは違う反応が引き出されてしまったのです。人間の場合と同じで、環境の変化は犬の行動に影響を与えます。

ペットフードのお店で、暑くて、イライラした犬は、裏庭で満足してくつろいでいる犬と同じ行動をしません。異なる環境で、人間が異なる行動をすることを、私たちはよく知っています。田舎道を春の涼しい風に当たりながら散歩しているのと、蒸し暑い日に交通渋滞に巻き込まれているのでは、私たちは別人になりかねません。しかしなんらかの理由で、私たちはこの知識を犬に当てはめることはしません。異なる環境はあなたの犬の別の側面を引き出し、様々な状況下にある犬を見て初めて、彼らの本当の姿を知るのです。

犬に対する家族の意見がバラバラになることも、これで説明がつきます。私のオフィスで、イライラした夫が、それまで妻が一度も見たことがないような行為を犬がやったと証言します。「そんなことしないわよ！」と妻は応えます。それが「何」かにかかわらず、たぶん彼女の犬はやったのでしょう。ただし、彼女のいないところで。あなたも私もそうですが、ある状況ではやるけれども、別の状況では決してやらないということは、犬の世界でも一般的なのです。異なる場所で異なる相手に対して態度を変えるのです。ロッキーは家庭内で女性に対してうなり声を上げますが、男性にはしません。ジンジャーはリビングルームではボールを持ってくるかもしれませんが、裏庭ではやりません。デュークは動物病院ではかわいい子かもしれませんが、家では失礼で、要求が強い犬かもしれません。ですから、犬の行動を説明する過程で、配偶者と揉めるのはやめましょう。配偶者は、あなたがいないときに犬がやっている行動を説明しているだけかもしれないのです。

犬の訓練士と獣医師も、仲間である人間のことをもう少し評価して、信頼してもいいでしょう。驚くほど多くの鬱憤を溜めた犬の飼い主が、悲しげに「誰も信じてくれないけれど、本当なんです、この子、私の目を見て、うなるんです！」と訴える姿を目撃してきました。通常は女性ですが、傷や内出血を見せてくれたクライアントさえいます。ある意味、勝利の安堵のようなものです。なぜなら、何ヶ月も訴え続けていた出来事の証拠を、とうとう手に入れることができたのですから。その一方で、私のオフィスでは彼らの犬が「完璧な」ペットを演じきっています。しかし私は常に、飼い主に対しては明確に、犬は異なる場所で態度を変えるため、私のオフィスでは大きくてお茶目なかわいい犬が家では別犬だということは想像できるとお伝えしています[06]。

犬は異なる環境で異なる行動を取るだけではなく、彼らは一日のうちの違う時間において、同じ環境下で行動を変えることもあります。これも、多くの飼い主にとっては大変不可解なようです。「今朝はこんなにいい子が、夕べはなぜあんなに不機嫌だったの？」たぶん、あなた自身がとても優しい瞬間の直後に不機嫌になるのと同じ理由です。人生に起きるイライラとする物事に対して、全く同じ反応しかしない人はいません。先週、幸せでリラックスした週末を過ごした私は、お気に入りのボウルを割ってしまったけれど、すぐに忘れてしまいました。数日後、ストレスの溜まる仕事が詰まった日々に疲れ果てて、特に好きでもないグラスを落として割り、大声で怒鳴ったために犬たちが部屋を出て行ってしまいました。いい日もあれば、悪い日もある。それは人間にとって普通のことです。だから、常に忍耐強く、親切な人が聖人のように目立つのです。このような一貫した態度は犬にとっては珍しいことですし、人間にとっても稀です。私たちと同じように犬も疲れますし、フラストレーションを溜めるし、お腹が減るし、イライラするし、人間とまったく同じように、犬が同じ反応を返すわけではないのです。

複雑な哺乳類の行動は、驚くほど多くの要因――血糖値、セロトニン、脳内のドーパミン再取り込みメカニズム、他者とのストレスの多い遭遇など――から影響を受けています。ですから、犬が様々な反応をしたとしても混乱せず理解してあげてください。あなたを驚かせる、またはがっかりさせる行動を愛犬がしたことで「（具体的に）一体なにが起きたのだろう」と自問自答するよりも、犬の行動は複雑であると理解したほうが犬にとっては幸せなのです。

この、時と場合によって行動を変えるという自然な傾向は、「不服従」に見える多くの行為の説明ともなります。俳優が初めて衣装を身につけるとセリフを忘れがちになるように、犬はレッスンで習ったことを、新しい状況で求めても忘れてしまうことが多いのです。これが理由でプロの犬の訓練士は犬の「プルーフィング」（犬に対して過度なプレッシャーを与えないよう、新しい環境で犬が快適に過ごすことができているかどうかの確認作業）に多くの時間を費やすのです。プロの訓練士のやり方にあなたも従えば、犬は感謝するでしょう。ディナーの前にキッチンで「お座り」と言うことは、外に来客が待つドアの前で「お座り」と言うこととは違います。「楽にして（Sit pretty）」とテレビのある部屋で言うことは、「楽にして」と動物病院で言うことにはなりませんから、新しい環境下では犬には助けが必要だと考え、あなたが自分自身に与えるような許しを犬にも与えて下さい。あなたも、新しい環境を受け入れるのには時間が必要だし、使おうと思っているスキルには練習が必要なのです。犬はあなたに感謝すると思いますよ。絶対に。

あなたが犬に対してできるとても優しい行いの一つは、私たち人間のように、どんな犬も唯一無二の特質と同時に、他の犬と共有する特徴の一群を持ち、この「個性」という確固とした基盤が、日中の様々な内部そして外部要因によって影響を受け続けていることを理解することです。もちろん、どの犬も特別です。そしてどの犬も、その性格が甘えん坊で、内気で、大胆で、そして生意気であろうと、自然な姿であることを許してくれる人間と暮らす価値があります。人間の場合と同じで、完璧に近い犬も存在するでしょうが、犬に完璧を求めるなんてフェアではないのです。

ルークが完璧だなんて思ってほしくない。なぜなら、彼はそうではないから。若いころ、彼は羊に対してあまりにも強引で、成長し、経験を積む過程で得た手際の良さが当時は足りていなかった。羊に怒ることがよくある犬で、大きな牧羊犬競技会で私たちがトップに立っていたときにもそれは起きた。生涯ベストの走りをしたあとで、私たちはあと一頭の羊を残して囲いの中に入れることができていた。すべての羊を囲いにいれ、二分以内に私が柵を閉めることができれば、私たちは競技会に優勝することができた。

私の心臓は鼓動が聞こえるぐらい激しく打っていたけれど、観客は完全な静寂に包まれていた。次に何が起きるか期待していたのだ。あと少しで入るというタイミングで四回連続して頑固な雌羊が囲いから飛び出した。雌羊が飛び出すたびに観客は落胆の声をあげて、疲れ切った犬がふたたび雌羊を追いかけ、囲いの入り口まで誘導した。再び、彼女は走り去ったのだが、この時ルークは耳を後ろに立て、そして彼女を噛んだ。それは、彼女を再び囲いに戻すために適切な噛みつきではなく、彼女の後ろ脚を狙った苛立った噛みつきだった。ルークは一度噛むとすぐに離したが、彼女の愚かな行動に明らかに我を失ったのだ。本気で犬に羊を追わせた人間だったらわかる。ルークは単に苛ついていたのだ。もちろん審判はそれを理解しており、当然のように「ありがとうございました」と言った。それはハーディングの競技会用語で「コースから出て下さい。あなたもあなたの犬も失格です」という意味なのだ。

ルークに怒ることだってできた。なぜなら、ルークが怒りを爆発させなければ、私たちは競技会に勝てたのだから。でも、羊を育てている人間だったら、ルークの気持ちは理解しただろう。私たち全員が、うだるような暑さや冬の刺すような冷たい風のなか、残り時間を計算しながら、羊たちをアルファルファから離れさせ（そうしないと食べ過ぎで死ぬから）、フェンスを跳び越えてくる雄羊から身を守ろうと我慢に我慢を重ねた経験があるはずなのだ。羊を育てなくても、感情を爆発させることについては理解できる。ルークは良い犬で、気高くて勇敢だけど、羊の近くにいると彼も感情を爆発させることがある。私も、良い人間で気高く勇敢でありたいけれど、それは私が判断できることではない。私も感情を爆発させがちだ。もしかしたら、ルークと私の気が合うのは、それが理由かもしれない。

第十章　愛と喪失

愛犬に別の家庭が必要なとき、ハグが必要なとき

キャスリーンは私のオフィスでうなだれていた。泣きじゃくって、今にも心が壊れてしまいそうに見えた。部屋のなかに悲しさが溢れるようで、私も泣かずにはいられなかった。柔らかな眼差しをしたジャーマン・シェパードのターシャは、折り合いの悪い複数の雌犬の争いを止めることの難しさを私と話す彼女の顔を舐めていた。キャスリーンの愛犬のターシャとシンカは、どちらも人間には愛情深く接する犬だったが、何年にもわたって互いを憎んでいた。二匹の喧嘩は命を脅かすほど激しいものになっていった。最後の喧嘩は、三匹目の犬で巨大な雌のニューファンドランドが参戦したことで恐ろしい状況になり、喧嘩を止めるのに十分もかかってしまった。犬の喧嘩の仲裁にどのようにして入るのかは、誰にとっても深刻な問題だ。どこを掴めばいいのか？　傷を負わずにどうやって仲裁に入ればいいのか？　喧嘩している三匹の巨大な犬を引き離すことを想像してみてほしい。そのうち二匹は互いを殺そうとしているのだ。

　最後の喧嘩でターシャは重症を負い、キャスリーンも同じだった。キャスリーンは問題を解決しようと一年以上も努力をしていたが、なかなかうまくはいかなかった。同じ家に住む二匹の喧嘩なら止めることができるけれど、野生ではターシャかシンカは殺し合いをして、どちらかがそのテリ

トリーを去る状況だ。二匹のうちのどちらかを別の場所に移す時期は来ていた。しかし家族を分断させることはキャスリーンにとってあまりにも辛いことだった。彼女は二匹とも愛していた。でも、もしもう一度喧嘩が起きてしまったら、それも命がけの喧嘩だったら。それは今にも起きそうだった。それを知りながら生きていくのは無理だった。

最終的にターシャが別の家に行くこととなった。シンカはキャスリーンの家に留まった。良い家庭に飼われる、精神的に健全な犬の大半がそうなるように、ターシャも一つの群れから別の群れへ、スムーズに移動することができた。新しい家族の元に行った初日は少し緊張していたようだが、ボールで遊び、お腹を撫でてもらって喜び、夕食を食べた。多種混合家族の人間の一員であるキャスリーンは、ターシャの不在を心から嘆いていた。食欲が戻るまで何日もかかったそうだ。思い出しては泣くような数週間を過ごした。彼女はいたって普通で、精神的に安定した女性だったが、ターシャを新しい家に送り出すことはまるで、自分の子どもを裏切ることのように感じられたのだ。

ターシャが新しい家庭に迎え入れられてから二年が経過し、彼女は新しい家族の愛に包まれて、元気に暮らしている。キャスリーンは自分が正しい選択をしたと確信している。ターシャは新しい家で幸せに暮らしているし、キャスリーンの家にいる残りの犬たちも彼女も、正しい選択がもたらした平和を喜んでいる。それでも、何年経過しても、正しい選択をしたと知っていても、キャスリーンは彼女の犬が新しい群れに加わった日のことを思い出し、心が痛むのだそうだ。

大きな愛

私が目撃した最も辛かったケースは、愛情深く責任ある飼い主が、愛犬のために別の家族を探さなければならない時でした。とある日の午後、私はオフィスに座って消防士がむせび泣くのを見守っていました。愛犬が息子を噛み、彼にも、彼の妻にも、犬を他の家に迎え入れてもらうことしか選択肢が残されていないことは明らかでした。大きな体をした勇敢な男性が、普通の人であれば震えてパニックになって逃げ出す燃えさかるビルに飛び込むほどの人が、心が壊れてしまったかのように、ただただ、涙を流していたのです。彼の小さな犬は彼の顔を舐めていました。彼らが去ってから、私はゆっくりとオフィスのドアを閉め、デスクにうつ伏せになって、赤ん坊のように泣きました。彼らの問題を解決できる道具があったら、どんなことをしてでも与えたいのに。でも、それはできないことです。彼らの愛犬の性格は、幼い子どもとの相性で言えば最悪なのです。神経質で、興奮しやすく、何かあるとすぐに口を使う犬でした。十二歳以下の子どものことは、誰でも恐れていました。夫婦の六歳の息子が再び酷い怪我をする確立は非常に高いと考えられました。私ができるのは、率直に言うことだけです。多くの問題行動は改善できるし、時には完全に治すことができるけれど、噛むことをコントロールできない「アルファ・ワナビー」な犬は（この夫婦の息子は百針以上、縫合が必要だった）、小さな子どものいる家族では「治癒」することはできませんと。

動物行動学者になったばかりのころ、私がこの先対処しなければならないのは、深刻な攻撃性のケースが大多数だろうと警告されたことがあります。犬が唸るとか、噛むとか、自分自身に身体的なリスクが及ぶことは覚悟していました。でも、心が壊れてしまうような判断をしなければならない人を助けることの、感情的な痛みに対応する準備はできていなかったのです。私は犬好きの家族に生まれ、今日に至っても、人生と同じぐらい犬を愛する母親によって育てられました。ですから、人間と犬の間の愛がどれだけ深くなるかは知っていたつもりです。だって、人々が犬をそれだけ愛していなかったら、私のところにまで問題行動をどうにかして直そうと、やって来るはずがありません。十四年が経過した今も、クライアントが愛犬を手放さなければならないと決断するときの、生々しい痛みに圧倒されてしまうのです。

親愛なる友に別れを告げるときの悲しみを、クライアントから取り去ることはできません。でも、このような状況に置かれた数多くの人々を救った言葉を伝えることはできます。それは、愛犬のために幸せと安全を保証できる新しい家を見つけることは裏切りではないということ。それでも、多くの飼い主が友だちを失うことで悲しみに暮れます。その耐えがたい苦痛は、犬の信頼を裏切ることになるという考えが原因なのです。でも、犬はそのように解釈していないと私は考えています。

ルークの娘のラッシーは、良い例になるでしょう。彼女は母犬のオーナーから、ミルウォーキーに住む三人の幼い子どものいるシングルマザーに売られました。ボーダー・コリーにとっては、悪さをするにはぴったりの場所だったわけです。賢く、エネルギーがありあまっている、しかし仕事のない犬は常に何かやることを探しています。それは通常、あなたが犬にやってもらいたくないことばかりです。例の如く、ラッシーは、行き場のない気持ちを、穴を掘り、ノンストップで吠え、子どものおもちゃを壊すなどして晴らしました。ほとんどのボーダー・コリーはそうですが、小さな子どものいる忙しい家族にとって、ボーダー・コリーは最悪のタイプのペットです。ブリーダーは彼女を引き取ることを保証し、私はブリーダーがハネムーンに行っている間、ラッシーを預かることを約束しました。ラッシーが戻って来たとき、私もブリーダーも、ラッシーにとっては必要な、精神的、肉体的エクササイズができる最良の家を探すことにしました。

ラッシーは私の農場に午後十一時頃やってきました。何かやるには遅い時間でしたから、私は彼女にリードをつけて私のベッドにつなぎ、一晩中、彼女の柔らかい背中に手を添えて眠りました。翌朝、私は彼女を、他の犬たちと一緒に外に出しました。ピップは家の裏の丘の上でウサギを捕まえました。犬の群れはウィスコンシン州の秋の金色の茂みの中を駆け抜け、一斉に走って行ったのです。なぜわざわざラッシーの名前を呼んだのかはわかりません。ちょっとしたテストのつもりだったのかもしれません。まだ会ったばかりの、全力疾走している犬を止められる確率ってどれぐらいでしょう？ 彼女は一心不乱に走りながら、空中でこちらに振り向いたのです。白と黒のUの字が空中で一瞬止まると、彼女は一目散に私をめがけて走り出しました。彼女は私の両足に突っ込む直前で止まると、私の横でもう一度くるりと回転し、私を見上げてにこりと笑ったのです。

最初の日の朝、ラッシーは少し落ち着きがありませんでした。横になったり、起き上がったり、窓に手をかけて誰かを探したり、そして戻って来ては私の横に寝たりを繰り返しました。彼女が落ち着いていないことははっきりとわかりました。しかし、極度の不安に襲われているわけでもありませんでした。彼女ははしゃぎ、遊び、私の顔を舐めていました。彼女は食欲旺盛で、父犬に対して犬バージョンの恋に落ち、まるでそれまでの短い生涯でずっとやっていたかのように羊の群れを追いかけました。初日の最後には、まるで「私の犬」のようになったラッシー。私は彼女のことがとても気に入り、その日の午後にブリーダーに電話をして、ラッシーをそのまま家に置いてもいいかどうか聞きました。ラッシーも私のことが好きだったようで、到着してから数時間で、まるで「私の人間」のように私に対して振る舞いました。三日目で、まるで生まれた直後から私の家で暮らしていたようになりました。ラッシーは今でも私を心から愛してくれています。それは確かです。同時に、もし私に何かあったとしても、ラッシーは私以外の、はっきりと意思の疎通ができる人、彼女のお腹を撫でてくれる人、仕事をするための羊を飼っている人が見つかれば、幸せになれると確信しています。

古いペーパーバックのように犬を貸し借りするのがいいと言っているのではありません。私が言いたいのは、ラッシーには愛してくれる誰かが必要ですが、愛は常に十分ではないということなのです。すべての犬は違いますし、それは、人間と同じように、犬にはその良さを引き出してくれる環境が必要なのです。生後十一ヶ月で、彼女は繁殖された目的を果たすことができる環境に来て、問題行動が消え失せました。吠えませんし、不適切に噛みませんし、掘るべきでない場所で地面を掘ることもありません。ラッシーがわが家に来ることができたのは、技術を仕事に変えたいと飢えている、聡明で行動的で幼い犬は、都会の忙しい生活に合わないと判断してくれた賢い飼い主のおかげなのです。

ラッシーの物語は、犬がその生涯で多くを受け入れるのと同様、哲学的な安らぎとともに新しい家を受け入れた何百頭もの犬の物語と同じです。犬は人間と同じく、他者に対して驚くほど強い感情的な結びつきを抱くことができる生き物だと私は信じています。先に述べたように、私はそれを迷わず愛と呼びます。でも人間とは違い、あまり頻繁でない限り、犬はその愛着を比較的簡単に切り替えることができるのです。それは、私たち人間に比べて、彼らが今を生きているからなのでしょう。人間と大きく異なる犬の理性の状態の利点と言えるかもしれません。

状況の変化を、自分が愛した人間による裏切りと判断する理由は、犬にはないのです。オオカミの群れは大変流動的ですが、その変化は食料がどれだけ手に入るか、そして繁殖期に左右されます。群れからはじき出される個体もいれば、自分から去る個体もいるのです。霊長類の多くの種でも、生まれついた居場所を去り、成長し、別の居場所に移動する場合があります。チンパンジーとゴリラでは、雌が去って別の群れに生き、ヒヒやオマキザルの雄は旅に出るのが普通です。それに、私の同僚のカレン・ロンドンが指摘するには、私たち人間の子どもだって家を出て、最終的には自分たちの家族を築くのです。去る者にとっても、残される者にとっても、短期的に見れば心穏やかなことだとは言えないけれど、最終的にはそれが最善なのです。犬が心から幸せになるために何が必要かを学び、自分のエゴを捨てること。それがコツです。

数年前、私が飼っていたボーダー・コリーのスコットは、別の家で暮らしたほうがいいと判断を下すのに、必要以上に長い時間がかかってしまったことがありました。私はプロの訓練士で、それも優秀だと思っていますし、田舎に住み、羊の群れを飼っており、これ以上、ボーダー・コリーに最適な環境なんてあるでしょうか？　そのうえ、私はスコットを心から愛していたのです。しかし彼は羊飼いの仕事を他の三頭のボーダー・コリーと分担せねばならず、それは彼自身が必要とする仕事量にはまったく足りていなかったのです。スコットは仕事をしたいがために、一晩中家のなかで猫を追いかけるようになりました。私、スコット、そして悩める猫。この三者をとことん疲れさせる状況となったのです。

それに加え、スコットは内気で新しいことが大嫌いでした。それなのに、私は出張が多く、私の犬たちは常に新しい場所、新しい人、そして新しい犬と出会い続けていたのです。スコットは旅行でストレスを溜め、クライアントや友人が農場に訪れてくるのを嫌いました。最終的に、私はスコットに、二百頭の羊を毎日移動させる必要があり、ほとんど来客がなく、彼を可愛がってくれる大人が二人住む場所を彼のために見つけました。それが簡単だったとは言いません。もちろん簡単ではありませんでした。でも、彼を置いて走り去って二日後（あまりにも号泣してしまったため、車を道路脇に停める必要がありました）、電話連絡が入り、新しい飼い主がスコットの突拍子もない行動をなんなく許し、彼の羊を操る能力と優しい性格を褒め称えてくれたことで、二十キロ程度体重が軽くなったように感じたのでした。スコットは楽園に辿りつき、私の可哀想な猫はようやく安心でき、私は安心して満足して、背中に羽が生えたようでした。

スコットは新しい農場に到着した当日は少し混乱していたようでしたが、すべての動物が（人間を含む）、新しい場所に行き、新しい社会的パートナーと出会えばそうなるものです。しかし人間と同じように、物事に慣れればそれだけ、犬は新しい日課にも馴染んでいきます。人間よりもずっと上手に、穏やかに周辺の環境を受け入れていくのです。

もし犬が本当に新しい家庭を必要としているのであれば、それが犬のためであれ、それ以外の存在のためであれ、その犬にふさわしい家を見つけてあげることが大切です。助けを必要とするペットをどうにかしようと思うだけではなく、喜んで受け入れてくれる素敵な人たちが大勢いることに私はいつも驚かされます。私の友人が国外に引っ越すことになり、十五歳の猫を安楽死させなければならないのではと打ちひしがれていたことがありました。猫が糖尿病であることを知ったばかりで、多くの医療が必要で、それには一日二回の飼い主による注射も含まれていました。彼は誰も猫を引き取ることはないだろうし、大切な親友を安楽死させなければならないだろうと考えていました。私は彼に信念を持って、広告を出してみたらどうだろうと言いました。そして彼は広告を出したのです。最終的に猫を引き取ると希望してくれた優しい五家族のなかから飼い主を選ぶことになりました。良い家を見つけることが他の犬に比べて難しい犬もいるでしょうし、深刻な問題行動を持つ犬を、それを知らない飼い主に引き渡すことは無責任な行為です。私の言葉を、フルーツケーキのように犬を他人に手渡す言い訳にしてほしくはありません。新しい家に適応できる回数には限りがありますし、最初のチャンスで最適な家を探す努力をして欲しいのです。それでも、犬が必要とする環境を与えられないと感じたとしても、その方法に辿りつくことができたら、犬の信頼を裏切ることにはなりません。努力をしないのなら、あなたは犬を裏切ることになるでしょう。

何もやることがなく、飼い主を困らせている犬をよく見ます。常に何かを噛み、吠え、決して落ち着くことがありません。そういった犬の一部は精神的な問題を抱えている場合もありますが、多くはただ、暮らしのなかに目的が必要で、トイレのしつけだけでは彼らを奮い立たせることはできないのです。大人とは完璧に付き合うことができるけれど、子どもを恐れる犬を飼っていて、あなたは六ヶ月後に出産を控えているとしましょう。この犬は、子どもと付き合うことのストレスに耐える必要のない家をあなたが見つけてあげたら、とても喜ぶでしょう。これは裏切りではありません。愛のある行為なのです。

もちろん、犬を裏切ることはできます。人間は常にそうしています。人間は、二度と戻らないと知りつつ、犬を人里離れた田舎の道路脇に捨て、走り去ります。犬を動物愛護協会の前に捨てる理由は、病気や、年を取ったというもので、彼らに何が起きるかなんて、どうでもいいのです。あまりにも簡単に犬を虐待する人間を見ると、人間の行動の暗黒面を痛感させられます。しかし、犬は彼らを溺愛する飼い主からも裏切られることがあります。あまりにも犬を愛すばかりに、犬が本当に必要としていることを考慮できない人たちです。どんなに素晴らしい飼い主でも、すべての犬に正しい環境を与えることはできません。古くなったセーターを捨てるように犬を捨てるのは残酷なことですが、どんなにその犬を愛していても、その犬が必要としているものを与えることはできないと認めることは、責任と愛情をもつことになるのです。最善の利益だと思っている群れを、犬自らが判断して去ることはできません。退屈して、運動の足りていないゴールデン・レトリバーを、彼女が心の底から幸せな家庭に行かせてあげたいと思うのならば、それは大きな愛なのです……あなたの心は傷つくとしても。[01]

悲しみ

ミスティの体調が悪いことを知ったのは木曜の夜だった。翌週の火曜日には、彼女は死んでいた。骨格の立派なボーダー・コリーで、非常にタフで、私は彼女が十六歳まで生きる姿を常に想像していた。しかし十二歳と六ヶ月で、体重が減り始め、食べ物をあまり食べなくなった。もしかしたら、歯が悪くなったのではと考えた。獣医は最初から何か深刻な問題があるのではと疑っていたが、私に数時間という猶予を与えてくれた。「念のためX線写真を撮りましょう」と彼は言った。「数時間後に迎えに来てくれますか？」とも言った。私が動物病院に彼女を迎えに行ったとき、私は自分のクライアントのこと、そして翌日の大学でも講義のことで頭がいっぱいだった。ジョン医師の表情で足が止まった。優しい人が、誰かに辛いことを言う方法を模索しているときの静けさがあったのだ。ミスティは多発性出血性肉腫に罹っていた。それは彼女の肝臓をスイスチーズのように穴だらけにし、血にまみれた腫瘍が彼女の体中に広がっていた。

翌日、ウィスコンシン大学獣医学部の内科医はミスティに残された時間は数週間、あるいは今すぐにでも命を失う可能性があると言った。その週末には出血が始まった。体内の出血を止めることはできなかった。私は彼女のお腹を撫で続けて週末を過ごし、彼女にチキンを与え、愛と悲しみのほろ苦い涙を流すしかなかった。徐々に、彼女のお腹は出血で膨らんできて、火曜の朝までには、もう快適に過ごすことは困難だと判断した。彼女は常に体勢を変え、ダイニングルームの真ん中で、どうにかして楽になろうとしていた。十二年と半月の生涯で、一度も横になったことのない場所だった。その日の夜にジョン医師が私の家にやってきてくれ、私が泣きながら彼女を胸に抱き、彼女は天国へと旅立った。

私は彼女の体をリビングルームの真ん中に横たえた。彼女を安楽死させた場所だった。彼女の孫にあたるピップは、最初に彼女に寄り添った一頭だった。ピップはミスティに最も可愛がられた犬だった。ミスティが好きだった犬は、ピップだけだったのだ。ミスティは人間が大好きだったけれど、他の犬は彼女を悩ませてばかりだった。ピップの従順さはミスティにとって慰めのようなものだった。彼女は究極の「アルファ・ワナビー」だったからだ。不安定で、傷つくことを恐れるミスティは、それでも農場を支配しようとしていた。他の二匹の雌犬と農場で暮らしていたのは、それ以外の選択肢がなかったからだ。ラッシーとチューリップはピップのように従順ではないし、ミスティのいじめには見向きもしなかった。緊張感を理解していた私は、礼儀正しい行いに対しては注意深くご褒美をあげ、トラブルには目を光らせていた。数ヶ月ごとに、ミスティはラッシーとチューリップにレーザーのように鋭い視線を向けたが、私はすぐさま反応する術を得ていた。ミスティは「ダウン」あるいは「ステイ」の姿勢で一時間我慢することとなり、私は農場のルールを数週間にわたって厳しくした。

ピップはミスティの体の周りを誰よりも長い間ぐるぐると周り、三十センチほどの距離に留まったが、匂いを嗅いだりすることはなかった。彼女の体の周りを歩き回ったあと、ピップはようやく落ち着いて、彼女の真横で大きなため息をついて、無表情でいた。彼女はそこに一時間以上いた。人間よりも表情豊かなラッシーは、愕然としていた。彼女は私の足の後ろに隠れ、時折私の膝の後ろからミスティを盗み見て、好奇心に負けて再びミスティを盗み見るまで顔を背けていた。彼女はミスティが生きていたときよりも、離れた場所にいた。何を考えていたのかは分からないけれど、彼女は恐れているようだった。ラッシーはミスティが何をやっているのか理解できなかったようだ。何をやりだすか予測できるミスティで十分厄介なのに、まったく何をやるのかわからないミスティは恐怖だったのだろう。ルークは、ミスティの存在を認めていないようだった。彼は彼女のいる方を見なかったし、匂いを嗅ぐこともなかったけれど、避けることもしなかった。ただ、そこにいないかのように振る舞っていた。彼はおもちゃを探し、私の横に座り、気高いコリーの表情で、次の仕事を待っているようだった。

ミスティは「その状態のままで」一晩を過ごした。夜中、三回にわたって私は階段を降りて、彼女の柔らかくて黒い被毛を撫でた。ミスティのいた暮らしと、ミスティのいなくなった暮らしの間の隙間に橋をかけるように、泣いてみたり、冷静になってみたりした。夜が明けると、犬たちは私がミスティの横に座っていることに気づいた。ピップは夜中じゅう、ミスティの体を嗅ぎ回り、そしてもう嗅ぐ必要はないと判断したようだった。ラッシーは相変わらず、サラブレッドの雌の子馬が初めて貨物列車を見たかのように、丸い目を見開いて、鼻を鳴らして行ったり来たりしていた。ルークは相変わらず冷静な顔をしていた。私は彼を呼び寄せ、犬の注意を引くための、軽いポンポンをミスティのお腹にして見せた。ルークは頭を下げてミスティを嗅ぐと、ショックを受けたように顔を上げた。彼の目はパンケーキみたいにまん丸になっていて、私の両目を純粋な驚きを持って真っ直ぐ見つめ、そしてミスティの体を隅々まで匂った。彼はミスティに鼻を押し当て、彼女の体を動かそうとした。彼は鳴き声を上げ、そしてミスティを舐めた。そして、まるで問いかけるかのように私の目を真っ直ぐに見つめた。

ミスティがこの世を去ってから三年の月日が流れた。今でも彼女のデリケートなマズルが懐かしい、まるでドン・キホーテのように鳩の群れに夢中になっていた姿が懐かしい。彼女は人間に対して優しかった。これを書きながら少し泣いてしまった。ミスティの死はまだ生々しく、彼女が生きた証は大きく、思い出は今でも私の心を震わせる。ルークは今、ミスティが、あの暗くて長い夜を過ごしたリビングルームの、まさに同じ場所で寝ている。もし犬の考えを知ることができるのなら、あの夜、ミスティに起きたこと、ミスティは今どこにいるのか、ミスティに会いたいと思っているのか、ルークに尋ねてみたい。

社会的集団の一部が死んだ時、犬の心のなかで何が起きているのかを私たちが理解できるようになるには、時間がかかるでしょう。人間と同じように悲しむ犬の飼い主であるクライアントに出会ったことがあります。この犬は、家に戻ってこない少年を六ヶ月も窓際で待ち続けたそうです。その少年は交通事故で亡くなったのですが、彼のゴールデン・レトリバーの相棒は、午後になると彼が家に戻るのを待つのです。数時間待ち、ゴールデンは深くため息をつくと、がっくりした表情で横になり、遊ぶことも、散歩に行くことも拒絶しました。飼い主が私のところに連絡を入れた理由は、その犬が生きていくのに必要な量のエサを食べなくなってしまったからでした。

犬が死をどのように捉えているのかはわかりません。進化生物学者のマーク・ハウザーは著書『ワイルド・マインズ』で、動物が死という概念を完全に理解していなくても、他の個体の奇妙な行動や苦しみに心を痛め、仲間との社会的相互作用を失うことに苦しんでいることは十分あり得ると指摘しています（Marc D. Hauser, *Wild Minds: What Animals Really Think*. New York: Henry Holt and Company, 2000）。喪失の痛みと死の理解は二つのまったく異なる問題で、人間が八歳あるいは十歳になるまで死という概念を理解しないことを考えると、筋の通った問いだと思えます。悲観のプロセスを示すような動物の行動について、驚くべきエピソードがあるのも事実です。シンシア・モスのような象の研究者たちは、瀕死の状態の群れのメンバーを、必死になって立たせようと努力し、口の中に草を押し込んで食べさせようとしている個体を観察したことがあるそうです。象は死んでしまった家族のそばを何日も離れず、足や膝を使って繰り返し撫でることで知られており、実際にそうします。チンパンジーやゴリラは小さな赤ちゃんの遺体を、それが腐敗し始めていようとも、何日も持ち歩くことが知られています。モンテレー湾の〔マイルカプロジェクトの〕研究助手は、イルカの群れがいつもとは違う並びで泳いでいるのを観察していました。彼らはとてもゆっくり泳いでおり、そのような泳ぎ方を観察していた研究者たちは「行進」と呼びました。真ん中にいたのは母親のイルカで、死んだ生まれたばかりのイルカを「鼻」（くちばし）に乗せ、行列の中心を、まるで運ばれているかのようにゆっくりと泳いでいました。人間の観察者たちはその姿に胸を打たれ、敬意を表すために、イルカを追うのを辞めたそうです。

アンディ・ベックはニュージーランドにあるホワイト・ホース・ファームを運営する動物行動学者で、馬の群れで観察した「集団による喪失」について驚くべき物語を語っています。七十二時間の間に三頭の子馬が死んだとき、それから三日間、群れ全体が輪になって、子馬を見守っていたそうです。その場を離れるのは、近くを流れる小川で水を飲むときだけで、飲み終わると同じ場所に戻りました。彼はそれまで一度もそんな場面を見たことがなかったし、それ以来、一度も見たことがないそうです。

しかしベックは農場の馬の死に対する継続的で一貫した反応は見られないと強調しています。自分が出産した子馬が死んだとしても、雌馬にはそのような反応はないそうです。とある雌馬が奇形（すでに死亡）の双子の子馬を産んだときには、一切反応を見せず、一方で他の雌馬たちは死んだ子馬が運び出されたときには、苦悩の兆候を示したそうです。ベックはこのような反応の違いを説明する一つの要因として、死の実際の生物学的影響ではないかと示唆しています。感情的ではなく、生物学的に見ると、若い雌馬が初めての繁殖で失敗したとしても影響は少ないのです。しかし年齢が上の雌馬が、子孫もなく、遺伝子を伝える機会がほとんど残されてない場合、まったく異なる反応を示すのかもしれません。これは興味深い仮説で、死を目の前にして、動物たちが何を考えているのかを理解することに、いつか繋がるかもしれません。

ベックが目撃した馬の反応の差が、人間や他の犬の死に対する、犬の反応にも見られるのです。大いに悲しむ犬もいれば、多くが（ほとんどではないにしろ）、何も起きていないかのように振る舞います。私が初めて飼ったボーダー・コリーのドリフトは、十五歳と半年でなくなりました。彼は家のなかで安楽死させられ、獣医によって運ばれていきました。彼が去ったあと、犬たちの態度には、私が見る限り違いはありませんでした。ドリフトが死んだとき、彼はほとんど目が見えず、耳も聞こえず、若い群れのなかであまり活発な役割を果たしていなかったことが関連しているかどうかはわかりません。そうだったとしても、若い犬たちは継続的にドリフトの注意を引こうとしていました。玄関で不注意に彼に当たってしまい、不機嫌になる以外、ドリフトは基本的に彼らを無視していました。そしてきっと、それが彼らのドリフトの死に対する反応（あるいはその欠如）に影響したのかもしれません。

しかし、悲しむ人間の行動によく似た行動を取る動物、鬱の兆候を示す動物がいます。犬の友だちが亡くなった後、数週間かけてやつれてしまった犬を見たことがあります。私の博士課程の研究で、ある雌犬が生後十日の子犬を殺してしまったことがありました。[02] 死が発覚した直後、哀れな小さな遺体を取り除くと、その後三日にわたって母犬は吠え続け、あたりを探し続ける姿はまるで子犬を探しているかのようでした。

動物は、仲間の死体の近くで時間を過ごすことがあると知られています。私がこの行動について初めて聞いたのは馬のケースでした。ホワイト・ホース・ファームは、衛生面と病気予防の観点から、死んだ子馬は一刻も早く母馬のもとから運び出すことにしています。通常、雌馬は極度の悲しみを示し、激しくいななき、馬房のなかで暴れるそうです。しかし、とある子牛が死んだ日、十分な人出がおらず、子馬の死体を運び出すまで長い時間がかかったそうです。ようやく子馬の体を運び出すと、雌馬は無反応で麦を食べ続けていました。死んだ子馬と過ごした時間があったからこそ、子馬を運び出すことを受け入れたように見えました。この観察を経て、農場では意図的に死産した子馬と雌馬を数時間一緒に滞在させることにしたのです。雌馬は子馬の死体を運び出すときも、冷静でいられるようになったそうです。ミスティが亡くなったときにこの話を思い出していた私は、彼女の亡骸を一晩リビングで安置させることが、生きている犬のためになるのではと考えたのでした。

それでも、ミスティの体を一晩家のなかで安置することが、これほどまでに私自身を助けてくれるとは想像もしていませんでした。彼女と過ごすことは、私にとって心の安らぐ時間でした。数日前まで病気だということも知らず、それを受け入れるための週末があったにもかかわらず、私の人生から彼女がいなくなることには耐えられそうもありませんでした。もう生きてはいない彼女と一緒にいることに大きな価値があるのは、私たち人間の経験からも明らかです。愛する人の遺体を発見することが悲しみのプロセスの重要な一歩なのです。私たち人間は、亡くなってしまった人の遺体を発見するためには、どこまでも行きます。なぜなら、遺体がなければ悲しみを癒やすことは難しいと知っているからです。もしかしたら、人間と同じく他の種の動物でも、亡骸の存在は愛する人のいる人生と、愛する人のいない人生の架け橋となり、それによって未来に進んで行けるのかもしれません。

亡くなった犬の遺体を、たとえ数時間でも安置することは、誰もができることではありません。その考え自体に納得できない人もいるでしょう。そうであれば、検討さえしなくてかまいません。悲しみの癒やし方は人それぞれです。私たちはそれぞれ、自分が正しいと思うことを行う必要があり、他の人がやるべきと思うことをする必要はないのです。しかし、もしあなたが親愛なる旧友を安楽死させなければならない状況になり、他の犬たちがどのように振る舞うのか不安な場合、遺体が運び出される前に動物病院に犬たちを連れて行き、亡骸の匂いを嗅がせてあげてください。獣医が家まで来てくれる場合は、遺体を数時間安置して、あなたも、あなたの他の犬たちも、亡くなった犬に敬意を払えるようにしましょう。

犬はできないけれど、あなたがあなた自身にできることがあります。それは友人のサポートに頼ることです。悲しんでいるとき、友人の愛がとても重要だと私たちは誰もが知っています。愛する誰かが死んだ時に、家族、友人、そしてコミュニティー以上に大事な存在は考えることができません。でもそれは、犬が死んだときは別の話なのです。その人の犬との関わり合いによって、その反応は様々です。私たちの犬に対する愛の深さから、その悲しみと喪失がとても深刻だと理解する人もいます。肩をすくめて、「ああ、可哀想だね。それより今夜、パーティーに行かない？」と言う人もいるでしょう。涙を流して共感してくれる人から、軽いお悔やみの言葉をくれる人まで、友人からのこのような反応の連続が、健全な悲しみのプロセスを難しくすることがあります。愛する人の喪失と、愛するペットの喪失は、同じ悲しみのステージを辿るという心理学的研究があります。その悲しみが癒えるスピードは速いかもしれませんが、ペットの愛好家は、人間の家族の喪失を悲しむときと同じような、否定、怒り、悲しみ、そして悲しみの最終的な解消を経験します。

人間を失うことは本当に大変なことですから、身近な家族を失った人へのしっかりとしたサポートは存在します。私の父が亡くなったとき、人々のネットワークが協力をしてくれ、私は人生を一時停止して、父の死と自分の悲しみに向き合うことができたのです。だれかが家にやってきて、犬と羊の世話をしてくれました。私が教鞭を執っていた大学は、「必要なだけ休んで下さい。大丈夫ですから」と言ってくれました。私は決して、親の死と犬の死を比べることはしませんが、それでも、ミスティが亡くなって数日は、あまりにも苦しい日々でした。彼女が亡くなったとき、私に多くの人が思いやりを示してくれましたが、誰も私が翌日大学を休むとは考えなかったでしょう。私は、可能であれば、人生を一旦停止して、愛する友だちの死を認める時間を作ることが大切だと考えています。なぜなら、喪失に対処する方法をクライアントに伝える機会が多いためです（深刻な攻撃性の専門家であるということは、癌の専門家になるようなもの。私が彼らに会うころには、多くのケースが手遅れだから）。ミスティが死んだとき、悲しみのプロセスから自分を導き出す方法はたくさんあることを知っていたのです。私は彼女が亡くなった日の夜に、彼女の写真を集めてコラージュしました。翌日には、彼女に手紙を書きました。今でもミスティの遺灰は持っていて、友だちと一緒に彼女の思い出話をして、その生涯を称え、月に向かって愛犬たちと一緒に遠吠えをする騒々しい夜に、お別れする日を待っています。

大切なのは、あなたの犬への愛情を、他人にとやかく言わせないことです。多くの人がそうであるように、私も以前は犬や猫のことでメソメソするのは恥ずかしいことだと思っていました。「ただのペットじゃないか。しっかりしろよ」と言われる、あるいは思われるに決まっていると考えていたのです。そんなこと、今の私はちっとも気にしません。なぜなら、論理と厳密な解析を愛する人間の私は、それと同じぐらい正直な感情を大事にしているからです。私のなかの科学者は、私のなかの動物愛好家と完全に仲良くしていますし、私たちはどちらも、犬と人間の奇跡の関係を祝福しているからです。

注

01 🐾イントロダクション

極端な話だと思われるかもしれませんが、出産を今か今かと待ちながら、うろうろと廊下を歩き回った経験のあるブリーダーに、犬との感情的な繋がりがどれだけ深いか、出産直前の犬がどれだけ密接して過ごしたがるか、尋ねてみてください。

02 犬とオオカミを交配させることは、生物学的に大きな問題を含む可能性があり、私は強くそれに反対しています。

03 かつてチンパンジーと呼ばれていた霊長類は二種います。一般的なチンパンジー（パン・トログロデュテス）が大型で、最もよく知られています。ジェーン・グドール（動物行動学者、国連平和大使、著名なチンパンジー研究家）が研究している種です。慣例通り、ここでは「チンパンジー」と記しています。もうひとつの種、かつてはピグミーチンパンジーと呼ばれていた生き物が、現在のボノボ（パン・パニスカス）です。ボノボはチンパンジーに比べて小柄で、二足歩行が多く、性的な欲求が強いためにテレビ番組では放映できない行動が多いです。人間だってたいがいですが。

04 夫のビル・ウェーバーとともに、ルワンダのマウンテンゴリラの保護に尽力した、ほとんど誰にも知られていないヒロインがこの人物。二人の物語は *In the Kingdom of Gorillas: The Quest to Save Rwanda's Mountain Gorillas.* Bill Weber and Amy Vedder. New York: Simon and Schuster, 2001 で読むことができます。

05 私は動物学で博士号を取得していて、副専攻は心理学、専門は動物学（動物の行動を学ぶ学問）です。

06 犬の訓練の教室を十二年以上担当しています。

01 🐾第一章

ビーグル。キャバリア・キング・チャールズ・スパニエル、ボーダー・コリー、アーストラリアン・シェパード、ミニチュア・シュナウザー、そしてダルメシアンから各四頭。

02 犬同士がとても仲がよい場合、人間のケースと同じように、見知らぬ犬では決して許さないような社会的自由を受け入れることがあるので、時にはあっという間に仲良くなった犬同紙が、犬界の挨拶の儀式をあっさりと破るのを目撃することがある。

03 あなたの犬が見知らぬ人を威嚇したことが一度でもあるのなら、訓練を積んだプロの監督なしで、これを試さないで下さい。

01 🐾第三章

ちなみに、現在、私は犬を一匹ずつ、小さな声で名前を呼ぶことで玄関から解放している。それを教えるのには、ほんの数日しか必要ではなかった。ため息。

02 遠吠えはもちろん、大人のオオカミはよくやることで、群れに場所を教える役割を果たします。これは同時に群れの結束力を高める役割も果たします。これは教会で歌うことだとか、狩りの前に部族が歌うことに似ていると思います。

03 他の犬の吠える声で人間がイライラするように、吠え声に苛立つ犬を見たことがあります。吠え続ける犬に突進して、懲罰的にマズルを少し噛んだ犬を観察したことがあります。その犬が吠えるのをやめると、懲罰を与えた犬は落ち着きを取り戻し、その犬の横に立つようになります。もちろん、真意を確かめることはできませんが、「廊下をモニタリング」するタイプの犬は、他の犬に対して決して吠えることはありません。吠えるというより、彼らの反応は静寂です。うるさい人間とは似ても似つかない状態です。

04　チャールズ・スノードンは、タマリンは興奮すればするほど、「甲高い鳴き声」の構造が変化し、それを発する速さも変化することを発見しました。音響構造と、音を発する動物の内的感情の相互関係については、参考文献を参照してください（=Charles T. Snowdon, “Expression of Emotion in Nonhuman Animals.” *Handbook of Affective Science*. edited by R. J. Davidson, H. H. Goldsmith, and K. Scherer. New York: Oxford University Press, 2003）。

05　「マザリーズ」と「ドガラル（こっけい詩）」については、参考文献を参照してください（=Kathy Hirsh-Pasek, “Doggerel: Motherese in a New Context.” *Journal of Child Language*, 9, 1981）。

06　攻撃的な声は低いピッチで広帯域（うなり声）になる一方で、恐怖や、譲歩を示す呼び声は高いピッチで狭帯域（鳴き声）になる傾向について書かれた、ユージーン・モートンによる古い学術論文については参考文献を参照してください（=E. S. Morton, “On the Occurrence of Motivation-Structural Rules in Some Birds and Mammals Sounds.” *American Naturalist* 3: 981, 1977）。

第四章

01　女性の脇の下の匂いのするものを、毎日別の女性に嗅がせると、三ヶ月後に同じ周期で生理がやってくるようになります。

第五章

01　野生化した牛、馬、そして犬はすべて白い毛が映えず、遠くから見ると全体的に茶色い、あるいは黒く見えます。ホルスタインといった家畜化された牛や、まだら模様の馬、スプリンガー・スパニエルは、ベリャーエフが育てた「家畜化された」キツネと同じ、まだら模様のコートを持つことが多いです。

02　家庭犬の進化に関する驚異的な情報は参照文献を見て下さい（=Stephen Budiansky, *Covenant of the Wild*. New Haven, Conn.: Yale University Press, 1999/ R. Coppinger and L. Coppinger. *Dogs: A Startling New Understanding of Canine Origin, Behavior and Evolution*. New York: Scribner, 2001/ Johan J. Bolhuis and Jerry A Hogan. *The Development of Animal Behavior*. Oxford, U.K.: Blackwell Publishers, 1999）。

03　飼育下にあるカメがバスケットボールで遊ぶという科学者のゴードン・ブルクハルトの調査報告は、爬虫類の物遊びという興味深い可能性を示唆しました。

04　特定のエリアに住むチンパンジーがこの技術を発展させました。人間にとっては、とても難しい作業です。

05　家庭犬の遊びの性差に関する研究で、読み応えのあるものには今だ巡り会っていません。家庭犬の行動と、野生のイヌ科動物の行動との比較研究がほとんど存在しないことは驚きです。

06　マイク・タイソンがイベンダー・ホリフィールドの耳を噛みちぎったように、噛む行為は、ボクシングマッチのような真剣な「遊び」でも御法度です。

〔1〕 John Fiske, *The Destiny of Man Viewed in Light of His Origin*. Boston: Houghton-Mifflin, 1884.

〔2〕 Marc Bekoff and John A. Byers, *Animal Play: Evolutionary,*

Comparative and Ecological Perspectives. New York: Cambridge University Press, 1998.

第六章

01 第八章にカルヴィンのメアリーに対する行動を改善するためにメアリーが行ったことが書いてあります。メアリーが行ったことをすべて書けば、それだけで一冊の本になってしまいます（参考文献の出典を参照してください）。

02 問題を抱えた青年期にある犬と何年か仕事をしたことがありますが、人間の若者も同じような時期に、内気になり過敏になる傾向があることがわかりました。

03 ニュースウィーク誌は、ニュート・ギングリッチが動物学者フランス・ドゥ・ヴァールの『チンパンジーの政治学』を参考にして下院をコントロールしたと報じました。

04 犬が触られるのを嫌がるときは、医療的問題が発生している可能性がありますので、原因を取り除くようにしましょう。

05 彼らは生まれつき聴覚がなく、視力もなく、生後数週間をそのままの状態で過ごします。

06 様々な理由で、パピーミルの閉鎖はとても難しいことです。今、愛犬家にできることは、パピーミルで生まれた犬を決して購入しないということです。どのようにしてパピーミルを避けるかは、次のセクションを参考にしてください。

07 「エージェント」とは、大規模なビジネスのために犬を仲介する人間のことで、たまたま、裏庭に子犬がたくさん生まれたという家庭犬愛好家のフリをしている場合が多いです。

08 複数のペットショップに、販売できなかった犬と猫はどうするのか聞いたことがあります。答えは、動物は最終的には行く先を見つけるとのことでした。この業界にいる私から言わせれば、到底信じられない発言です。

09 短頭種の行動特性が嫌いと言っているわけではありません。多くのパグやブルドッグに恋したことがありますし、飼い主が彼らを心の底から愛していることだって知っています。しかし、多少辛いことではありますが、私たち人間が家庭犬に与えている影響を客観的に検証することは、重要ではないでしょうか。

〔1〕 Stephen Jay Gould, “Mickey Mouse Meets Konrad Lorenz.” *Natural History* 88. no. 5: 30–36. 1979 / “A Biographical Homage to Mickey Mouse.” pp. 95–107 in *The Panda's Thumb*. New York: W. W. Norton, 1982.

第七章

01 一部の犬にとって、これは危険なエクササイズです。経験豊富な訓練士や動物行動学者以外が行うことは推奨しません。

02 女王はよそよそしいとの評判があるので、話題にはなったかもしれませんが、女王が社会規範を破ったという話にはならなかったはずです。

03 この特徴は、科学者がかつて考えていたほど単純ではないようです。最近の研究では、驚くべき数の若いチンパンジーが、格下で低い地位の、特に大人しい雄とのあいだの「こっそりとした」交尾の結果生まれていることがわかっています。地位の低い雄と雌のペアは岩陰に隠れて静かに交尾し、地位の高い雄がそちらの方向を見ると、勃起した性器を隠すことがわかっています！

04　ボノボがテレビに登場しない理由は他にもあります。ボノボは絶滅危惧種であるために、人里離れた場所に住んでおり、自然の中で暮らす彼らの様子を撮影するのが難しいのです。この魅力的な種を研究しようとする研究者や写真家たちの調査の妨げになっているのは、内戦という人間の攻撃性の表れなのです。

05　霊長類の社会システムは非常に複雑で、私はそれを単純化しすぎることを求めていません。アカゲザルのような種は、とても厳しいほとんど独裁的とも言える社会的階級を持っていて、ウーリークモザル属やマーモセットは、平和主義的な種です。

06　「リーダー」になるというのは、有蹄類では高い地位を持つ雌の場合が多く、一方で支配的な雄は群れをまとめ、他の雄から雌を「防御」します。危険から守るだけではありません。もちろんそれもしますが、すべての雌を自分だけのものとすることができる権利も守っているのです。支配的な雄の種馬は支配的な雌に群れに留まるように強制したり、別の種馬から逃げるようにも指示できますが、雌が決める場所で草を食べます。

07　この興味深い仮説については、レイモンドとローナ・コッピンジャー夫妻による『ドッグズ』を参照して下さい。同じく、UCLA大学のロバート・ウェインも同じ仮説について語っています。

08　アラン・ベックそしてレイモンドとローナ・コッピンガー夫妻による観察については参考文献を参照してください。

09　エリザベス・マーシャル・トーマスは「フィーメル・ドッグ・ワン」と著書『犬の社会生活』で書いていますElizabeth Marshall Thomas, *The Social Lives of Dogs: The Grace of Canine Company*. New York: Pocket Books, 2000)。私もこの言い方がとても気に入って、ここでも書いています。

10　しかし、他の犬よりも高い地位を得るために、どんな代償でも払うという犬は存在します。そして、そのために喜んで喧嘩をする犬もいます。私は自分の愛犬がそのようなタイプとは交流しないよう気をつけています。

11　社会的地位が常にこのような行動を説明してくれるとの思い込みは避けるべきです。痛みを感じているときに唸る犬もいますし、自分から接触を始めれば自分を守ることができる犬もいますし、あなたから手を伸ばすとそれができない犬もいます。

第八章

01　使役犬や牧羊犬への（ボーダー・コリーやブルー・ヒーラーなど）ペットとしての昨今の興味が薄れれば、これは簡単なことです。ボーダー・コリーは中型犬でチームで働くことが好きですから、ペットとして大変な人気を得ましたが、彼らはシロイワヤギと同様、家庭犬には不向きです。彼らはスコットランドの起伏の多い地形で働くために繁殖されたのです。広大な丘の中腹を連日のようにして走り回る犬です。緑豊かで広い丘はあなたの心を躍らせるに違いありません（そして足が痛くなります）。仕事を終えてからジーンズに履き替えて、犬が安全に自由に走り回ることが出来る場所まで毎日数時間行く心づもりがないのなら、ボーダー・コリーは飼うべきではないでしょう。ボーダー・コリーがウサギの匂いを追いかけている間にガーデニングをすることは運動にカウントされません。平常心を保つために、この犬種は何時間も走り、有能な脳を使って問題を解決しなければならないのです。私は多くの心が痛む事例を見てきました。

オフィスにやってくる、唸り、回転し続け、ヒステリックになるボーダー・コリーたちです。こういった犬のほとんどが、心と体の両方をエクサイズ出来るような環境で暮らしていたのなら（繁殖された目的のままに育っていたら）、まったく問題のない犬たちなのです。

02 玄関に出る犬にマナーを教えることは、犬の訓練の世界では議論の的になっています。人間の社会的交流のなかで誰が最初にドアから出るのかは重要で、犬にとってもそれは大事だと考えている人がいるのです。一方で、訓練士や行動学者はそうとは思っていません。出入り口は人間にとっては意味があります。自分が敬意を払っている人を先に行かせる傾向があります。何百人ものクライアントから出入り口での犬の喧嘩について聞いた私の推測では、犬にはなんらかの社会的関わりがあるということです。私が確信しているのは、出入り口は犬が自分の興奮を管理することを学ぶか、それとも感情を爆発させるか、どちらかだということです。

03 多くの犬の訓練士が、自分の犬が自分に飛びつくことを許していると、決まりが悪そうに告白します。しゃがんで撫でるよりも楽だからです。私たちの多くがクライアントには犬にそれを許さないようアドバイスします。なぜなら、飛びついてもいい時と、そうでない時を教えるのは難しいからです。私の犬は「悪い子ね（Be bad）」と言えば、後ろ脚で立ち、挨拶をして、前足を膝の上に置いてくれます。でも、そう言わない限りはやりません。これはとても理想的ですが、本気の訓練が必要です。

04 これまでこの世に生まれてきた、すべての犬にとって有効なアドバイスを思いつくことはできません。限られたスペースでアドバイスをする人が出来ることは、ほとんどの場合、ほとんどのケースで有効なアドバイスをすることなのです。

第九章

01 この種の羊は、雌でも角があります。

02 これを読むと私の羊が並外れて攻撃的で、突然変異による危険な毛むくじゃらの獣だと思う人がいるかもしれません。しかし、あの劇的な事件が私のなかに残っている理由は、それが滅多に起きないことだからなのです。私が羊を飼い始めてから約十六年ほどになるけれど、そのほとんどの期間で、羊たちは穏やかで平和な動物であり、一緒に暮らして楽しい相手です。

03 「慈悲深いリーダー」や「アルファ・ワナビー」になりたい男性がどこにでもいることを示す、更なる証拠です。

04 遺伝学、ホルモン生理学、脳科学、早期発達の影響、学習、その他。

05 同じ交配で別の子犬が生まれたときに、その犬の飼い主に話を聞くことができれば、更にいいでしょう。

06 優秀な動物行動学者と訓練士は常に自宅であなたの犬に会いたがります。私たちにとっては厄介で、あなたにとってはお金がかかるのですが。

〔1〕 John Paul Scott and John L. Fuller, *Genetics and the Social Behavior of the Dog: The Class Study*. Chicago: University of Chicago Press, 1965.

〔2〕 Stephen J. Suomi, *Genetic and Environmental Factors Influencing Serotonergic Functioning and the Expression of Impulsive Aggression in Rhesus Monkeys*. Plenary Lecture: Italian Congress of Biological Psychiatry, Naples, Italy, 1998 / *How Gene-Environment Interactions Can Shape the*

Development of Socioemotional Regulation in Rhesus Monkeys. Round Table: Socioemotional Regulation, Dimensions, Developmental Trends and Influences, Johnson and Johnson Pediatric Round Table, Palm Beach, Fl., 2001.

〔3〕 Eileen B. Karsh and Dennis C. Turner, "The Human-Cat Relationship." In *The Domestic Cat: The Biology of Its Behavior.* edited by Dennis C. Turner and Patrick Bateson. Cambridge, U.K.: Cambridge University Press, 1990.

第十章

01　犬に新しい家を探そうと本気で考えているのなら、決して犬を無料で手放してはいけません。七十五ドルを払って犬を購入できない人が、犬の面倒を見ることができるとは思えません。支払うことができるというのに、払う気がないのであれば、彼らにとって犬はそこまで重要ではないと白状したようなものですから、犬に値しない人たちなのです。まずは電話で話をしましょう。犬を渡す前に、相手の家を見せてくれと主張しましょう。家を訪問することで、その飼い主となる人がどんな人物であるのかを知ることができますし、自分の犬がそこで幸せになれるかどうかがわかります。

02　この犬は帝王切開を経験していたので、授乳によって傷口が刺激されたことが原因ではと疑っていますが、これはあくまでも推測です。

引用・参考文献は文中で示し、邦訳がある著作には〔　〕にて書誌情報を追加した。参考文献の全体はこちらから参照されたい。
https://www.keio-up.co.jp/kup/pdf/references.pdf

第三章の関連図版

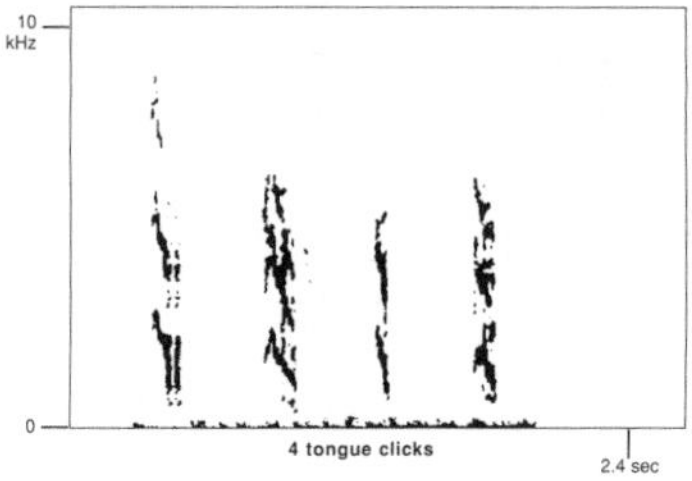

この頁の4つの図は、音のソノグラムである。それぞれ、縦軸にはピッチまたは周波数がキロヘルツで示され、横軸には時間が示される。上の図はハンドラーが舌で4回クリック音を鳴らし、馬のスピードを速める時の音である〔本書98頁参照〕。

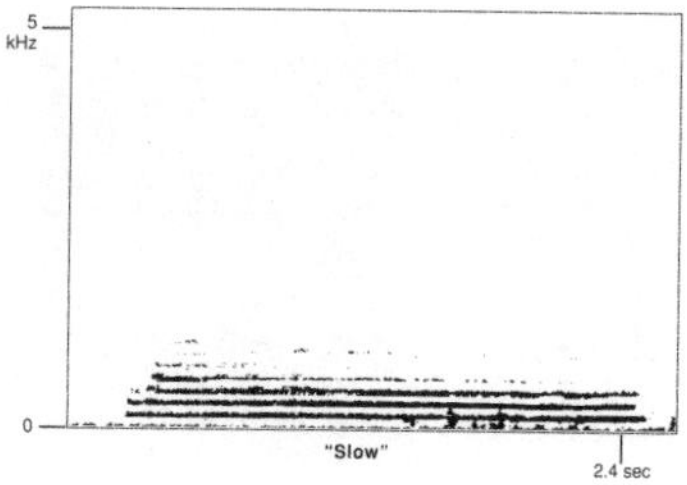

この長く平坦な音は、プロのハンドラーが動物を落ち着かせたり、その動きの速度を落とさせる際に出す典型的な音。“staaaay”や“goooooooood”を平坦で静かなトーンで言うことでも同じことができる〔本書102頁〕。

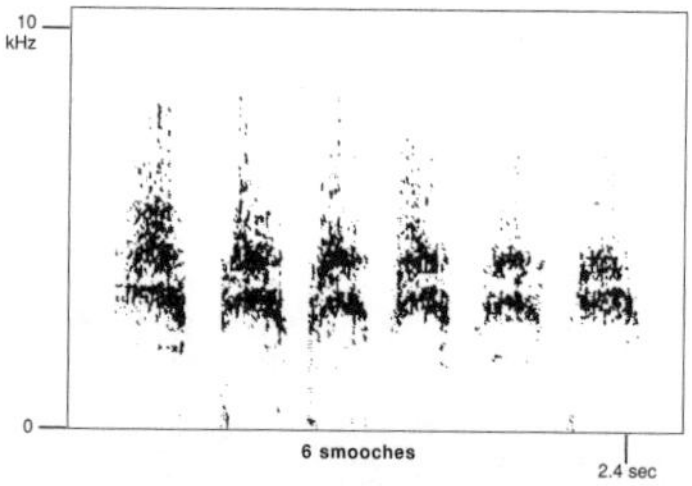

この6つの音は、同じ馬のハンドラーが馬にギャロップさせるために発したチュッチュッという音。動物の動く速度をさらに上げるために、プロのハンドラーは短い音を素早く繰り返す。音の周波数にわたって強い力がかかっているのが分かる。

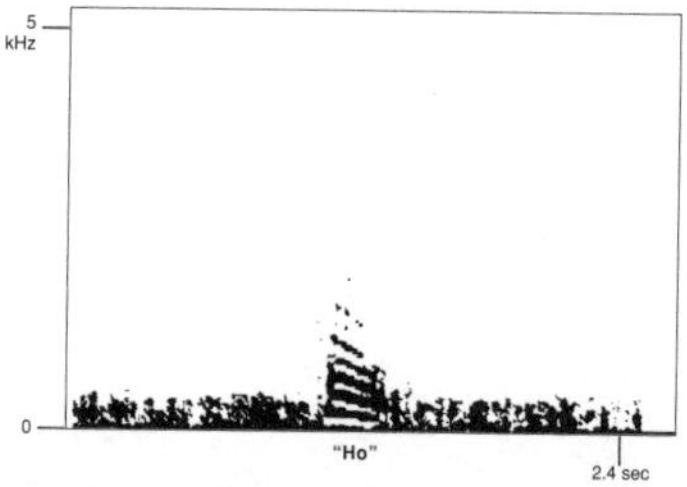

プロの動物のハンドラーが素早く動き回る動物の動きを止める際、短い一音を発するのは世界共通である。もしあなたがコーヒーテーブルの上からディナーを奪おうとする犬の動きを止めたいなら、“Hey!”や“No!!”または“Ah!”と静かに言って、犬の気を引き、辞めさせましょう。（あなたが犬に何をさせたくて仕方がないのか伝えるのを忘れないで！）

あとがき

ルークが湿った砂まみれのなにかを私の手のひらに、まるで大切な卵のようにそっと置いた。初めてのことで、この日以来、一度もしたことがない。「キープ・アウェイ（ボールの奪い合い）」はルークが大好きなゲームで、静かな声かけには必ずおもちゃを口から落とすけれど、それが彼の気質に反していることは見て取れる。ルークは可能な限りボールを自分のものにしたいタイプだから、ピップが先にボールを取ったとしても、それを奪い返さないことを学ばなければならなかった。でもこの日、彼は私の手のなかに、威厳と気高さとともにそれを置くと、静かに私の前に座った。最初、一体なにを置かれたのかわからなかった。濡れた、手にいっぱいの茶色い何か。徐々に、小さな前足と尻尾が見えてきた。私の手の上には、溺れかけたシマリスが乗せられていた。胸は浅い呼吸で上下し、目は閉じられ、小さな前足は硬く握られていた。十二時間で十三センチの雨が降ったばかりだった。前庭には白い水が流れ、ガレージの横には滝のような雨水が流れていた。シマリスは、夏の激しい雷雨が原因で農園一帯に広がった洪水に巻き込まれてしまったのだろう。

シマリスは通常、ウィスコンシン州にある私の農園では招かれざる客だ。麦の入った袋に穴を開けるし、屋根裏部屋に置いてある古い写真の箱のなかに巣を作る。でも、喘ぐように息をする小さな哺乳類はこの日、私の心に変化を与えたようだった。私は彼女をきれいにして、体を温めてあげた。三十分後には体が温まり、乾き、キッチンカウンターの上の箱に入れられていることを気に入らない様子だった。ルークと私は彼女がガレージを横切って逃げて行くのを一緒に見守った。

ルークが彼女を拾い、私に優しく手渡してきた理由はわからない。ルークは捕食しようとしていたわけでも、遊んでいたわけでもなかった。ボール遊びをするときに彼が見せる、「プレイ・ストーク」（忍び寄る姿勢）には目を見張るものがある。彼は頭と尻尾を落として、追いかけるその時を予測し、低くしゃがみ込む。しかしこの時は、ルークは遊びたいようでも、捕食者の姿でもなかった。静かに、そして真剣だった。それなのに優しい目をして、まるでスローモーションのようにゆっくりと歩いていた。病院で生まれたばかりの新生児を誰かに手渡すように、シマリスをくわえて私に与えたとき、彼は何を考えていたのだろう？　彼女を救おうと思っていたの？　この考えは、私にとっては滑稽にも思えた。なにせ、私のもう一匹のボーダー・コリーは熱心に哺乳類を狩るではないか。でも、ルークはネズミや赤ちゃんのウサギには興味がなく、子羊にも常に優しい。ルークは自分の命をかけて私を救ってくれたが、彼が意図的に私を危険から救ったのか、それともただ行動に移したのか、それはわからない。たぶん彼は、場所もわからず混乱したシマリスを見つけ、すべてを普通に戻してあげるために私に手渡したのかもしれない。私にはわからない。

ルークが私の親友であることはご存じの通りだ。羊をトラックに乗せるという忙しい朝に、私とルークは大変な仕事を終えたことで生まれた親近感を抱きながら一緒に座る。互いへの尊敬と、正体がはっきりとはわからない私と彼との間の繋がりを感じながら。でも、彼があのずぶ濡れでくたくたのシマリスを拾った時の気持ちは決してわからないと思う。それは人間と犬の間で話し合えるようなことではないのだ。

私たちは様々な意味で犬によく似ている生き物だ。春の草原で一緒に遊び、喜びを分かち合い、日曜日の午後に寄り添って昼寝し、涼しい秋には森のなかを散歩して同じように興奮する。そうであっても、私たちの間には宇宙ほどの違いがあり、個体の差や種の違いはあまりにも広大で、その橋渡しは不可能だ。ヘンリー・ベストンが「ケープコッドの海辺に暮らして——大いなる浜辺における一年間の生活」でこう書いている。

動物は、人間の尺度で測られるべきではない。私たちの世界よりもずっと古く、完全な世界で完成され、私たちが決して与えられなかった、あるいはすでに失ってしまった感覚を持ち、私たちが聞くことのない声によって生きている。仲間でもなければ、下の者でもない。別の国家であり、命と時間の網によって捕らわれながら地球の輝きと苦労を生きる、私たちと同じ囚人である。(Henry Beston, *The Outermost House: A Year of Life on the Great Beach of Cape Cod*. New York: Henry Holt, 1992).

ある意味奇跡なのは、ルークの行動を理解するかどうかは問題ではないということだ。愛は理解とは異なるもの。配偶者や子どもに戸惑ったことがある人はわかるはずだ。

もちろん、愛犬家が犬について理解し、十分な環境を与えることは大切なことだ。この理解があることで、不注意によって犬を邪魔することなく、健康に暮らすことを助け、幸せで、礼儀正しい存在となるよう助けることができる。犬の訓練士が最初に学ぶことは、人間が抱える犬の問題と、犬が抱える人間との問題の多くが、防ぐことが可能な誤解が原因だということ。だからこそ、本書のゴールは、人間と犬の行動をより深く理解することで、人間と犬の関係の改善を目指している。

しかし、理解には様々なレベルがあり、人間と犬の間には必要のないレベルの理解があるのかもしれない。共有できるものは共有し、深く、そして穏やかに、その限界を受け入れる関係に価値があるのかもしれない。

ルークが背の低い、毛むくじゃらで四本足の人間でないことを気に入っている。人間の友だちには恵まれていて、犬をその代わりとして必要していないのだ。私が犬から得ているものは、人間との関係から得ているものと近い。でも、チューリップと一緒に世界平和について語ることができないように、チューリップとの繋がりから得られるものには、私の人間の友だちから得られないものもあるのだ。それが何かはわからないが、何かとても深くて、原始的で、素晴らしいもの。それは地球と繋がっていることであり、他の生き物と地球を共有していること。私たち人間はとても奇妙な立場にいる。私たちは動物であり、祖先の行動を反映する存在でありながら、地球上のどの動物と比べても、唯一無二なのだ。私たちの独自性が私たちを他と隔て、そして私たちがどこから来たのかを忘れさせることがある。犬は私たち（リードのもう一方にいる動物）に、人間のルーツの深さを思い出させてくれる存在なのかもしれない。私たちは特別かもしれない。でも、孤独ではない。私たちが犬を親友と呼ぶのも不思議ではない。

ピップと子犬たち

覚書

本書に登場する人間と犬はすべて本物の人間と犬をモデルにしています。しかしそれが人間に関係するものであれ、犬に関係するものであれ、家族のトラブルはとてもデリケートなものですから、人々のプライバシーを確保するために、犬の名前を変更し（私の犬の名前は変更していません）、すべてのクライアントの名前も変更しています。一部のケースでは、犬種と飼い主の性別も変更しています。クライアントの多くが、私が記述したケースに関係しています。なぜなら、紹介した多くの問題は、何千人もの犬の飼い主に共通して起きるものだからです。もしあなたやあなたの犬のケースが出てきたとしたら、一人ではないと考えて下さい。私は何百という同じケースを目撃してきています。この本に掲載されたことを、万が一にも気づいた人がいたら……そう、あなたのことです！　犬との間に深刻な、あるいは深刻な攻撃性に繋がるような問題があるのなら、優秀な専門家を探すことです。深刻な行動な問題を抱える犬を、直感的に理解してハンドリングや訓練に繋げる方法はほとんどなく、一対一であなたを助けてくれるコーチに頼る以上のことはありません。本を読むだけではバスケットボールは学ぶことができないように、ゲームをプレイしようと思ったら、親であれば誰もがするように、優秀で経験豊富なコーチを見つけるのです。私の所にやって来る人がそうであるように、犬に関して助けを得ることを恥ずかしがらないでください。車を整備工場に出すことを恥ずかしいと思う人はいません。しかし、整備士と同じように、世の中には多くの専門的意見や倫理があります。ポジティブな強化方法に精通した、あなたに対して優しいように、犬に対しても優しい人を選んで下さい。資格を持ったアシスタントを見つける方法は、巻末の参考文献を参照して下さい（三二五頁参照）。犬の健康に関して獣医師に相談するのを躊躇しないでください。行動の問題は身体的問題から派生することがあるのです。

そして最後に、読者のみなさん。一般的な犬を指すときに「彼」を使い過ぎたり、ぎこちなく「彼、または彼女」と使うのはどうかと思いましたので、本書では「彼」と「彼女」を交互に使うことにしました。それがシンプルですし、文章も、犬の訓練も、よりシンプルな方がいいに決まっているからです。

＊

母と父へ——。

本書は母の犬への愛と、父の文学への愛によって生まれました。私は父であるG・クラーク・ビーンが私に与えてくれたもの、そして母であるパメラ・ビーンが私に与え続けてくれているものに感謝しています。

私の師、ジェフリー・バイリスとチャールズ・スノードンは、今でも私にインスピレーションを与えてくれ、支えてくれています。二人が私に教えてくれたすべてのことと、動物に対する深い愛情と好奇心を批判的思考法に結びつける能力には永遠に感謝することでしょう。ウィスコンシン大学マディソン校の動物学科には、博士課程の研究での支援と、現在は私の講座「人間と動物の関係に基づく生物学と哲学」への支援に感謝しています。

どんな著者にとっても最高のエージェント、私に知恵とサポートを与えてくれるザッカリー・シュスター・ハームスウォースのジェニファー・ゲイツには心から感謝しています。私の編集者で本書を信じてくれたレスリー・メラディスにも感謝しています。彼女の本書への信頼は常に確固たるもので、執筆期間の多くで大切な存在となってくれました。彼女の犬のディランにはキスを。思いがけないときに犬用おやつをプレゼントします。モウリーン・オニールとバランタイン社のみなさんのサポートとハードワークに感謝します。

本書はドッグス・ベストフレンド社の協力なしでは書き上げることができませんでした。ジャッキー・ボランド、カレン・ロンドン、エイミー・ムーア、そしてデニス・スウェドランドの献身的でプロフェッショナリズムなしでは、オフィスを離れて、自宅で長居時間、執筆に時間を割くことはできなかったでしょう。ドッグス・ベストフレンド社の訓練クラスのインストラクターの皆さんとボランティアの皆さんにも感謝します。あなたたちの高い技術と愛情は、リードの両端の動物に、常に教育を与えています。

本書の良い点の多くは、同僚、友人からの思慮深いコメントによるものです。ジェフリー・ベイリス、ジャッキー・ボランド、アン・リンジー、カレン・ロンドン、ベス・ミラー、エイミー・ムーア、デニス・スウェドラング、そしてチャールズ・スノードンは思慮深いフィードバックを与えてくれ、本書を大きく変えてくれました。チンパンジーとボノボの行動に関するページをレビューして下さったフランス・ド・ヴァールに感謝を。そしてスティーブン・スミオには霊長類の性格について議論をしてくれたことに感謝しています。

ウィスコンシン州マディソンにあるヴィラス・カウンティ動物園の何人かの職員の方が興味を持ってくれ、支援してくれたことは幸運でした。メアリー・シュミット、そしてジム・ハビングには特別な感謝を。チンパンジーたちと雑談する時間を、オラウータンのムカと交流する時間を与えてくれてありがとうございました。

ルークが軟部組織の肉腫と闘う間、締め切り通りに本書の執筆ができたのは、親愛なる友人のサポートと助けなしでは無理でした。ディミトリ・ビルギア、ジャッキー・ボーランド、ハリエット・アーウィン、パトリック・モマーツ、そしてレネ・ラヴェッタが、放射線治療のためにルークをウィスコンシン大学マディソン校獣医学病院まで連日連れて行くのを快く手伝ってくれました。そして特別な四人の獣医に感謝します。リヴァー・ヴァレー・ヴェテリナリー・クリニックのジョン・ダリー、ウィスコンシン大学マディソン校獣医学病院のクリスティン・バーガス、シルヴァー・スプリング・アニマル・ウェルネス・センターのキム・コンリー、そしてDVM漢方薬専門医のクリス・ベセントには、あの苦しい日々に私たちに与えてくれたすべての技術とサポートを感謝します。

ヴァーモント・ヴァレー・ヴィクセンの友人たちには、毎月のブランチが私にとってどれだけ大事なのか伝えなければいけません。田舎で美しくて素晴らしい友だちと一緒に暮らせることに感謝しています。私の親友、デイヴとジュリー・エッガー、ディミトリ・ビルガー、カレン・ブルーム、カレン・ラスカー、ベス・ミラー、そしてパトリック・モマーツ。あなたたち全員がそれぞれ私にはとても大事な人たちです。彼らを友人に持つことができて、私は幸運です。ウェンディ・バーカーとリザ・ピアットという、私を支えてくれる素晴らしい姉妹がいることも私は幸運です。私たちは遠く離れて暮らしていますが、心のなかのすぐ近くにいます。

ウィスコンシン州ラクロスのクリー・リジョン動物愛護協会のメアリー・ヴィンソンにはスーザン・フォックス著『Tails from the heart』に掲載されたキャシー・エッカーマン撮影の写真の使用を寛大にも許可して下さったことに感謝します。フランス・ド・ヴァールは著書『チンパンジーの政治学――猿の権力と性』に掲載されたチンパンジーの写真の使用を許可してくれました。カレン・ロンドンも本書の写真ページに多くを提供してくれました。ザッカリー・サウアーの調査協力にはとても感謝しています。

獣医師で結婚と家族関係セラピストのセシリア・ソアーズは、『リードの向こう側（the other end of the leash）』というフレーズを共有して下さいました。それは彼女のコンサルティング・ビジネスの名称でもあります。ソアーズ医師はコミュニケーションやその他トピックにおいて、セミナーとコンサルティング業務を獣医師とそのスタッフに対して行っています。詳細は925-932-0607または800-883-2181まで。

これまで一緒に訓練をしてきた何千頭もの犬と飼い主のみなさんは、私に多くのことを教えてくれました。あなたたちと共に、学び、成長させて下さって感謝しています。驚くべき才能を持った犬の訓練士と行動学者たちのリストはこちらです。長年にわたって、その技術とインスピレーションで私やその他何千人もの人たちを救ってきました。キャロル・ベンジャミン、シーラ・ブース、ウィリアム・キャンベル、ジーン・ドナルドソン、ドナ・ドゥフォード、ジョブ・マイケル・エヴァンス、ラン・ダンバー、トリシュ・キング、カレン・プライヤー、パム・レイド、テリー・ライアン、ピア・シルヴァニ、スー・スターンバーグ、そしてバーバラ・ウォードハウスです。この本が出版された翌日に、大事な人を思い出すに違いないと確認しながらも、このリストを掲載します。それがどなたであれ、ありがとうございます（そしてごめんなさい）。ダグ・マコーネルとラリー・メイラーという私の大好きな共同司会者にもお礼を。リッキー・アーロンは私に犬については何も教えてくれなかったけど、ここに名前を書いてくれと電話してきて、私を笑わせてくれたので、お礼を。

私の友人で同僚でもあるナンシー・ラフェットには特別な感謝を申し上げたいと思います。ビジョンと勇気を持って、一九八八年のドッグス・ベストフレンド社の立ち上げに参加してくれました。動物行動学者はまったく知られていなかった時代の話です。今になって考えてみると、二人の博士号取得者がビジネスなんて一切理解していなかったというのに、行動学だけ知っている状態で、今となっては大きな企業となった会社の立ち上げができたなんて驚きです。荒波に私と一緒に載ってくれてありがとう。一人ではできることではありませんでした。

雑誌『The Bark』（犬雑誌のなかの『The New Yorker』と評判）の皆さんに感謝を。ライティングに対する彼らの支援と、美しい文章と偉大なる芸術を犬と人間への情熱に結びつける、彼らの申し分ない努力に感謝します。

親愛なる友人のジム・ビリングスに、最大級の感謝を捧げます。過去一年半の間、あなたの友情、支援と賢いアドバイスは私にとって水と食料のようなものになってくれました。

そして最後に、私の愛と称賛を、私の愛犬ルーク、チューリップ、そしてラッシーに捧げます。四匹の驚くべき犬は私の人生を高め、豊かにしてくれました。

訳者あとがき

私は自他共に認める犬好きだ。物心ついたときに、すでに私の側には犬がいた。犬と共に育ち、犬と共に生きてきた。大人になってからも、学生時代を除いて犬という存在は常に私の暮らしの重要な場所に居続けた。犬のいない暮らしは味気なく、人間だけの生活はこのうえなく退屈だった。犬だけではない。私は猫も好きだし、鳥も好きだし、ゴリラも馬も好きだ。私にとってありとあらゆる動物が興味の対象だし、愛情の行く先だと言える。苦手なのは人間だけだ。

今現在も、私は犬を飼っている。黒いラブラドール・レトリバーの雄で、八歳になるハリーだ。彼の素晴らしいところを書けば、きりがない。ラブラドールにしては大柄で、体重は五十キロを超えるというのにスポーツ万能で、ほぼ毎日、湖で泳ぐような、活発な犬だ。大きな頭に広い額。力強い手足。漆黒の被毛には艶があり、ビロードのような手触りだ。大人しい性格で、めったに吠えない。しかし、一旦吠え始めるとまるで地鳴りのような低い声を遠くまで響かせる。家を守ると決めているようで、物音がすれば猛然と玄関まで走って行く。驚くほどの怪力の持ち主なのに、私の持つリードを引っ張ることは滅多にない。私の歩調に合わせて、私の顔を何度も見上げながら歩くような、愛情深い犬だ。私が仕事をしているときは、決まって足元に寝転んでいる。私が何をしても怒らない。大きくて柔らかい顔を両手で挟んで、ずいぶん長い間モミモミしたって、表情ひとつ変えることはない。これ以上何を書けばいいのか。私の彼に対する深い愛を書きはじめれば、このように終わりが見えてこないので、前置きはずいぶん長くはなったが、本書について触れたいと思う。

本書に出会うまで、私は自分のことを立派な愛犬家だと思っていたし、犬の飼育には慣れていると思っていた。今まで飼った犬はそれぞれ性格が違ったけれど、それが共に暮らすうえで大きな問題になったことは一度もなかった。愛情と運動と良質なフードがあれば、犬は真っ直ぐ育つと信じて疑わなかった。しかし本書を訳し終えた今、それは人間からの視点で物事を捉えていただけで、犬の視点からは、まったく別の暮らしが繰り広げられていたのかもしれないと考えるようになった。とんでもないおごりであったと思う。そもそも、なぜ犬が人間の暮らしに合わせる必要があるのか。なぜ犬が人間の意志に従うことを、当然のように求められるのか。なぜ人間は犬に対して、まったく譲歩しようとはしないのか。威厳のあるリーダーと暴君は紙一重なのだと、私は本書を訳して学んだのである。

本書は犬の訓練に関する本ではない。むしろ、私たち人間に向けて書かれた指南書である。私たち人間の生活に不可欠な動物の命を尊重しながら、共に暮らすことがどれだけ重要か、本書は繰り返し伝えている。著者は、私たち人間は家庭犬にとって不可欠な存在だということと同時に、自分の種のことを考慮せずに、家庭犬と完全な状態で関わることはできないという重要な点を指摘している。犬を愛すれば愛するほど、人間の行動を理解しなければならないと書いているのだ。自分自身のことをすべて理解していると自信を持っている人間のみなさんには、是非お読み頂きたいと思う。

私自身は、犬を意のままに操り満足感を得るタイプの飼い主ではないと思っていた。お座りもお手もしなくていい、自然のままに暮らせばそれでいいと考えていた。ただ、そんな考えすらも、本書を訳し終えた今では、甘いものだったと理解できる。

著者は、愛する動物との別れにもページを割いている。その記述を読んだとき、私は自分の犬に対する愛をこれからも大いに語ろうと心に決めた。なぜなら、彼らとの別れ以上に悲しい出来事は、そうそうこの世には存在しないからだ。だからこそ、その日に備えて、今を生きる動物に対する愛を私たちは大きな声で語るべきなのだ。

村井理子

索引

ア行

カ行

サ行

タ行

ナ行

ハ行

マ行

ヤ行

ラ行，ワ行

著　者

パトリシア・B・マコーネル

ウィスコンシン大学マディソン校動物学科客員准教授・認定応用動物行動学者。

長年、アメリカでもっとも著名で信頼されるドッグトレーナーの一人として活躍。

Dog's Best Friend, Ltd. を設立、家庭犬の訓練や攻撃性などの問題を抱えた犬の治療を行い、全米で講演、圧倒的な人気を博している。様々な動物行動に対してアドバイスを提供するウィスコンシン州公共ラジオ Calling All Pets で共同司会を務め、動物 TV 番組 Petline では動物行動学者として出演。マディソンにある自宅兼牧羊場で 3 頭の犬（2 頭のボーダーコリーと 1 頭のグレート・ピレニーズ）と共に働いている。動物行動学の知見とドッグトレーナーとしての経験を活かして、ベストセラーの本書を筆頭に犬の訓練に関する本を多数刊行。

https://www.patriciamcconnell.com/

訳　者

村井理子（むらい りこ）

翻訳家、エッセイスト。愛犬家。

訳書に『ゼロからトースターを作ってみた結果』『人間をお休みしてヤギになってみた結果』『「ダメ女」たちの人生を変えた奇跡の料理教室』（以上新潮文庫）、『黄金州の殺人鬼』『ラストコールの殺人鬼』（以上亜紀書房）、『エデュケーション』（早川書房）、『メイドの手帖』（双葉社）、『射精責任』（太田出版）、『未解決殺人クラブ〜市民探偵たちの執念と正義の実録集』（大和書房）など。著書に『ブッシュ妄言録』（二見文庫）、『家族』、『犬（きみ）がいるから』『犬ニモマケズ』『ハリー、大きな幸せ』（以上亜紀書房）、『全員悪人』、『兄の終い』『いらねえけどありがとう』（以上 CCC メディアハウス）、『村井さんちの生活』（新潮社）、『更年期障害だと思ってたら重病だった話』（中央公論新社）、『本を読んだら散歩に行こう』『実母と義母』（以上集英社）。

https://twitter.com/Riko_Murai

https://rikomurai.com

犬と会話する方法

——動物行動学が教える人と犬の幸せ

2024年3月15日　初版第1刷発行

著　者————パトリシア・B・マコーネル
訳　者————村井理子
発行者————大野友寛
発行所————慶應義塾大学出版会株式会社
〒108-8346　東京都港区三田2-19-30
TEL〔編集部〕03-3451-0931
〔営業部〕03-3451-3584〈ご注文〉
〔　〃　〕03-3451-6926
FAX〔営業部〕03-3451-3122
振替　00190-8-155497
https://www.keio-up.co.jp/
装　丁————成原亜美（成原デザイン事務所）
印刷・製本——中央精版印刷株式会社
カバー印刷——株式会社太平印刷社

Printed in Japan ISBN 978-4-7664-2941-1